# 名特水产动物养殖技术

主　编　曾青兰　孙智武　徐金传

副主编　曾　瑞　孙勇亮　葛玲瑞

　　　　韦新兰　王　瑞　黄晓东

参　编　李安东　刘　演　李伟跃

　　　　石　英　石　刚　孙　鹏

　　　　施　念　黄　琼　吴　珂

主　审　朱思华

北京理工大学出版社

BEIJING INSTITUTE OF TECHNOLOGY PRESS

## 内 容 提 要

　　本书是一本基于我国现代渔业发展的新方向，按照项目化教学方法编写的涵盖名特水产动物生态养殖技术、管理和疾病防治等内容的教学用书，具有较强的针对性和实用性。全书以典型的名特水产动物的生态养殖为案例进行阐述，内容包括克氏原螯虾、中华绒螯蟹、鳜鱼、加州鲈、黄颡鱼、中华鳖、棘胸蛙等名特水产动物的生物学特性、人工繁殖、苗种培育、成体生态养殖、病害防治等方面的基本理论、基本知识和基本技术。全书参照国家、行业、地方三个层面的有关现代渔业的技术规范（程）和技术标准等文件编写。

　　本书可用作高等院校现代农业技术、水产养殖技术、水族科学与技术、休闲农业经营与管理、农业生物技术、生态农业技术等专业（群）的教材，也可供相关专业（群）的教师、科技人员及企业职工参考和应用。特别是在我国现代渔业生产组织形式多元发展的背景下，本书还可为水产养殖家庭农场、小规模养殖户、专业合作社开展名特水产动物生产实践提供参考。

## 图书在版编目（CIP）数据

名特水产动物养殖技术 / 曾青兰，孙智武，徐金传
主编. -- 北京：北京理工大学出版社，2025.1.
ISBN 978-7-5763-4969-6

Ⅰ. S966

中国国家版本馆CIP数据核字第2025U69A85号

责任编辑：阎少华　　　　文案编辑：阎少华
责任校对：周瑞红　　　　责任印制：王美丽

| | |
|---|---|
| **出版发行** / 北京理工大学出版社有限责任公司 | |
| **社　　址** / 北京市丰台区四合庄路6号 | |
| **邮　　编** / 100070 | |
| **电　　话** / (010) 68914026（教材售后服务热线） | |
| | (010) 63726648（课件资源服务热线） |
| **网　　址** / http://www.bitpress.com.cn | |
| **版 印 次** / 2025 年 1 月第 1 版第 1 次印刷 | |
| **印　　刷** / 天津旭非印刷有限公司 | |
| **开　　本** / 787 mm×1092 mm　1/16 | |
| **印　　张** / 20.5 | |
| **字　　数** / 547 千字 | |
| **定　　价** / 79.00 元 | |

图书出现印装质量问题，请拨打售后服务热线，负责调换

# 前言

## Foreword

2022年，中共中央办公厅、国务院办公厅印发的《关于深化现代职业教育体系建设改革的意见》是党的二十大后，党中央、国务院部署教育改革工作的首个指导性文件，提出了新阶段职业教育改革的一系列重大举措。围绕"一体、两翼、五重点"，重点指出面向现代制造业、现代服务业、现代农业的亟需专业领域，打造一批核心课程、优质教材。

近年来，我国现代渔业快速发展，渔业在我国的大农业中的地位作用不断提升，渔业综合实力迈上新台阶，形成了多品种、多模式、多业态的大格局。随着现代渔业产业化、标准化、绿色化的发展，以及人们对具有很高的药用价值、营养价值、生态价值与观赏价值的优质名特水产品的需求越来越高，名特水产动物的养殖必将成为今后的发展趋势之一，名特水产动物的养殖面临前所未有的挑战和机遇。新形态《名特水产动物养殖技术》的编写也刻不容缓。

本书编写团队以《关于深化现代职业教育体系建设改革的意见》《国家职业教育改革实施方案》等文件精神为指导，以高职现代农业技术专业群培养目标为依据，以培养高素质复合型技术技能人才为根本任务，以适应社会需求为导向，以培养技术应用能力为主线，对各种类型、各个层次的名特水产养殖技术教材认真参阅，博采众长，将精华知识编入教材，同时本书也增加了名特水产动物养殖的新技术和新进展等内容，并形成了以下特色。

### 1. 有机植入素养元素，引领正确价值取向

以党的二十大精神为指引，本书内容有机融入水产先辈无私奉献、生态文明、绿色健康养殖、名特水产养殖创新发展等素养元素，培养学生正确的价值观、坚定的理想信念，"三农"情怀，科学家精神、工匠精神、吃苦耐劳精神，社会责任感和绿色环保健康发展的理念。

### 2. 合理组建编写团队，突出校企"双元"

考虑到我国现代渔业南北差异明显，本书的编写人员以产教结合的方式在全国范围内选聘，形成了由教学一线的优秀专业教师、"大师农匠"、企业技术骨干组成的校企合作编写团队，校企"双元"共同完成本书的编写，确保本书内容的实践性、开放性和职业性。

### 3. 有效对接标准，注重职业能力的培养

认真贯彻《国家职业教育改革实施方案》等文件精神，根据高职高专培养高素质技术技能人才的目标要求，对基本理论的阐述以"实用、适用"为度，突出实训、实例教学。课程内容

对接岗位任职要求，对接职业资格标准，注重职业能力的培养，具有较强的针对性和适用性，符合职业教育规律和技术技能型人才成长规律，彰显了高职高专教育注重专业技术能力、职业综合能力和职业素质培养的特色。

### 4. 创新教材体系，突出高职教育理念

本书打破传统的学科体系的教材组织形式和编写思路，针对名特水产动物养殖主要工作岗位的核心技能，采用模块式的编写思路，以项目为载体，根据工作岗位典型任务和职业能力与素质的要求，基于工作过程和高素质复合型技术技能的认知规律、职业成长规律及技能培养规律，遴选项目，组织和安排教材内容，将名特水产动物养殖的新技术、新项目、新案例、新方法和新标准及时地编写到本书中，力求反映知识更新和科技发展的最新动态；将职业标准融入教学内容中；将"三教"改革成果及时反映到本书中。突出产教融合，彰显工学结合，满足名特水产动物养殖企业相关职业岗位群的需求，充分体现了"以就业为导向，以学生为中心，以能力为本位"的高职教育理念，更新了创新创业教育教学理念。本书内容有一定的可拼接性和可裁剪性，可满足不同地区、不同学校和不同学生的需求。

### 5. 融合纸质数字资源，实现教材增值赋能

为了适应信息化教学模式的需要，本书同步建设以纸质教材内容为核心的多样化数字教学资源，从广度、深度上拓展了纸质教材的内容。本书在职业教育现代农业技术专业省级教学资源库中建有在线课程，该课程已经在MOOC学院面向社会开课；开发了小龙虾稻田养殖地方特色课程包；通过在纸质教材中增加二维码的方式"无缝隙"地链接视频、动画、图片、PPT、音频、文档等丰富的媒体资源，丰富纸质教材的表现形式，为教学提供更多的信息知识支撑，为教材增值赋能，任课教师和学生运用教材时更加便利、更加直观。

本书由曾青兰、孙智武、徐金传担任主编，参加本书编写的有咸宁职业技术学院曾青兰、曾瑞、王瑞、黄晓东、刘演、石刚、孙鹏、施念、黄琼、吴珂，湖北生物科技职业技术学院孙智武、韦新兰，湖北省水产集团有限公司徐金传，崇阳县农业农村局孙勇亮，湖南生物机电职业技术学院葛玲瑞，江西生物科技职业学院李安东，山东畜牧兽医职业学院李伟跃、石英。全书由曾青兰、孙智武、徐金传统稿，武汉市农业科学院朱思华审定。在编写过程中得到了中国科学院水生生物研究所和武汉农业集团有限公司等单位的专家的指导，还得到了华中农业大学王卫民教授的指导，在此表示衷心的感谢。同时感谢北京理工大学出版社的大力支持。

由于高职教育教学改革步伐很快，名特水产养殖技术的发展日新月异，加之编者水平有限，书中难免存在诸多不足之处，恳请同行、专家与读者批评指正。

编　者

# 目录

## Contents

# 绪　论

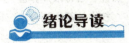绪论导读

### 名特水产品养殖业——"真正的高效农业"

名特水产养殖业，作为20世纪80年代的新兴产业，不仅构成了现代农业（渔业）发展的璀璨篇章，更是成为推动农村经济转型升级的关键力量。随着国民经济的腾飞与民众生活品质的显著提升，消费观念的深刻变革促使市场需求向更高层次跃迁。在这一背景下，人们对于兼具高营养价值与药用功效的水产品需求激增，尤其是淡水名特水产品，凭借其独特的营养优势和显著的药用价值及不菲的经济价值等特点，逐渐成了市场追捧的焦点。

国家层面对于区域特色产业发展的积极扶持与政策引导，为淡水名特水产养殖业插上了腾飞的翅膀。这一行业不仅被视为21世纪"高效农业"的典范，更是促进农村经济繁荣、加速新农村建设步伐的重要引擎。特别是当生产遵循无公害水产品标准，融入生态养殖理念时，不仅能够有效满足现代人对健康饮食的迫切需求，还深刻契合了"健康中国""乡村振兴"等国家战略的核心要义，展现出广阔的发展前景与无限潜力。

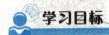学习目标

#### 知识目标

1. 掌握名特水产养殖的基本概念。
2. 掌握发展名特水产养殖产业的对策。
3. 熟悉名特水产养殖的价值。
4. 了解名特水产养殖产业的发展现状和存在的主要问题。

#### 能力目标

1. 具备运用基本概念、基本原理、基本方法于实践的能力，能够理论联系实践。
2. 具备及时关注发展名特水产养殖产业对策的能力。
3. 具备发现问题、分析问题和解决问题的基本能力。

#### 素养目标

1. 培养高度的社会责任感、良好的职业道德和诚信品质。
2. 树立健康养殖与注重生态效益、社会效益和经济效益相统一的思想。
3. 培养学生热爱劳动、崇尚技能、吃苦耐劳、独立思考、团结协作、勇于创新的精神。

## 任务一　名特水产养殖技术的基本概念

### 一、名特水产品

名特水产品是指具有高蛋白、高营养、经济价值佳、生态效益佳的名特水生经济动物和水陆两栖经济动物，如小龙虾等。

### 二、名特水产养殖

区别于传统养殖，名特水产养殖是一种生物学特性特殊、技术要求高、产量有限，但品质优良、经济价值高、养殖时间短、市场定位高端且区域性强的水产品养殖方式，如鳜鱼生态养殖。

课件：名特水产养殖
技术的基本概念

### 三、名特水产养殖技术

名特水产养殖技术是对名特水产品进行科学、规范养殖的特有关键技术，包括苗种繁育技术、成体生态养殖与管理技术、病虫害防治技术、捕捞与运输技术等，如中华鳖生态养殖技术等。

### 四、名特水产健康养殖(无公害养殖)技术

基于养殖对象的生物学特性，运用现代养殖学原理，构建绿色生态养殖环境，提供优质安全饵料，减少药物使用，确保养殖环境无污染，实现名特水产品的无公害生产。

## 任务二　名特水产养殖的价值

名特水产养殖与传统水产养殖相比，具有独特的综合价值，主要体现在以下几点。

### 一、营养价值

名特水产品营养价值高，富含人体易于消化的高价值优质动物蛋白、$\varepsilon-3$复合不饱和脂肪酸等多不饱和脂肪酸和矿物质等。其肉味鲜美，低脂肪、低热量，是人类肉食品物质中营养、健康和保健的最佳食品，可有效改善人民的食品结构，提高生活质量。因此，水产品被联合国粮食及农业组织推荐为21世纪最健康的食品。

课件：名特水产
养殖的价值

### 二、药用和保健价值

名特水产品富含多种维生素、微量元素和多不饱和脂肪酸等，具有补五脏、益脾胃、充气胃、疗虚损、降低血胆固醇、心血管病及脑中风的发生等多种药用价值，兼具美容功效。

视频：名特水产
养殖的价值

### 三、经济价值

名特水产品市场价格历来高于"四大家鱼"等传统鱼类，具有很高的经济效益。名特水产品还是重要的出口创汇产品，可增强出口创汇能力，促进我国对外贸易发展，在我国国民经济中占有重要的地位。

### 四、生态价值

名特水产养殖在促进经济发展的同时，也注重生态环境的保护与修复。通过科学规划、合理布局，能够实现名特水产养殖与生态环境和谐共生。例如，采用生态养殖模式，利用水域生态系统的自然净化能力，减少养殖过程中的污染排放，保护水环境健康。此外，名特水产养殖还能够为水域生态系统提供生物多样性支持，维护生态平衡。

### 五、社会价值

名特水产品养殖业是集生态和效益为一体的优势产业，是大农业中的特色产业、高效产业；对解决"三农"问题，促进农业产业结构调整升级，优化水产养殖结构，合理开发利用水生野生资源，发展特色水产经济，做大做强绿色生态渔业；发展多种经营，加快农村劳动力转移，促进农民增收、产业增效、新农村建设、社会需求、市场繁荣，促进农（渔）业可持续健康发展，推动我国从渔业大国向渔业强国挺进等方面具有重要的意义。

# 任务三　名特水产养殖的特点

### 一、经济效益高

名特水产品市场价格比常规水产品高，利润上升空间大，养殖效益高，越来越受养殖户青睐。

### 二、品种和产量稀少，或已达一定规模但仍较畅销

课件：熟知名特水产养殖的特点

名特水产养殖动物的不同品种之间生物学特性差异大，对环境的要求各不相同，养殖品种的生物学基础研究没有传统养殖品种成熟，已经成功养殖的品种相对较少；由于养殖或开发时间不长，养殖规模不大，产量稀少；或因其综合价值高，养殖虽已达到一定规模，但仍较畅销。

### 三、养殖投入较高

名特水产养殖苗种成本一般比较高，对养殖条件尤其是生态养殖条件要求较高，许多养殖对象需要天然或鲜活的动物性饵料；养殖技术有一定的特殊性，对地理条件和养殖设施也有特殊的要求。因此，名特水产动物养殖投入较大。

### 四、养殖技术水平高

名特水产品的养殖技术是其养殖是否成功的关键。由于名特水产品生物特性与一般养殖鱼类差异往往较大，养殖技术水平要求较高，不能简单地沿用普通水产经济动物的养殖技术。尤其部分名特水产品种类对环境要求较为苛刻，就更需要有较完善的养殖设备和饲养技术。名特水产品的生态养殖则需要对传统水产养殖设施的改造和标准化建设，增加新装备和新技术，改变水产养殖业内源污染严重的现状。同时，需要不断研究开发和应用水环境修复及生态重建技术，促进渔业转型升级和生态环境修复协调发展。

### 五、养殖风险性较大

名特水产动物养殖需要特殊条件、特殊设备和专业技术等基本要求，且价格随市场调节波动较大，因此，潜在养殖风险性较大。

### 六、季节性很强

名特水产品具有很强的季节性。名特水产品的饲养周期相对固定，大量产品往往集中在一段时期涌向市场，往往造成丰产不丰收的结果。

# 任务四　我国名特水产养殖产业的发展现状

## 一、名特水产养殖业的当前态势

### 1. 养殖品种多元化

我国名特水产养殖业在品种拓展上呈现双轨并进的趋势：一是深度挖掘国内野生资源，成功驯化并规模化养殖了如鳜鱼、乌鳢、黄颡鱼、中华鳖、河蟹等本土优质品种；二是积极引进并国际优良品种本土化，如罗非鱼、罗氏沼虾、加州鲈鱼等，有效丰富了养殖品种库。当前，行业内外对新品种的研发热情持续高涨，基于对潜在养殖对象生物学研究的深入，预计未来将有更多创新品种涌现。

课件：我国名特水产养殖产业的发展现状

### 2. 产业快速发展

自 20 世纪 80 年代起，我国名特水产养殖业步入快速发展轨道，尤其在进入 21 世纪后，受经济驱动、土地成本上升及市场需求结构变化的影响，沿海地区尤为显著，传统鱼类养殖逐步被名特鱼类及虾蟹类所取代，形成淡水养殖领域的新增长点。这一转变不仅优化了养殖结构，也显著提升了养殖效益。

视频：我国名特水产养殖产业的发展现状

### 3. 高利润回报

鉴于名特水产养殖的技术壁垒、风险系数及稀缺性特征，其利润远超传统养殖。当前，"一品一乡""一品一县"等区域化、品牌化发展模式已成为地方经济的重要支柱，有效促进了农民增收与区域经济发展。

### 4. 生态健康养殖模式引领

面对绿色养殖的号召，名特水产养殖正加速向生态健康模式转型，尤其以稻田综合种养模式为代表，实现了水稻与名特水产品的双赢共生。该模式不仅提升了粮食与水产品的质量安全，还促进了生态环境的良性循环，成为行业发展新的风向标。

## 二、名特水产养殖业面临的挑战

### 1. 种苗繁育与养殖管理失衡

尽管种苗繁育技术取得一定突破，但种质退化问题凸显，加之市场对种苗的迫切需求与漫长饲养周期之间的矛盾，导致部分养殖户重种苗轻养殖，影响了养殖效果与产业可持续性发展。

### 2. 盲目扩张与重复建设

行业热度提升促使大量资金与人力涌入，但缺乏专业指导与合理规划，导致盲目扩张、重复建设现象严重，加之技术与管理水平参差不齐，影响了名特水产养殖的整体效益与竞争力。

### 3. 技术推广体系待完善

当前，水产科技推广服务体系在部分地区尤其是乡镇层面尚不健全，影响了新技术、新模式的应用与普及。缺乏完善的培训体系与技术服务支持，限制了名特水产养殖的规模化、标准化发展。

### 4. 品牌建设与质量安全短板

相较于少数知名品牌，我国多数名特水产品尚未形成鲜明的品牌特色与市场影响力，且质量安全管理体系尚不完善，生产者安全意识不足，产品质量参差不齐，制约了国内外市场的拓展与国际竞争力的提升。

# 任务五  发展名特水产养殖产业的对策

## 一、强化优质品种研发与区域适应性培育

深化名特水产经济动物的生物学基础研究，精准对接区域环境条件，定制化开发适宜不同生态区域的高效养殖新品种，构建地域特色鲜明的品牌体系。积极引进国内外优良种质资源，实施科学驯化与本地化改良，探索高产高效养殖技术模式。全面评估并宣传名特水产品的风味、营养价值、保健及药用潜力，通过多渠道营销提升市场认知度与消费者接受度。

课件：发展名特水产
养殖产业的对策

## 二、强化科研支撑与示范引领

在引进新品种、新技术前，须完成详尽的科研试验与风险评估，确保技术模式的区域适应性及可推广性。巩固并扩大养殖示范点建设，总结提炼成功经验，通过会议交流、现场观摩、技术培训等多种形式，广泛传播先进养殖技术，提升农民专业技能。各级水产技术推广机构应因地制宜制订健康生态养殖规范，及时解决生产中的技术瓶颈。

## 三、推动技术创新与模式升级

积极推广与区域特点相契合的新技术、新模式，力求实现低投入、高产出、低病害、高效益的良性循环。依托科技进步，引进国内外先进的生物技术与加工技术，提升产品国际竞争力，降低市场风险。

视频：发展名特水产
养殖产业的对策

## 四、完善苗种供应体系，优化种质资源

深入研究养殖对象的生殖生物学，推进半人工繁殖与仿生态繁殖技术，加强优质品种选育，发展杂交育种、单性化育苗及工厂化育苗技术，确保名特水产品苗种供应的优质化、规模化，为产业可持续发展奠定坚实基础。

## 五、推行生态健康养殖，改善养殖环境

模拟自然生态环境，实施仿野生生态健康养殖策略，注重水质净化与生态平衡维护。推行种养结合模式，优化养殖生态系统，减少病害发生，提升产品品质与附加值。采用生物防治与中草药治疗等绿色手段，综合防控病虫害，保障养殖业的持续健康发展。

## 六、研发高效专用饵料，满足营养需求

深入研究名特水产养殖对象的食性特点与营养需求，开发鲜活动物饵料与高效配合饵料，确保饵料的安全性与针对性，满足养殖对象各阶段生长需求，提升饵料转化率。

## 七、强化质量安全管理，构建追溯体系

严格执行水产品质量安全标准，建立健全养殖操作规程，确保苗种、饵料、渔药等投入品合法合规。完善生产、管理、销售档案，建立产品质量追溯体系。加强质量监测与管理，实施"五项制度"，全面提升水产品质量安全水平。

## 八、推进产业化经营，打造知名品牌

通过"协会＋基地＋农户""龙头企业＋基地＋农户"等模式，整合产业链资源，形成规模化、标准化、品牌化的生产格局。依托龙头企业和合作组织，提升渔民组织化程度，增强市场竞争力。加大品牌宣传力度，开拓国内外市场，提升产品附加值。

## 九、激发科技创新活力，引领产业升级

促进产学研深度融合，鼓励名特水产养殖企业与科研机构合作，开展关键技术攻关与集成创新。加速新技术、新设备、新工艺的应用，提升产品档次与竞争力。加强生态环境保护与资源综合利用技术创新，推动生态渔业发展。提升养殖场与试验基地的技术创新能力，实现养殖品种与技术的持续更新换代。

## 十、强化"三品一标"认证体系

积极筹划并推进无公害产品基地认证，申请无公害农产品、绿色食品、有机产品及地理标志产品认证，同时注册生态养殖相关商标，全方位提升水产品的品质形象与市场知名度，构建品牌优势。

## 十一、精准把握市场动态，优化销售策略

鉴于名特水产品具有显著的季节性与市场波动性，需持续监测市场动态，科学规划养殖周期，实施轮捕轮放策略。精准把握市场供需变化，适时调整捕捞与销售计划，确保水产品在最佳市场时机上市，实现产量、收入与效益的同步增长。

## 十二、推动出口战略转型，强化国际竞争力

从"出口创汇"的传统思维向"出口创新"的战略高度转变，聚焦于国际市场新领域的开拓、新品种的研发及新技术的应用。通过产品与服务的持续创新，引领我国水产品走出国门向高端市场迈进，提升在全球水产品贸易与消费领域的核心竞争力，实现产业升级与价值跃升。

## 十三、深度融合信息技术，引领智慧渔业发展

紧跟新一代信息技术浪潮，将传感器技术、卫星遥感、物联网、电子商务、大数据、云计算、机器学习与人工智能等先进技术深度融入名特水产养殖领域。构建智慧渔业生态系统，实现养殖环境的实时监测、精准调控与科学管理，提高资源利用效率与生产效益。引入物联网水产养殖监控解决方案、智能化水质与气象预测系统及基于GIS与物联网的智慧渔业管理平台，为名特水产养殖业注入全新动力，推动产业向智能化、精准化、高效化方向转型升级。

⌨ **知识拓展**

借水生财！新疆兵团特色水产养殖助力乡村振兴

 课后习题

## 一、名词解释

1. 名特水产品
2. 名特水产养殖
3. 名特水产养殖技术
4. 名特水产健康养殖(无公害养殖)技术

## 二、简答或简述题

1. 名特水产养殖具有哪些重要的价值?
2. 简述发展名特水产养殖产业的对策。

## 三、调研题

围绕当地名特水产动物养殖产业发展,以小组为单位写一份调研报告,主要包括养殖模式(养殖环境、养殖规模、搭配品种)、养殖技术(养殖设备、饵料投喂、病害防治)、成本利润分析(成本构成、利润计算、风险评估)等内容,不少于2 000字。

# 模块一　稻田养虾技术

模块一导学视频

# 项目一　小龙虾的生物学特性

### 小龙虾的养殖前景

小龙虾学名为克氏原螯虾，又称为红螯虾和淡水小龙虾（以下简称为"小龙虾"），它的甲壳坚硬，是淡水名特经济虾类之一。小龙虾生长速度快、适应能力强，因而在生态环境中形成绝对的竞争优势。小龙虾高蛋白、低脂肪，富含锌、碘、硒等微量元素和抗氧化成分虾青素，营养丰富，肉味鲜美；小龙虾可以入药，能化痰止咳，促进手术后的伤口生肌愈合，食疗价值高，已然成为美食界的"网红"。

中商情报网讯：在农业农村部渔业渔政管理局的指导下，全国水产技术推广总站、中国水产学会组织编写了《中国小龙虾产业发展报告（2024）》，报告指出，近年来，我国小龙虾产业蓬勃发展，形成了集苗种繁育、健康养殖、加工流通、餐饮和节庆于一体的完整产业链，成为我国渔业产业链最完整、综合产值最高的产业之一，在保障菜篮子产品稳定供给、促进渔业高质量发展和乡村振兴中发挥了重要作用。报告显示，2023年，小龙虾养殖面积2 950万亩、产量316.10万t，同比分别增长5.36%和9.35%，继续保持较快增长；作为生态循环农业发展的典型模式之一，稻虾综合种养面积2 530万亩、小龙虾产量275万t，占全国小龙虾养殖面积和产量的八成以上。成为培育经济增长新动能、实施农业产业乡村振兴的重要途径，在推进农（渔）业供给侧结构性改革、促进农（渔）业增效和农（渔）民增收中发挥着重要的作用，因此，小龙虾的养殖特别是稻田养虾前景广阔。

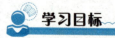

**知识目标**

1. 掌握小龙虾的习性和食性。

2. 熟悉小龙虾的繁殖特性。

3. 了解小龙虾的形态特征。

**能力目标**

1. 明确小龙虾的生物学特性。

2. 具备鉴别小龙虾雌雄的能力。

**素养目标**

1. 培养高度的社会责任感、良好的职业道德和诚信品质。

2. 培养从事稻田养虾所必备的基本职业素质。

3. 培养严谨、踏实的工作作风和实事求是的工作态度。

4. 培养学生吃苦耐劳、独立思考、团结协作、勇于创新的精神。

# 任务一　　小龙虾的形态特征

## 一、体色

小龙虾成体长为 5.6～11.9 cm，整体颜色一般为红色、红棕色或粉红色等。背部是酱暗红色，两侧是粉红色，带有橘黄色或白色的斑点。甲壳部分近黑色，腹部背面有一楔形条纹（图 1-1-1）。

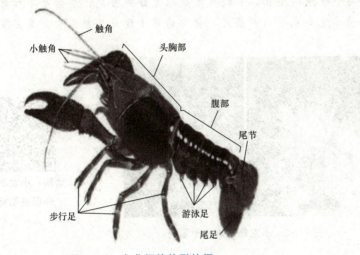

**图 1-1-1　小龙虾的外形特征**

课件：小龙虾的形态特征

视频：小龙虾的形态特征

幼虾体为均匀的灰色，有时具有黑色波纹；爪子是暗红色与黑色，有亮橘红色或微红色结节。

## 二、外部结构

小龙虾外形似虾，体形较大，呈圆筒状，体表包裹着一层坚厚的几丁质外骨骼，主要起保护内部柔软机体和附着筋肉的作用，俗称虾壳。身体由头胸部和腹部共 20 节组成，其中头部 5 节，胸部 8 节，腹部 7 节。各体节之间以薄而坚韧的膜相连，使体节可以自由活动。鳃为丝状鳃。

## 三、触须

小龙虾头部有触须 3 对，触须近头部粗大，尖端小而尖。在头部外缘的一对触须特别粗长，一般比体长长 1/3；在一对长触须中间为两对短触须，长度约为体长的一半。第 1 触角较短小，双鞭；第 2 触角有较发达的鳞片。3 对颚足都有外肢。栖息和正常爬行时 6 条触须均向前伸出，受惊吓或受攻击时，两条长触须弯向尾部，以防止尾部受攻击。

## 四、步足

小龙虾胸部有步足 5 对，步足全为单枝型，前 3 对步足末端呈钳状，其中第 1 对步足因特别强大、坚厚、发达而成为很大的螯，故又称为螯虾。第4～5对步足末端呈爪状；腹足7对；尾部有5片强大的酌尾扇，母虾在抱卵期和孵化期，尾扇均向内弯曲，爬行或受敌时，以保护受精卵或稚虾免受损害。

## 案例分析

小龙虾雌雄外形鉴别

### 1. 螯足(钳子)和腹部

雄性小龙虾钳子比较大，并且小钳子的前外缘有一鲜红的薄膜，十分显眼。腹部的肉不够饱满而且口感差；雌性小龙虾钳子小，没有红色薄膜。腹部的肉饱满而且富有弹性。

### 2. 交接器(小腿)

雄性小龙虾腹部上端有两个硬硬的小腿，它们其实是小龙虾的腹足，是由第1和第2腹足演变成的管状交接器。雌性小龙虾也有六对腹足，但它的第1腹足已经退化，第2腹足呈羽状(图1-1-2)。

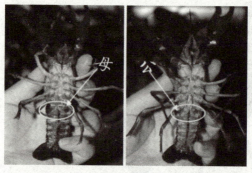

动画：小龙虾雌雄
外形鉴别特征

图1-1-2　小龙虾雌雄外形鉴别

# 任务二　小龙虾的习性

## 一、广栖性

小龙虾生产环境多样、适应能力强，能在 pH 值为 5.8～8.2、温度为 0～37 ℃、溶解氧 ≥1.5 mg/L 的水体中生存，在我国大部分地区能够自然越冬。最适宜小龙虾生长的水体的 pH 值为 7.5～8.2，溶氧量为 5 mg/L。

## 二、喜温性

小龙虾喜温，怕炎热，畏寒冷。其最适宜生存的水温为 22～30 ℃。当水温超过 33 ℃时，小龙虾会出现摄食能力下降或采取掘穴越夏的适应性生存策略。

视频：小龙虾的习性

## 三、避光性

小龙虾有明显的昼夜垂直移动现象，光线强烈时即沉入水体或躲藏到洞穴中，光线微弱或黑暗时开始活动，通常抱住水体中的水草或悬浮物，将身体侧卧于水面。

## 四、穴居性

小龙虾喜欢掘洞穴居，繁殖期和越冬期尤为明显。洞穴的方向是笔直向下或稍倾斜。夏季洞穴深度一般为 30 cm 左右，冬季达 80～100 cm，对池埂有一定的破坏性。小龙虾白天入洞潜伏或守在洞口，夜间出洞活动；冬季喜欢栖身于洞穴深处越冬。

课件：小龙虾的习性

繁殖季节每个洞穴中一般有 1～2 只虾，但冬季也常发现一个洞中有 3～5 只虾。小龙虾掘洞主要是起保护作用，保护蜕壳，保护繁殖，保护越冬。

## 五、迁徙性

小龙虾有较强的攀缘能力和迁徙能力，在水体缺氧、缺饵、水体被污染、遇暴雨天气或其他生化因子发生剧烈变化而不适应的情况下，常常会爬上岸，从一个水体迁徙到另一个水体中。因此，养殖场地要有防逃的围栏设施。

## 六、争斗性

小龙虾的攻击性很强，在争夺领地、抢占食物、竞争配偶时表现尤其突出。小龙虾在严重饥饿时，会以强凌弱、相互格斗、弱肉强食，或残食自己所抱的卵。在缺少食物时，1 只大虾一天可以吃掉 20 多只幼虾；但在食物充足或比较充足时，会和睦相处。小龙虾一旦受惊或遭遇敌害，便快速倒退性逃遁或摆开格斗架势，用其一双大螯与敌害决斗。若某物被其大螯夹住，它绝不会轻易放开，只有搔动其腹部或将其放置水中方可解围。

## 七、蜕壳性

小龙虾一生中要经历多次蜕壳，从幼虾生长到成虾一般都要蜕壳 11 次。蜕壳成功一次便意味着大幅度地生长一次；但一旦蜕壳失败就意味着死亡，另外，刚蜕完壳的软壳虾丧失了抵御敌害和不良环境的能力，也是很容易死亡的。

促进小龙虾同步蜕壳和保护软壳虾是提高小龙虾成活率的关键之一。

## 八、药敏性

相较于鱼类，小龙虾对重金属、农药和渔药更为敏感；对于有机磷农药，超过 0.7 g/m³ 就会中毒；对于除虫菊酯类渔药或农药，只要水体中有药物存在，就有可能导致其中毒甚至死亡。

# 任务三　小龙虾的食性

## 一、一般食性

小龙虾的食性很杂，天然植物性饵料和动物性饵料均可食用，对人工投喂的各种植物、动物下脚料及人工配合饲料也喜食。

视频：小龙虾的食性

小龙虾摄食方式是用螯足捕获大型食物，撕碎后再送给第 2、第 3 步足抱食。小型食物则直接用第 2、第 3 步足抱住啃食。小龙虾猎取食物后，常常会迅速躲藏或用螯足保护，以防止其他虾类来抢食。

小龙虾的摄食能力很强，且具有贪食、争食的习性，饲料不足或群体过大时，会有相互残杀的现象，尤其会出现硬壳虾残杀并吞食软壳虾的现象。小龙虾摄食多在傍晚或黎明，尤以黄昏为多。在人工养殖环境中，经过驯化，小龙虾在光照充足时也会主动觅食。此外，小龙虾耐饥饿能力极其突出，长时间未进食仍能维持正常的生理功能。小龙虾摄食强度在适温范围内随水温的升高而增加。摄食的最适水温为 25～30 ℃，水温低于 8 ℃或超过 35 ℃时，摄食明显减少，甚至不摄食，进入洞穴，生长停滞。

课件：小龙虾的食性

### 二、不同阶段的食性

小龙虾生长发育全过程可分为幼体、幼虾、成体、成虾四个阶段。各阶段食性如下。

#### 1. 幼体

幼体依附在母体上，摄食卵黄或靠母体呼吸的水流带来的食物生长。

#### 2. 幼虾

幼虾是指脱离母体后能独立生活的仔稚小龙虾。幼虾体长为 1.0～3.0 cm，主要靠摄食浮游动物生长。

#### 3. 成体和成虾

成体是指体长为 3.0 cm 以上，且未性成熟的小龙虾；成虾是指性腺发育成熟的小龙虾，也就是亲虾和商品虾。成体和成虾的食物类型如下。

（1）动物性饵料：螺蛳、水蚯蚓、水生昆虫、小杂鱼、动物内脏、动物尸体等。

（2）植物性饵料：苦草（扁担草）、伊乐藻、金鱼藻（松草、鱼草）等水草。

主要特点：食性杂，偏爱肉食，兼爱植食。

## 任务四　小龙虾的繁殖特性

### 一、性成熟时期和繁殖季节

在自然环境条件下，淡水小龙虾需要 6～12 月龄才能达到性成熟，性成熟时的体重多为 25 g 以上，偶尔也有发现体重为 15 g 的抱卵雌虾。但在产卵群体中，以体重 30 g 以上的个体为主。同龄亲虾中雄虾个体稍大于雌虾，雌性、雄性比接近 1∶1。

在长江流域，春季孵化出膜的虾苗长至 10～12 月即可性成熟；夏、秋季孵化出膜的虾苗经越冬后，长至翌年 5～10 月即可性成熟。

小龙虾常年均可繁殖，在自然环境中，淡水小龙虾产卵有两个高峰期：5 月左右和 9～11 月；在我国多数地区，主要集中在 9～11 月。

视频：小龙虾的繁殖特性

### 二、交配产卵

小龙虾几乎可常年交配，但以每年春季为高峰。交配一般在水中的开阔区域进行，交配水温在 15～31 ℃均可进行。在交配时，雄虾通过交合刺将精子注入雌虾的纳精囊中，精子在纳精囊中储存 2～8 个月，仍可使卵子受精。鳌虾产卵前的交配次数不确定，有的交配 1 次即可产卵，有的交配 3～5 次才可产卵。雌虾在交配以后，便陆续掘穴进洞，通常在交配以后的 2～5 月卵巢才能发育成

课件：小龙虾的繁殖特性

熟。小龙虾的卵巢发育根据其颜色变化，可分为苍白色、黄色、深黄色、褐色和深褐色等阶段。雌虾产卵时虾体弯曲，游泳足不停地扇动，以护住产出的卵粒，使卵粒从纳精囊上经过并获得受精，卵子受精后附着在游泳足的刚毛上，整个产卵过程需 10～30 min。抱卵虾经常将腹部贴近洞内积水，以保持卵处于湿润状态，刚产出的卵呈圆球状，为淡黄色或黑褐色，随着胚胎发育的进展，受精卵逐渐为棕褐色，未受精的卵逐渐变为混浊白色，脱离虾体。小龙虾的怀卵量较小，根据规格不同，怀卵量一般在 100～700 粒，平均为 300 粒。

### 三、胚胎发育

小龙虾产卵后以抱卵的方式进行孵化，其胚胎发育时间较长，胚胎发育进程与水温高低有关，在正常生长温度范围内，水温高则孵化时间短。如水温在 10～15 ℃时，幼体孵化出膜需要 40～50 d；水温在 22～25 ℃时，需要 19～25 d 可孵出幼体。受精卵的颜色可随着胚胎发育的进程而变化，初产时卵色呈黑褐色，后期逐渐变淡，眼点出现后卵色变为棕褐色，随着部分黑色区域转为透明，表明胚胎已发育成熟，幼体即将孵出。亲虾在整个孵化过程中，游泳足会不停地摆动，形成水流保证受精卵孵化对溶氧的需求。同时，亲虾会利用第 2、第 3 步足及时剔除未受精卵及病变、坏死的受精卵，保证孵化的顺利进行。

### 四、幼体发育

刚孵出的 I 期幼体体色较淡，为橘黄色或浅褐色，以卵黄囊作为营养来源。小龙虾亲虾有护幼习性，I 期幼体出膜后寄生在母虾腹部的腹肢上，幼体的头胸甲膨大、透明，尾扇的内外肢未形成，仅有尾节，外形与成虾有着明显的差异，无活动能力。经过一次蜕皮后变态为 II 期幼体，外形与成体已无明显差异，有活动能力，偶尔会离开母体觅食藻类和有机碎屑，但多数时间仍攀附于母虾腹肢上寄生生活，待发育至 III 期幼体时活动能力明显增强，通常围绕在母体四周活动和觅食，一旦有干扰或危险时就会立即返回母虾腹部。III 期后的虾苗形态与成体完全相同，体长约为 1 cm，并开始独立生活。水温或洞穴内温度在 20～32 ℃时，20～30 d 离开母体。晚秋时节孵化出来的仔虾，依附母体的时间达数月之久，经越冬后才离开母体。母虾有护幼习性，因此产卵量虽少，但幼体的成活率较高，这也是淡水小龙虾分布范围和天然资源数量能够在短时间内得到快速扩大与较快递增的原因之一。在生长环境比较适宜的条件下，孵化出膜的 I 期幼体经过 3 个月的生长后，可长成体重为 25～40 g 的商品虾，生长速度较快。

## 🧰 项目实施

### 小龙虾的雌雄鉴别

强化训练鉴别小龙虾雌雄的技能。

#### 一、明确目的

1. 会观察小龙虾的雌雄特征。
2. 能鉴别小龙虾的雌雄。
3. 具备严谨认真的工作态度和精益求精的精神。

## 二、工作准备

### (一)引导问题

1. 小龙虾的雌虾和雄虾分别具有哪些典型的性别特征？

_____

_____

2. 怎样鉴别小龙虾的雌雄？

_____

_____

3. 写出安全注意事项。

_____

_____

_____

### (二)确定实施方案

小组讨论，制订实施方案，确定人员分工(表 1-1-1)。

表 1-1-1　方案设计表

| 组长 | | | 组员 | |
|---|---|---|---|---|
| 学习项目 | | | | |
| 学习时间 | | 地点 | | 指导教师 | |
| 准备内容 | 样品 | | | | |
| | 工具 | | | | |
| | 器皿 | | | | |
| 具体步骤 | | | | | |
| 任务分工 | 姓名 | 工作分工 | | 完成效果 |
| | | | | |
| | | | | |
| | | | | |
| | | | | |

## (三)所需样品、工具、器皿和场地的准备

请按表1-1-2列出本工作所需的样品、工具、器皿和场地。

表1-1-2 小龙虾的雌雄鉴别所需的样品、工具、器皿

| 样品 | 名称 | 规格 | 数量 | 已准备 | 未准备 | 备注 |
|---|---|---|---|---|---|---|
| | | | | | | |
| 工具 | 名称 | 规格 | 数量 | 已准备 | 未准备 | |
| | | | | | | |
| 器皿 | 名称 | 规格 | 数量 | 已准备 | 未准备 | |
| | | | | | | |
| 场地 | 名称 | 规格 | 数量 | 已准备 | 未准备 | |
| | | | | | | |
| 其他准备工作 | | | | | | |

## 三、实施过程

"小龙虾的雌雄鉴别"任务实施过程见表1-1-3。

表1-1-3 "小龙虾的雌雄鉴别"任务实施过程

| 环节 | 操作及说明 | 注意事项及要求 |
|---|---|---|
| 1 | 小龙虾雌虾的典型性别特征观察和分析 | 认真观察，组员们相互讨论，并确定 |
| | 小龙虾雄虾的典型性别特征观察和分析 | |
| 2 | 小龙虾雌雄的鉴别 | |
| 3 | 如实记录实施过程现象和实施结果，撰写实施报告 | |
| 4 | 整理现场 | 按规范要求，对实施场所进行整理清场后填写回收记录单 |

## 四、评价与总结

### (一)评价

根据项目实施情况，学生自评、学生互评和教师评价相结合，进行综合评价(表1-1-4)。

表1-1-4 学生综合评价表　　　　　　　年　月　日

| 评价标准及分值 | | 学生自评 | 学生互评 | 教师评价 |
|---|---|---|---|---|
| 学习与工作态度<br>(5分) | 态度端正，严谨、认真，遵守纪律和规章制度 | | | |
| 职业素养<br>(10分) | 程序规范；热爱劳动、崇尚技能；耐心细致、精益求精；团结合作、不断创新 | | | |
| 制订方案<br>(10分) | 按要求查阅资料，参与方案的制订，能协调解决实际问题 | | | |
| 工作准备<br>(5分) | 能选择适宜的场地，并准备好所需样品、工具和器皿等 | | | |
| 小龙虾的雌雄鉴别<br>(40分) | 会观察和分析小龙虾的性别特征，能正确鉴别小龙虾的雌雄 | | | |
| 原始记录和报告<br>(10分) | 真实、准确、无涂改，书写整洁，格式符合规范要求 | | | |
| 场地清整<br>(10分) | 将所用器具整理归位，场地清理干净 | | | |
| 工作汇报<br>(10分) | 如实准确，有总结、心得和不足及改进措施 | | | |
| 总分 | | | | |

### (二)总结汇报

1. 分小组制作 PPT、Word 工作总结，提交工作报告。
2. 小组成员互相讲解，并推荐一名成员向全班汇报。

## 📖知识拓展

**养虾敲开致富门 带领群众奔"钱"程**

课后习题

## 一、选择题

1. 小龙虾的身体由头胸部和腹部共（　　）节组成。
   　A. 10　　　　　　　B. 15　　　　　　　C. 20　　　　　　　D. 25

2. 小龙虾的第（　　）对步足末端呈钳状。
   　A. 1　　　　　　　B. 2　　　　　　　C. 3　　　　　　　D. 4

3. （　　）小龙虾腹部上端有两个硬硬的小腿。
   　A. 雄性　　　　　　B. 雌性　　　　　　C. 未成熟

4. 小龙虾从幼虾生长到成虾一般要蜕壳（　　）次。
   　A. 10　　　　　　　B. 11　　　　　　　C. 12　　　　　　　D. 13

5. 小龙虾幼虾主要靠摄食（　　）生长。
   　A. 浮游植物　　　　B. 浮游动物　　　　C. 底栖动物　　　　D. 水草

6. 小龙虾的成体和成虾可以摄食（　　）。
   　A. 螺蛳　　　　　　B. 水蚯蚓　　　　　C. 苦草　　　　　　D. 伊乐藻

7. 在自然环境条件下，淡水小龙虾需要（　　）月龄才能达到性成熟。
   　A. 1～4　　　　　　B. 5～10　　　　　C. 6～11　　　　　D. 12～15

## 二、判断题

1. 雄性小龙虾钳子的前外缘有一鲜红的薄膜。　　　　　　　　　　　　　　（　　）

2. 雄性小龙虾腹部的肉饱满而且富有弹性。　　　　　　　　　　　　　　　（　　）

3. 小龙虾幼虾体为均匀的灰色，有时具黑色波纹。　　　　　　　　　　　　（　　）

4. 小龙虾喜温，怕炎热，畏寒冷。　　　　　　　　　　　　　　　　　　　（　　）

5. 小龙虾有明显的昼夜垂直移动现象。　　　　　　　　　　　　　　　　　（　　）

6. 小龙虾为杂食性。　　　　　　　　　　　　　　　　　　　　　　　　　（　　）

7. 小龙虾摄食一般在白天光线强的时候。　　　　　　　　　　　　　　　　（　　）

8. 亲虾会利用第2、第3步足及时剔除未受精卵及病变、坏死的受精卵，保证孵化的顺利
进行。　　　　　　　　　　　　　　　　　　　　　　　　　　　　　　　（　　）

9. 在自然环境中，在我国多数地区，淡水小龙虾产卵主要集中在9—11月。　（　　）

10. 小龙虾产卵后以抱卵的方式进行孵化。　　　　　　　　　　　　　　　（　　）

# 项目二　稻虾养殖模式

## 项目导读

### 稻虾养殖模式的价值

稻田养虾具有良好的社会价值、生态价值和经济价值。

#### 1. 社会价值

为市场提供绿色、有机、无公害的优质小龙虾系列产品，增强人们对食品安全的信任度，提高政府的公信力；满足现代社会中，人们向往回归自然，放松心情、缓解压力的绿色生态，环境优美、舒适宜人的田园休闲旅游生活的追求目标；为健康养生提供有用的数据支撑；为精准扶贫、乡村振兴提供重要的支撑。

#### 2. 生态价值

开发荒田，建设小龙虾生态养殖基地，优化种植和养殖环境，减少虾田的病害发生，保护了生态环境，具有较高生态价值；可以除草灭害，消灭田里的杂草和水生生物，尤其是许多危害性幼虫；小龙虾游动、觅食有助于稻田松土、活水、通气，增加田水溶氧量；通过新陈代谢，小龙虾排出的粪便起到了增肥的作用，从而使化肥、农药的用量相对较少，确保水稻稳产优质，实现高效、生态、安全。

#### 3. 经济价值

可以稳粮增收。粮食产量不减，每亩还可增收入；培养大学生的创新创业能力，增加大学生的就业率，为社会和个人创造财富。帮助当地村民在家门口就业，帮助农户脱贫致富，带动当地经济登上新台阶；融餐饮、观光、休闲垂钓、农产品深加工于一体，延伸产业链，促进农业产业结构调整和升级，为农户开创增收致富之路。

## 学习目标

**知识目标**

1. 掌握稻虾连作模式、稻虾共作模式和稻虾轮作模式的含义。

2. 熟悉稻虾连作模式、稻虾共作模式和稻虾轮作模式的方法。

3. 了解稻虾养殖模式的特点。

**能力目标**

1. 能理解稻虾养殖连作模式、稻虾共作模式和稻虾轮作模式适用条件。

2. 能根据不同情况选择适宜的稻虾养殖模式。

**素养目标**

1. 培养良好的职业道德和诚信品质。

2. 培养关注社会、关注民生、造福人类的社会责任感。

3. 培养发现问题、分析问题和解决问题的基本能力。

4. 培养严谨、踏实的工作作风和实事求是的工作态度，以及创新思维和创新创业能力。

# 任务一　稻虾连作模式

## 一、稻虾连作模式的含义

稻虾连作是指在稻田中种一季稻谷后养一茬小龙虾，如此循环进行。稻虾连作最好是选择中稻品种，中稻插秧季节比早稻迟，有利于下一年稻田插秧前收获更大、更多的小龙虾。晚稻收割季节迟，不利于稻谷收割后投放种虾，此时的种虾已过最佳繁殖期(图1-2-1)。

课件：稻虾连作模式

图 1-2-1　稻虾连作模式

## 二、稻虾连作的方法

选择中稻品种种一季稻谷。待稻谷收割后立即灌水，投放小龙虾种虾 20 kg/亩①，到第二年5月中稻插秧前，将虾全部收获。捕捞未尽的小龙虾可在下半年中稻收获后留作种虾，翌年只需补种 10 kg/亩左右。这种模式在不影响中稻产量的情况下，可产小龙虾 100 kg/亩左右。

视频：稻虾连作模式

# 任务二　稻虾共作模式

## 一、稻虾共作模式的含义

稻虾共作就是在水稻田挖围沟，在围沟内养小龙虾，在田间种植水稻，能够做到一田两用，一水两用，不与粮争地，不与人争水，种养结合，助推农民发家致富的一种新型种养模式(图1-2-2)。

## 二、稻虾共作的方法

稻虾共作模式选择早、中、晚稻均可，但一年只种一季稻谷，且水稻品种要选择抗倒伏的品种，插秧时最好用免耕抛秧法。在8—9月放种虾 20 kg/亩或3—4月放3~4 cm 的幼虾 30 kg/亩。

课件：稻虾共作模式

---

① 亩为非法定计量单位，1 亩＝1/15 hm²。

视频：稻虾共作模式

图 1-2-2　稻虾共作模式

### 三、稻虾共作模式的优势

稻虾共作，小龙虾可起到除草、除害虫的作用，使稻田少施化肥、少喷农药。一般稻虾共生可增加水稻产量 5%～10%。在稻谷生长期可增产小龙虾 50 kg/亩左右，在不种冬播的情况下连续养虾，可增加虾的产量 100 kg/亩，一年共产虾 150 kg/亩左右。

# 任务三　稻虾轮作模式

### 一、稻虾轮作的含义

稻虾轮作是利用稻田水体种一季稻，待稻谷收割后养殖小龙虾，第二年不种稻，第三年再种一季稻，每三年一个轮回，如此循环进行的新型生态养虾模式。

课件：稻虾轮作模式

### 二、稻虾轮作的方法

在稻虾轮作模式中，可以适当缩小沟面宽度，并对沟深进行适当减浅；或者仅在虾苗繁育田挖沟，在成虾养殖田平池式管理。水稻在 9 月收获完毕后，立即灌水放养小龙虾种虾 25 kg/亩，第三年的 6 月前将小龙虾收获完毕，然后采取免耕抛秧的方式再种一季中稻，三年一个轮回。

养殖期间采取常年捕捞、捕大留小的方法，在下一轮插秧前将小龙虾全部收获完毕。

视频：稻虾轮作模式

在稻虾轮作整个过程中，应加强病虫害绿色防控、水肥管理、饲料投喂及水质调控和检测等方面的工作，确保稻虾双丰收。

### 三、稻虾轮作模式的优势

稻虾轮作模式的优势主要体现在以下 4 个方面。

#### 1. 稳粮效应突出

通过稻田的季节性流转，冬闲田获得收益，可以提高种粮户的种稻积极性，减少了冬季抛荒现象，实现了一田双收，稳粮增效。轮作模式的田间工程只涉及加高田埂和安装进排水设施，可以不挖沟，不影响耕作层，不减少种稻面积和季节，可有效保障农田空间及粮食生产能力。

### 2. 实现肥药双减

通过 1～2 季小龙虾养殖，土壤表层有机质含量提高，通透性增强，全年肥药使用量可减少 20％～30％；利用小龙虾摄食杂草，又大幅度减少了越冬虫卵量，减少了农药的使用，可实现生态绿色循环种养。

### 3. 经济效益明显

稻虾轮作模式每年稻田可产小龙虾 250 kg/亩左右，且养成的小龙虾规格大、售价高。水稻亩产稳定在 500 kg 以上，稻米品质好。

### 4. 投资小、风险低

前期基本建设投入小，待小龙虾收获季过后，虾塘全部变稻田，操作更为简单。这一模式易于传统种粮户上手，更有利于实现"一田双收""稻渔双赢"。

稻虾轮作模式推广迅速，已成为规模化经营主体广泛应用的综合种养模式。

## 📦 项目实施

**稻虾养殖模式的选择**

强化训练稻虾养殖模式的知识和技能，学习小龙虾养殖科学家的奋斗历程，增强民族自豪感，培养奋斗精神。

### 一、明确目的

1. 能理解稻虾养殖的典型模式的特点。
2. 会根据实际条件，选择适宜的稻虾养殖模式。
3. 具备严谨认真的工作态度和自强不息的奋斗精神。

### 二、工作准备

### (一)引导问题

1. 稻虾养殖有哪些典型的模式？

_____

_____

2. 怎样选择适宜的稻虾养殖模式？

_____

_____

3. 写出安全注意事项。

_____

_____

_____

## (二)确定实施方案

小组讨论，制订实施方案，确定人员分工（表1-2-1）。

表1-2-1 方案设计表

| 组长 | | | | 组员 | | | |
|---|---|---|---|---|---|---|---|
| 学习项目 | | | | | | | |
| 学习时间 | | | 地点 | | | 指导教师 | |
| 准备内容 | 样品 | | | | | | |
| | 工具 | | | | | | |
| | 器皿 | | | | | | |
| | 场地 | | | | | | |
| 具体步骤 | | | | | | | |
| 任务分工 | 姓名 | | 工作分工 | | | | 完成效果 |
| | | | | | | | |
| | | | | | | | |
| | | | | | | | |
| | | | | | | | |
| | | | | | | | |

## (三)所需样品、工具、器皿和场地等的准备

请按表1-2-2列出本工作所需的样品、工具、器皿和场地。

表1-2-2 稻虾养殖模式的选择所需的样品、工具、器皿和场地

| 样品 | 名称 | 规格 | 数量 | 已准备 | 未准备 | 备注 |
|---|---|---|---|---|---|---|
| | | | | | | |
| 工具 | 名称 | 规格 | 数量 | 已准备 | 未准备 | |
| | | | | | | |
| 器皿 | 名称 | 规格 | 数量 | 已准备 | 未准备 | |
| | | | | | | |
| 场地 | 名称 | 规格 | 数量 | 已准备 | 未准备 | |
| | | | | | | |
| 其他准备工作 | | | | | | |

## 三、实施过程

"稻虾养殖模式的选择"任务实施过程见表1-2-3。

表1-2-3 "稻虾养殖模式的选择"任务实施过程

| 环节 | 操作及说明 | 注意事项及要求 |
|---|---|---|
| 1 | 稻虾连作模式、稻虾共作模式和稻虾轮作模式的观察与分析 | 认真观察，组员们相互讨论，并确定 |
| 2 | 根据实际条件，选择适宜的稻虾养殖模式 | |
| 3 | 如实记录实施过程现象和实施结果，撰写实施报告 | |
| 4 | 整理现场 | 按规范要求，对实施场所进行整理清场后填写回收记录单 |

## 四、评价与总结

### (一)评价

根据项目实施情况，学生自评、学生互评和教师评价相结合，进行综合评价（表1-2-4）。

表1-2-4 学生综合评价表　　　　　年　月　日

| 评价标准及分值 | | 学生自评 | 学生互评 | 教师评价 |
|---|---|---|---|---|
| 学习与工作态度（5分） | 态度端正，严谨、认真，遵守纪律和规章制度 | | | |
| 职业素养（10分） | 程序规范；热爱劳动、崇尚技能；耐心细致、精益求精；团结合作、不断创新 | | | |
| 制订方案（10分） | 按要求查阅资料，参与方案的制订，能协调解决实际问题 | | | |
| 工作准备（5分） | 能选择适宜的场地，并准备好所需样品、工具和器皿等 | | | |
| 稻虾养殖模式的选择（40分） | 会观察和分析典型的稻虾养殖模式的特点，能根据实际条件，选择适宜的稻虾养殖模式 | | | |
| 原始记录和报告（10分） | 真实、准确、无涂改，书写整洁，格式符合规范要求 | | | |
| 场地清整（10分） | 将所用器具整理归位，场地清理干净 | | | |
| 工作汇报（10分） | 如实准确，有总结、心得和不足及改进措施 | | | |
| 总分 | | | | |

### (二)总结汇报

1. 分小组制作 PPT、Word 工作总结，提交工作报告。

2. 小组成员互相讲解，并推荐一名成员向全班汇报。

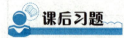 知识拓展

博士儿子助力农民老爸"互联网十"模式稻田养虾

## 课后习题

### 一、选择题

1. 稻虾连作一般选择（　　）水稻品种种植。
   A. 早稻　　　　　　　B. 中稻　　　　　　　C. 晚稻

2. 稻虾连作模式中选择水稻品种种（　　）季稻谷。
   A. 一　　　　　　　　B. 二　　　　　　　　C. 三

3. 稻虾连作模式在不影响中稻产量的情况下，每年每亩可产小龙虾（　　）kg 左右。
   A. 50　　　　　　　B. 100　　　　　　　C. 200　　　　　　　D. 300

4. 稻虾共作一般选择（　　）水稻品种种植。
   A. 早稻　　　　　　　B. 中稻　　　　　　　C. 晚稻

5. 稻虾共作模式中选择水稻品种种（　　）季稻谷。
   A. 一　　　　　　　　B. 二　　　　　　　　C. 三

6. 稻虾共作模式一般每年每亩可产小龙虾（　　）kg 左右。
   A. 100　　　　　　　B. 150　　　　　　　C. 200　　　　　　　D. 300

7. 稻虾轮作（　　）年一个轮回。
   A. 二　　　　　　　　B. 三　　　　　　　　C. 四

8. 稻虾轮作（　　）田必须挖沟。
   A. 虾苗繁育　　　　　B. 成虾养殖　　　　　C. 虾苗繁育和成虾养殖

### 二、判断题

1. 稻虾连作最好选择早稻品种。　　　　　　　　　　　　　　　　　（　　）

2. 稻虾连作是指在稻田中种一季稻谷后养一茬小龙虾。　　　　　　　（　　）

3. 稻虾连作的水稻秸秆直接还田，能给下一季的小龙虾苗提供大量的生物饵料。（　　）

4. 稻虾共生模式选择早、中、晚稻均可，一年可种两季稻谷。　　　　（　　）

5. 一般稻虾共生可增加水稻产量 5%～10%。　　　　　　　　　　　（　　）

6. 稻虾共作模式插秧时最好选用免耕抛秧法。　　　　　　　　　　　（　　）

7. 稻虾轮作期间对小龙虾采取常年捕捞、捕大留小的方法。　　　　　（　　）

8. 稻虾轮作的沟面宽度可以宽一些，深度可以浅一点。　　　　　　　（　　）

9. 稻虾轮作第二年不种稻。　　　　　　　　　　　　　　　　　　　（　　）

# 项目三　养虾稻田的选择与改造

**项目导读**

养虾稻田的条件

稻田要求有充足的水源，且水质良好；土质以壤土为好，砂土不宜开展；水、电、路三通，农田水利工程设施配套，排灌方便。

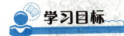

**学习目标**

**知识目标**

1. 掌握养虾稻田的选择技术。
2. 熟知稻田的改造方法。

**能力目标**

1. 学会养虾稻田选择与改造技术。
2. 能够按养虾稻田的要求对其进行改造。

**素养目标**

1. 培养良好的职业道德和诚信品质。
2. 培养从事养虾稻田的选择与改造所必备的基本职业素质。
3. 培养严谨、踏实的工作作风和实事求是的工作态度，以及创新思维和创新创业能力。
4. 树立正确的劳动观念，培养劳动精神，提高劳动能力，养成劳动习惯。

## 任务一　养虾稻田的选择

### 一、土壤

土质以壤土、黏土为宜，尤以壤土最佳，田底肥而不淤，田埂坚固结实不漏水，远离污染源。环境和底质应符合 GB 15618—2018、NY/T 847—2004 和 NY/T 5361—2016 的规定。

### 二、水源

小龙虾的养殖和水稻的种植都离不开水，养小龙虾的稻田要确保干旱的时候能加水换水，多雨的季节不能出现洪涝现象，周边没有化工等方面的污染，不受周边农业生产的影响，主要是农药使用不能污染了水源。

因此，稻田养小龙虾要求水量充沛、排灌方便，水质应符合 GB 11607—1989 的规定。

视频：养虾稻田的选择

课件：养虾稻田的选择

### 三、面积

面积少则几亩，多则几十亩或上百亩均可，一般以 30～100 亩为一个单元，连片为好。

### 四、光照

光照充足，有利于藻类和水草充分进行光合作用，能够为水体带来大量溶解氧。

# 任务二　养虾稻田的改造

### 一、开挖环沟

沿稻田田埂内侧四周要开挖养虾沟，沟宽以 2～8 m 为宜，沟深为 100～120 cm，环沟面积占稻田总面积的 8%～10%。田块面积较大的，还要在田中间开挖田间沟，田间沟宽为 1 m，深为 0.5 m 左右；养虾沟和田间沟面积约占稻田总面积的 20%。

视频：养虾稻田的改造

### 二、加宽、加高田埂

利用挖环沟的泥土加宽、加高、加固田埂。田埂加高、加宽时，每层泥土都要打紧夯实，做到堤埂不裂、不垮、不渗水漏水，以确保田埂的保水能力，并防止暴风雨使田埂倒塌。改造后的田埂，高度应高出田面 80 cm 以上，能关住田面水 50～60 cm。埂面宽不少于 150 cm，田埂坡度比以 1∶0.5 为宜。

课件：养虾稻田的改造

### 三、消毒

#### 1. 环沟消毒

稻田改造完成后，第一年在放养前 1 个月排干沟水进行晒沟，放养前 10 d 左右每亩用生石灰 100 kg 化浆泼洒，杀灭敌害生物和致病菌，预防小龙虾疾病发生；第二年及以后，因为沟内留有亲虾，应选用二氧化氯或过氧化物消毒剂进行消毒。

#### 2. 稻田消毒

当年 8—9 月，中稻收割后，注入 30 cm 水将还田的稻草浸泡，然后将浸泡稻草的黄水放掉，再加 30 cm 的新水，每亩用 50 kg 生石灰消毒，杀死野杂鱼。一周后投放亲虾。

### 四、种植水草

环沟消毒 3～5 d 后，在沟内种植水草。水草种植包括沉水植物和漂浮植物的种植，如伊乐藻、菹草、水花生等，以伊乐藻为主。种植面积占环沟面积的 1/3～1/2。

### 五、完善进水、排水系统

进水口和排水口应成对角设置。进水口建在田埂上，用 60 目的长型双层网袋过滤进水，防止敌害生物随水流进入；排水口建在环沟最低处，用孔径 20 目的网片直接固定作为过滤网，由 PVC 弯管控制水位。

### 六、建立防逃设施

稻田排水口和田埂上应设置防逃网。防逃措施主要是防止小龙虾逃逸，一般采取尼龙网或石棉瓦进行防逃处理。具体情况可以综合考虑进行。

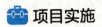 **项目实施**

## 养虾稻田的选择与改造

### 一、明确目的

1. 熟悉养虾稻田选择与改造的基本要求。

2. 会选择养虾稻田。

3. 能对养虾稻田进行改造。

4. 热爱劳动、崇尚技能。

### 二、工作准备

### (一)引导问题

1. 养虾稻田应具备哪些基本条件?

_____

_____

_____

_____

2. 怎样对养虾稻田进行改造?

_____

_____

_____

_____

3. 写出安全注意事项。

_____

_____

_____

_____

_____

### (二)确定实施方案

小组讨论，制订实施方案，确定人员分工(表1-3-1)。

表1-3-1　方案设计表

| 组长 | | | 组员 | | |
|---|---|---|---|---|---|
| 学习项目 | | | | | |
| 学习时间 | | 地点 | | 指导教师 | |
| 准备内容 | 样品 | | | | |
| | 工具 | | | | |
| | 器皿 | | | | |
| | 场地 | | | | |
| 具体步骤 | | | | | |
| 任务分工 | 姓名 | | 工作分工 | | 完成效果 |
| | | | | | |
| | | | | | |
| | | | | | |
| | | | | | |
| | | | | | |

### (三)所需样品、工具、器皿和场地的准备

请按表1-3-2列出本工作所需的样品、工具、器皿和场地。

表1-3-2　养虾稻田的选择与改造所需的样品、工具、器皿和场地

| 样品 | 名称 | 规格 | 数量 | 已准备 | 未准备 | 备注 |
|---|---|---|---|---|---|---|
| | | | | | | |
| 工具 | 名称 | 规格 | 数量 | 已准备 | 未准备 | |
| | | | | | | |
| 器皿 | 名称 | 规格 | 数量 | 已准备 | 未准备 | |
| | | | | | | |
| 场地 | 名称 | 规格 | 数量 | 已准备 | 未准备 | |
| | | | | | | |
| 其他准备工作 | | | | | | |

## 三、实施过程

"养虾稻田的选择与改造"任务实施过程见表 1-3-3。

表 1-3-3 "养虾稻田的选择与改造"任务实施过程

| 环节 | 操作及说明 | 注意事项及要求 |
|---|---|---|
| 1 | 计划用作养虾的稻田的特征观察和分析 | 认真观察，组员们相互讨论，并确定 |
| 2 | 选择适宜养虾的稻田 | |
| 3 | 对养虾稻田进行改造 | |
| 4 | 如实记录实施过程现象和实施结果，撰写实施报告 | |
| 5 | 整理现场 | 按规范要求，对实施场所进行整理清场后填写回收记录单 |

## 四、评价与总结

### （一）评价

根据项目实施情况，学生自评、学生互评和教师评价相结合，进行综合评价（表 1-3-4）。

表 1-3-4　学生综合评价表　　　　　　　　　　年　月　日

| 评价标准及分值 | | 学生自评 | 学生互评 | 教师评价 |
|---|---|---|---|---|
| 学习与工作态度（5分） | 态度端正，严谨、认真，遵守纪律和规章制度 | | | |
| 职业素养（10分） | 程序规范；热爱劳动、崇尚技能；耐心细致、精益求精；团结合作、不断创新 | | | |
| 制订方案（10分） | 按要求查阅资料，参与方案的制订，能协调解决实际问题 | | | |
| 工作准备（5分） | 能选择适宜的场地，并准备好所需样品、工具和器皿等 | | | |
| 养虾稻田的选择与改造（40分） | 会观察和分析养虾稻田的特点，能正确地选择与改造养虾稻田 | | | |
| 原始记录和报告（10分） | 真实、准确、无涂改，书写整洁，格式符合规范要求 | | | |
| 场地清整（10分） | 将所用器具整理归位，场地清理干净 | | | |
| 工作汇报（10分） | 如实准确，有总结、心得和不足及改进措施 | | | |
| 总分 | | | | |

### (二)总结汇报

1. 分小组制作 PPT、Word 工作总结，提交工作报告。
2. 小组成员互相讲解，并推荐一名成员向全班汇报。

## 知识拓展

案例：养虾稻田开挖虾沟(动画)

## 一、选择题

1. 养虾稻田的土质以(　　)为最佳。

   A. 沙土　　　　　B. 黏土　　　　　C. 壤土　　　　　D. 沙壤土

2. 养虾稻田的面积一般以(　　)亩为一个单元，连片为好。

   A. 10～100　　　B. 20～100　　　C. 30～100　　　D. 30～150

3. 养虾沟和田间沟面积约占稻田总面积的(　　)。

   A. 10%　　　　　B. 20%　　　　　C. 30%　　　　　D. 40%

4. 环沟消毒 3～5 d 后，在沟内可种植(　　)水草。

   A. 伊乐藻　　　　B. 菹草　　　　　C. 水花生

5. 养虾稻田进水口建在田埂上，用(　　)目规格的长型网袋过滤进水。

   A. 30　　　　　　B. 40　　　　　　C. 50　　　　　　D. 60

## 二、判断题

1. 稻田环境、底质环境和底质应符合 GB 15618—2018、NY/T 847—2004 和 NY/T 5361—2016 的规定。　　　　　　　　　　　　　　　　　　　　　　　　　　　　(　　)

2. 养虾稻田水质应符合 NY 5051—2001 的规定。　　　　　　　　　　　(　　)

3. 养虾稻田应选择光照较弱的田。　　　　　　　　　　　　　　　　　(　　)

4. 稻田改造完成后的第一年可用生石灰消毒。　　　　　　　　　　　　(　　)

5. 养虾稻田田埂加高、加宽时，每层泥土都要打紧夯实。　　　　　　　(　　)

6. 稻田进水口和田埂上应设防逃网。　　　　　　　　　　　　　　　　(　　)

# 项目四　水稻栽培技术

 项目导读

### 我国栽培水稻的主要品种

按照植物分类划分，我国水稻品种都属于亚洲栽培稻。亚洲栽培稻有两个亚种，也就是通常说的籼稻和粳稻。粳稻中又包括两个生态类型，即温带粳稻和热带粳稻。热带粳稻也称为爪哇稻。北方种植的水稻基本上属于温带粳稻。

我国南方水稻由于生育期长，按生长季节不同可分为早稻、中稻和晚稻。北方稻区种植的均属于早粳或早熟中粳类型。同类型的品种根据栽培方式的不同可分为水稻和陆稻；又根据淀粉含量可分为黏稻(非糯稻，北方称为笨稻)和糯稻(黏稻)；根据生育期长短可分为早熟、中熟和晚熟等。

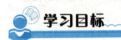 学习目标

#### 知识目标

1. 熟悉水稻品种的选择。
2. 了解整田方式。
3. 了解水稻栽培方式。

#### 能力目标

1. 学会水稻品种的选择方法。
2. 能够根据养虾稻田的具体情况，选择适宜的水稻栽培方式。

#### 素养目标

1. 培养爱党爱国、关注社会、关注民生、造福人类的社会责任感，以及良好的职业道德和诚信品质。
2. 培养发现问题、分析问题和解决问题的基本能力。
3. 培养正确的世界观、人生观、价值观和劳动观。

## 任务一　稻种选择和种植前的准备

### 一、稻种选择

养虾稻田一般只种一季中稻。通常选择叶片开张角度小、抗病虫害、抗倒伏、耐肥性强、米质优、产量高、可深灌、株型适中的紧穗型中稻品种，如 Y 两优 2 号、汕优系列、协优系列等，可以根据实际情况进行选择(图 1-4-1)。

### 二、田面整理

6 月初开始整田。在稻田与环沟之间筑好小堤埂，防止整田时水体互流，影响小龙虾生存环境。田间如存有大量小龙虾，为保证小龙虾不受影响，应采用稻田免耕抛秧技术和围埂方法，即

用免耕轻耙的方式进行整田，在不翻地的前提下，插秧前3～5 d进行耙地，耙地前保持寸水，以兼顾除草，最好不要深水耙地，因为水深除草效果差。耙地应做到地表3～5 cm土层变软，以利于插秧时不飘苗。如果稻田中小龙虾已经全部捕出，则采用翻耕的方式进行整田，并应尽早翻地，然后耙平整，在保证整平度的前提下，土壤达到上细下粗的标准，既要保证插秧质量，又要增加土壤的孔隙度。

图 1-4-1 典型养虾水稻品种的选择

视频：稻种选择和种植前的准备

课件：稻种选择和种植前的准备

### 三、稻田施肥

稻田施肥尽可能施用生物肥和腐熟的有机肥。肥料的使用应符合《绿色食品 肥料使用准则》（NY/T 394—2023）和《肥料合理使用准则通则》（NY/T 496—2010）的要求。底肥以有机肥为主，要施好施足，达到肥力持久、长效的目的，保证水稻中期不脱肥，后期不早衰。具体方法：插秧前的10～15 d，施有机粪肥50～80 kg/亩或复合肥25～35 kg/亩，均匀撒在田面上，并用机器翻耕耙匀。插秧后一个星期左右，施尿素5 kg/亩左右提苗，稻田基肥一定要施足，追肥要少施。禁止使用对小龙虾生长阶段有害的化肥，如氨水和碳酸氢铵等。有条件的地方，应施用养虾稻田水稻的专用肥，这种肥是根据水稻的需肥特点，以及小龙虾生长水质的要求经科学配方加工而成，施用效果会更好。

## 任务二　水稻栽培和管理技术

### 一、水稻栽插

养虾稻田应在6月上旬完成栽插。栽插时，应充分发挥宽窄行和边坡优势技术。移植密度应为宽行40 cm×18 cm，窄行20 cm×18 cm。田间如存有大量小龙虾，应采用稻田免耕抛秧技术（图1-4-2、图1-4-3）。

### 二、水位控制

3月，稻田水位应控制在30 cm左右；4月中旬以后，稻田水位应逐渐提高至50～60 cm。整田至插秧期间保持田面水位控制在5 cm左右。插秧15 d后开始晒田，晒田时环沟水位应低于田面20 cm左右，晒田后田面水位加至20 cm左右，收割前的半个月再次晒田，环沟水位再降至低于田面20 cm左右，收割后10～15 d长出青草后开始灌水，随后草长水涨，直至田面水位达到50～70 cm。

视频：水稻栽培和管理技术

图 1-4-2 水稻栽培(1)

图 1-4-3 水稻栽培(2)

### 三、科学晒田

当水稻有效分蘖数达到预定要求时(插秧 15 d 左右),以及收割前半个月均需进行晒田。晒田总体要求轻晒或短期晒,可总结为"平时水沿堤,晒田水位低,沟溜起作用,晒田不伤虾"。晒田前要清理虾沟、虾溜,严防虾沟内有阻隔与淤塞,沟内水深保持在低于秧田表面 20 cm 左右即可。晒田标准应为田边开"鸡爪裂",田中稍紧皮,人立有脚印,叶片略退淡。稻田晒好后,应及时恢复原水位,以免环沟中的虾因长时间密度过大、缺食太久而产生不利影响。

课件:水稻栽培和管理技术

### 四、水稻病虫害防治

#### 1. 基本原则

小龙虾对许多农药都很敏感,稻田养虾的原则是能不用农药时坚决不使用,需要用农药时则选用高效低毒的农药,最好选择生物制剂。施农药时要注意严格把握农药安全使用浓度,确保虾的安全,要求喷药于水稻叶面,尽量不喷入水中,施药后稻田中的水最好不要流入沟中,而且最好分区使用农药。

水稻施用药物,应尽量避免使用有机磷类和含菊酯类的杀虫剂,以免对小龙虾造成危害。

#### 2. 水稻病基本防治措施

(1)防治水稻螟虫:每亩用 200 mL 18% 杀虫双水剂加水 75 kg 喷雾。

(2)防治稻飞虱:每亩用 50 g 25% 扑虱灵可湿性粉剂加水 25 kg 喷雾。

(3)防治稻条斑病、稻瘟病:每亩用 50% 消菌灵 40 g 加水喷雾。

(4)防治水稻纹枯病、稻曲病:每亩用增效井冈霉素 250 mL 加水喷雾。

#### 3. 具体方法

(1)1 公顷配一盏频振杀虫灯对趋光性害虫进行诱杀并除草。

(2)喷雾水剂宜在下午进行,因稻叶下午干燥程度大,大部分药液易吸附在水稻上。同时需要注意的是,在施药前需向田间加水至 20 cm,喷药后及时换水。

### 五、稻谷收割

在 10 月上旬左右开始进行稻谷收割,留茬 40 cm 左右,秸秆还田。稻谷收割前要排水,排水时先将稻田的水位快速地下降到田面上 5～10 cm,然后缓慢排水,最后环沟内水位保持在 50～70 cm,即可收割稻谷。

### 六、水稻收割后的秸秆利用

每亩用商品秸秆腐熟剂 2 kg，快速腐熟后既能肥田，又能作为小龙虾的饵料。

## 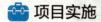 项目实施

**典型稻虾养殖水稻品种的选择**

### 一、明确目的

1. 熟悉稻虾养殖水稻品种选择的依据。
2. 会选择适宜的稻虾养殖的水稻品种。
3. 具备严谨认真的工作态度和精益求精的精神。

### 二、工作准备

### (一)引导问题

1. 稻虾养殖水稻品种选择的依据是什么？

_____

_____

_____

_____

2. 稻虾养殖常选用的水稻品种有哪些？

_____

_____

_____

_____

3. 写出安全注意事项。

_____

_____

_____

_____

_____

_____

## (二)确定实施方案

小组讨论,制订实施方案,确定人员分工(表 1-4-1)。

表 1-4-1　方案设计表

| 组长 | | | 组员 | | |
|---|---|---|---|---|---|
| 学习项目 | | | | | |
| 学习时间 | | 地点 | | 指导教师 | |
| 准备内容 | 样品 | | | | |
| | 工具 | | | | |
| | 器皿 | | | | |
| 具体步骤 | | | | | |
| 任务分工 | 姓名 | | 工作分工 | | 完成效果 |
| | | | | | |
| | | | | | |
| | | | | | |

## (三)所需样品、工具、器皿和场地的准备

请按表 1-4-2 列出本工作所需的样品、工具、器皿和场地。

表 1-4-2　典型稻虾养殖水稻品种的选择所需的样品、工具、器皿和场地

| 样品 | 名称 | 规格 | 数量 | 已准备 | 未准备 | 备注 |
|---|---|---|---|---|---|---|
| | | | | | | |
| 工具 | 名称 | 规格 | 数量 | 已准备 | 未准备 | |
| | | | | | | |
| 器皿 | 名称 | 规格 | 数量 | 已准备 | 未准备 | |
| | | | | | | |
| 场地 | 名称 | 规格 | 数量 | 已准备 | 未准备 | |
| | | | | | | |
| 其他准备工作 | | | | | | |

## 三、实施过程

"典型稻虾养殖水稻品种的选择"任务实施过程见表1-4-3。

表 1-4-3 "典型稻虾养殖水稻品种的选择"任务实施过程

| 环节 | 操作及说明 | 注意事项及要求 |
|---|---|---|
| 1 | 稻虾养殖水稻品种的特征观察 | 认真观察，组员们相互讨论，并确定 |
| 2 | 稻虾养殖水稻品种的特征分析 | |
| 3 | 稻虾养殖水稻品种的选择 | |
| 4 | 如实记录实施过程现象和实施结果，撰写实施报告 | |
| 5 | 整理现场 | 按规范要求，对实施场所进行整理清场后填写回收记录单 |

## 四、评价与总结

### (一) 评价

根据项目实施情况，学生自评、学生互评和教师评价相结合，进行综合评价(表1-4-4)。

表 1-4-4 学生综合评价表　　　　年　月　日

| 评价标准及分值 | | 学生自评 | 学生互评 | 教师评价 |
|---|---|---|---|---|
| 学习与工作态度<br>(5分) | 态度端正，严谨、认真，遵守纪律和规章制度 | | | |
| 职业素养<br>(10分) | 程序规范；热爱劳动、崇尚技能；耐心细致、精益求精；团结合作、不断创新 | | | |
| 制订方案<br>(10分) | 按要求查阅资料，参与方案的制订，能协调解决实际问题 | | | |
| 工作准备<br>(5分) | 能选择适宜的场地，并准备好所需样品、工具和器皿等 | | | |
| 典型稻虾养殖<br>水稻品种的选择<br>(40分) | 会观察和分析稻虾养殖的水稻品种的特征，能正确选择适宜的稻虾养殖水稻品种 | | | |
| 原始记录和报告<br>(10分) | 真实、准确、无涂改，书写整洁，格式符合规范要求 | | | |
| 场地清整<br>(10分) | 将所用器具整理归位，场地清理干净 | | | |
| 工作汇报<br>(10分) | 如实准确，有总结、心得和不足及改进措施 | | | |
| 总分 | | | | |

## (二) 总结汇报

1. 分小组制作 PPT、Word 工作总结，提交工作报告。
2. 小组成员互相讲解，并推荐一名成员向全班汇报。

###  知识拓展

潜江：虾稻合奏振兴曲

### 课后习题

#### 一、选择题

1. (　　) 稻种可选为养虾稻种。

   A. Y 两优 2 号　　　　　B. 汕优系列　　　　　C. 协优系列

2. 养虾稻田一般选择 (　　) 的紧穗型中稻品种。

   A. 叶片开张角度小　　　　　　　　B. 抗病虫害

   C. 抗倒伏　　　　　　　　　　　　D. 耐肥性强

3. 养虾稻田底肥以 (　　) 为主。

   A. 无机肥　　　　　　B. 有机肥　　　　　C. 不施肥

4. 水稻晒田标准为 (　　)。

   A. 田边开"鸡爪裂"　　　　　　　B. 田中稍紧皮

   C. 人立有脚印　　　　　　　　　D. 叶片略退淡

5. 稻田喷雾水剂宜在 (　　) 进行。

   A. 早上　　　　　B. 上午　　　　　C. 下午　　　　　D. 晚上

6. 稻谷收割，一般留茬 (　　) cm 左右。

   A. 20　　　　　　B. 30　　　　　C. 40　　　　　D. 50

#### 二、判断题

1. 水稻栽插时，充分发挥宽窄行和边坡优势技术。　　　　　　　　　　　　(　　)

2. 整田至插秧期间保持田面水位 20 cm 左右。　　　　　　　　　　　　　(　　)

3. 养虾稻田 1 公顷配一盏频振杀虫灯对趋光性害虫进行诱杀并除草。　　(　　)

# 项目五　虾种放养技术

### 项目导读

#### 虾种的来源

小龙虾虾种来源有两种渠道：一是从河流、沟渠、池塘、稻田等水域直接捕捞；二是从市场购买。

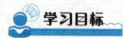

### 学习目标

#### 知识目标

1. 掌握虾种的放养技术。

2. 熟悉虾种的选择技术。

#### 能力目标

1. 学会虾种的放养技术。

2. 能够正确选择适宜的虾种。

#### 素养目标

1. 培养高度的社会责任感，认真践行社会主义核心价值观。

2. 培养正确运用所掌握的知识和技能，在虾种放养过程中发现问题、分析问题、解决问题的能力和安全生产的意识。

3. 培养创新能力、竞争与承受挫折的能力；具有劳动光荣、技能伟大的意识和精神。

## 任务一　虾种放养技术

稻田养殖小龙虾，小龙虾苗种是基础，它直接关系到后续小龙虾养殖能否成功，因此，小龙虾苗种至关重要。

### 一、苗种来源和选择

#### 1. 苗种的来源

建议不要购买野生小龙虾苗种，其成活率低；应购买养殖池中专门养殖的虾苗，其成活率高。

视频：小龙虾苗种
投放技术

#### 2. 苗种的选择

体色纯正，体表干净，体质健壮，附肢齐全，个体丰满度好，无病无伤，活动力强，生长发育良好，规格整齐，体重要求在 6～8 g/尾，最小不能低于 5 g/尾(图 1-5-1)。

### 二、放养前准备

#### 1. 清沟消毒

放虾前 7～15 d，田沟中注水深为 50～80 cm，每亩稻田养虾

图 1-5-1　苗种的选择

沟用生石灰 50～75 kg 泼洒消毒。

### 2. 施肥——施足基肥

施肥培水。饲养管理稻田养殖小龙虾，基肥要足，应以施腐熟的有机肥为主。在插秧前一次施入耕作层内，达到肥力持久长效的目的。一般每亩施复合肥 50 kg、碳铵 59 kg 或农家有机肥 200～500 kg。

### 3. 移栽水生植物

虾沟内栽植轮叶黑藻、马来眼子菜等沉水性水生植物，或在沟边种植蕹菜、水葫芦等。水草面积占养虾沟面积的 20%～25%，以零星分布为好。

### 4. 过滤及防逃

进水口、排水口要安装竹箔、钢丝网及网片等防逃、过滤设施，严防敌害生物进入。

## 三、苗种投放密度与规格

### 1. 第一季幼虾放养密度与规格

4—5 月选择符合质量要求的幼虾，放养密度为 20 kg/亩左右，规格为 120～130 只/kg。养殖到 7—8 月达到 40 g/尾左右的商品虾规格，称为第一季商品虾养殖。7—8 月将其全部捕捞销售，干沟消毒。准备第二季商品虾养殖。

### 2. 第二季幼虾放养密度与规格

7—8 月选择符合质量要求的幼虾，放养密度为 65 kg/亩左右，规格约为 130 只/kg。养殖到翌年 4—5 月达到 40 g/尾左右的商品虾规格，称为第二季商品虾养殖。4—5 月将其全部捕捞销售，干沟消毒，再准备第一季商品虾养殖。

## 四、苗种投放方法

苗种一般采用干法淋水保湿运输，如离水时间较长，放养前需进行如下操作：先将苗种在稻田水中浸泡 1 min 左右，提起搁置 2～3 min，再浸泡 1 min，再提起搁置 2～3 min，如此反复 2～3 次，使苗种体表和鳃腔吸足水分。其后用 5～10 g/m³ 聚维酮碘溶液（有效碘 1%）浸洗虾体 5～10 min，具体浸洗时间应视天气、气温及虾体忍受程度灵活掌握。浸洗后，用稻田水淋洗 3 遍，再将苗种均匀取点、分开轻放到浅水区或水草较多的地方，使其自行进入水中（图 1-5-2）。

**图 1-5-2　苗种投放方法**

投放苗种的时间选择建议如下：冬季应选择晴天上午进行；而夏季及秋季则宜选择晴天早晨或阴雨天进行，避免阳光直射。同时，严格控制水体温差在 2 ℃ 以内，以确保苗种的适应性和存活率。

# 任务二　小龙虾的自繁自养技术

近年来，小龙虾人工养殖发展很快，但由于小龙虾人工繁殖技术还不完全成熟，目前还存在着买苗难、运输成活率低等问题。因此，为满足稻田养虾的虾种需求，在 8—9 月成虾捕捞期间很多地区都进行小龙虾留种养殖，即让小龙虾自行繁殖，用繁殖出的虾苗进行养殖，自繁自养。因此，新建的养虾稻田一般只需第一次投种，此后就可以自行留种、保种和适当补充虾种。

## 一、小龙虾留种

### 1. 留种方法

从第二年开始留种，稻田自留亲虾为 30～40 kg/亩。

操作方法：5 月中下旬，在环沟中放 3 m 长地笼，地笼网眼规格为 1.6 cm，密度为 30 条/亩。当每条地笼商品虾产量低于 0.4 kg 时，即停止捕捞，剩余的小龙虾用来培育亲虾。第二年采用免耕法种植水稻，使其繁殖孵化出来的幼体能直接摄食稻田水中的浮游生物，提高幼体孵化率和幼虾成活率。

### 2. 整田

整田时，在靠近虾沟的田面一边，围上一周高 30 cm、宽 20 cm 的土埂，将环沟和田面分隔开，以利于田面整理，为小龙虾生长繁殖提供所需的生态环境。

视频：小龙虾的自繁自养技术

课件：小龙虾的自繁自养技术

## 二、小龙虾种质改良

为了保证小龙虾的优良生长性状，避免因近亲繁殖造成种质退化，应定期补放种虾（亲虾），以保证小龙虾的种质改良。

### 1. 亲虾的选择（图 1-5-3）

(1) 颜色暗红或深红，有光泽，体表光滑无附着物。

(2) 个体大，性腺成熟，雌性、雄性个体质量都要在 35 g 以上。

(3) 亲虾雌性、雄性都要求附肢健全、体格健壮、活动能力强。

(4) 雌、雄比例为 (2.5～3)∶1。

(a)　　　　　　　　　　　　(b)

图 1-5-3　亲虾的选择
(a) 雌虾；(b) 雄虾

### 2. 补种方法

每 3 年在 8 月底 9 月初从其他良种场或大水域购买 40 g/只以上的大规格亲虾，选购量为 5 kg/亩。通过更新亲本虾，不断地杂交来提高苗种质量。

种虾投放一般最迟在 9 月底之前完成，这样小龙虾可以有充足的时间和充沛的体力来打洞产卵、越冬。如果投放时间过晚，不仅影响小龙虾产卵，还会因为后期打洞而过度消耗能量，在越冬时容易出现冻伤、冻死的问题。

## 三、自繁自养小龙虾的管理要点

(1) 在 7—8 月要收集稻田中小龙虾的发育情况，观察小龙虾的抱对情况，可抽样一些洞穴观察小龙虾的抱卵情况，同时注意留足亲虾（图 1-5-4）。

（2）在9月后要经常关注稻田水体中是否出现幼虾，判断幼虾的多少，可用小网眼的抄网打样。

（3）在9月后特别是在冬季时，要使稻田保持一定的水位，尤其是稻田收割开始前常慢慢降低水位以方便收割，促使小龙虾进入洞穴，收割后及时灌注水。

（4）从9月后开始，要使池塘水保持一定的透明度，可施用EM类肥水产品进行肥水，根据水色及时补充施肥。

（5）在11月后，保持一定的水色有利于冬季和初春保持水温，保证一定的浮游生物；低温肥水困难时可先施用葡萄糖酸钙等补钙产品，再施用低温肥水产品来肥水。

图1-5-4　亲虾抱卵

（6）8月在稻田虾沟中栽种布置一些水花生以利于孵出的小龙虾幼体栖息附着，在10月后可根据实际情况栽种伊乐藻，以利于来年水草的生长（伊乐藻在水温5 ℃以上即可萌发）。

## 🧰 项目实施

稻虾苗种的放养

### 一、明确目的

1. 熟悉稻虾苗种的来源和选择。
2. 学会选择稻虾苗种。
3. 学会放养稻虾苗种。
4. 具备科学严谨的工作态度和团队合作精神。

### 二、工作准备

#### （一）引导问题

1. 稻虾苗种的来源途径有哪些？

_____

_____

2. 稻虾苗种投放密度与规格分别是怎样的？

_____

_____

3. 稻虾苗种投放的方法是什么？

_____

_____

4. 写出安全注意事项。

_____

## (二)确定实施方案

小组讨论，制订实施方案，确定人员分工(表 1-5-1)。

**表 1-5-1　方案设计表**

| 组长 | | | 组员 | |
|---|---|---|---|---|
| 学习项目 | | | | |
| 学习时间 | | 地点 | 指导教师 | |
| 准备内容 | 样品 | | | |
| | 工具 | | | |
| | 器皿 | | | |
| | 场地 | | | |
| 具体步骤 | | | | |
| 任务分工 | 姓名 | 工作分工 | | 完成效果 |
| | | | | |
| | | | | |
| | | | | |

## (三)所需样品、工具、器皿和场地的准备

请按表 1-5-2 列出本工作所需的样品、工具、器皿和场地。

**表 1-5-2　稻虾苗种放养所需的样品、工具、器皿和场地**

| 样品 | 名称 | 规格 | 数量 | 已准备 | 未准备 | 备注 |
|---|---|---|---|---|---|---|
| | | | | | | |
| 工具 | 名称 | 规格 | 数量 | 已准备 | 未准备 | |
| | | | | | | |
| 器皿 | 名称 | 规格 | 数量 | 已准备 | 未准备 | |
| | | | | | | |
| 场地 | 名称 | 规格 | 数量 | 已准备 | 未准备 | |
| | | | | | | |
| 其他准备工作 | | | | | | |

## 三、实施过程

"稻虾苗种的放养"任务实施过程见表 1-5-3。

**表 1-5-3 "稻虾苗种的放养"任务实施过程**

| 环节 | 操作及说明 | 注意事项及要求 |
|---|---|---|
| 1 | 稻虾苗种的选择 | |
| 2 | 稻虾苗种放养前的准备 | 认真观察，组员们相互讨论，并确定 |
| 3 | 稻虾苗种的密度与规格的确定 | |
| 4 | 稻虾苗种的放养 | |
| 5 | 如实记录实施过程现象和实施结果，撰写实施报告 | |
| 6 | 整理现场 | 按规范要求，对实施场所进行整理清场后填写回收记录单 |

## 四、评价与总结

### (一)评价

根据项目实施情况，学生自评、学生互评和教师评价相结合，进行综合评价(表 1-5-4)。

**表 1-5-4 学生综合评价表**　　　　　　年　月　日

| 评价标准及分值 | | 学生自评 | 学生互评 | 教师评价 |
|---|---|---|---|---|
| 学习与工作态度<br>(5分) | 态度端正，严谨、认真，遵守纪律和规章制度 | | | |
| 职业素养<br>(10分) | 程序规范；热爱劳动、崇尚技能；耐心细致、精益求精；团结合作、不断创新 | | | |
| 制订方案<br>(10分) | 按要求查阅资料，参与方案的制订，能协调解决实际问题 | | | |
| 工作准备<br>(5分) | 能选择适宜的场地，并准备好所需样品、工具和器皿等 | | | |
| 稻虾苗种的放养<br>(40分) | 会选择稻虾苗种；能确定稻虾苗种的密度与规格；会放养稻虾苗种 | | | |
| 原始记录和报告<br>(10分) | 真实、准确、无涂改，书写整洁，格式符合规范要求 | | | |
| 场地清整<br>(10分) | 将所用器具整理归位，场地清理干净 | | | |
| 工作汇报<br>(10分) | 如实准确，有总结、心得和不足及改进措施 | | | |
| 总分 | | | | |

### （二）总结汇报

1. 分小组制作 PPT、Word 工作总结，提交工作报告。
2. 小组成员互相讲解，并推荐一名成员向全班汇报。

 知识拓展

小龙虾稻田生态繁育技术规程

## 课后习题

### 一、选择题

1. 第一季幼虾放养密度一般为（　　）kg/亩左右。
   A. 20　　　　　　　B. 30　　　　　　　C. 40　　　　　　　D. 50

2. 小龙虾苗种根据（　　）条件进行选择。
   A. 体色纯正　　　　B. 体质健壮　　　　C. 活动力强　　　　D. 规格齐全

3. 小龙虾苗种一般采用（　　）方法运输。
   A. 干法　　　　　　B. 淋水保湿　　　　C. 浸水

4. 稻田养虾一般从第（　　）年开始留种。
   A. 一　　　　　　　B. 二　　　　　　　C. 三　　　　　　　D. 四

5. 补放小龙虾种虾的雌、雄比例一般为（　　）。
   A.（1.5～2）:1　　B.（2～2.5）:1　　C.（2.5～3）:1　　D.（3～3.5）:1

6. 从（　　）月后开始，要经常关注稻田水体中是否出现幼虾，判断幼虾的多少。
   A. 7　　　　　　　B. 8　　　　　　　C. 9　　　　　　　D. 10

### 二、判断题

1. 苗种投放宜选择在晴天早晨或阴雨天进行。（　　）

2. 野生小龙虾苗种成活率高。（　　）

3. 第二季幼虾放养规格约为 130 只/kg。（　　）

4. 补种是定期向养虾稻田补放种虾（亲虾），以保证小龙虾的种质改良。（　　）

5. 补种是将从原稻田中捕捞的符合要求的亲虾重新补放到该稻田中。（　　）

6. 稻田收割开始前常慢慢加深水位。（　　）

# 项目六　稻田养虾的饲养管理技术

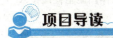 **项目导读**

### 稻田养虾管理的重要性

稻田养虾管理可以保障水稻增产增收；保证小龙虾优良的生活、生长、繁殖环境，从而使其在良好的生态环境中快速生长，取得理想的经济效益、生态效益和社会效益。

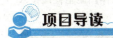 **学习目标**

#### 知识目标

1. 掌握"四定四看"投饵技术。
2. 掌握养殖水体的管理技术。
3. 熟悉施肥技术。
4. 熟悉巡田检查技术。

#### 能力目标

1. 学会"四定四看"投饵技术。
2. 学会施肥技术。
3. 学会养殖水体的管理技术。
4. 能够有效地进行巡田管理。

#### 素质目标

1. 培养从事稻田养虾饲养管理所必备的基本职业素质。
2. 培养在稻田养虾饲养管理过程中发现问题、分析问题和解决问题的基本能力。
3. 培养吃苦耐劳、独立思考、团结协作、勇于创新的精神。

## 任务一　施肥和投饵技术

小龙虾的食物包括天然饵料和人工饲料。天然饵料的主要来源之一就是通过施肥培育来获得。

### 一、施肥技术

#### (一)稻田冬季施肥培藻

稻田内的有机碎屑、浮游动物、水生昆虫、周丛生物、水草，以及中稻收割后稻田中未收净的稻谷、稻草、稻蔸内藏有的大量昆虫和卵等，是小龙虾的优质天然饵料。稻田天然饵料不足时，可施入经发酵腐熟的农家有机肥，培育适量的水藻，从而使枝角类、桡足类等浮游动物和水生昆虫幼体等大量繁殖，为小龙虾苗种提供充足的适口基础饵料，满足其生活和生长的需求。

　　方法：稻田秸秆腐熟后的 11 月中下旬，田间有水时，每亩撒施 50～100 kg 生物有机肥或投放 4～5 袋干鸡粪，平铺稻田，袋子不打开，使其在

视频：施肥管理技术

稻田里沤制，于次年3月上旬再开袋，满田匀撒。其目的是培养大量的浮游动物，为幼虾提供很好的饵料。

课件：施肥管理技术

### （二）补施追肥

饲养期间，要视虾沟水透明度适时补施追肥，一般每月补施一次追肥，追肥以发酵过的有机粪肥为主，施肥量为15～20 kg/亩；或施尿素5 kg/亩，复合肥10 kg/亩。培养天然饵料生物如枝角类和桡足类等，田水的透明度保持在30～40 cm(图1-6-1)。

施追肥时最好先排浅田水，让虾集中到环沟、田间沟之中，然后施肥，使化肥迅速沉积于底层田泥中，并为田泥和水稻吸收，随即加深田水至正常深度。

除追施发酵过的有机粪肥外，也可在稻田中投放一些稻草堆，既可起到沤肥保温的作用，也能提供更多的庇护场所和活动空间，稻草腐烂还能培养饵料生物。

禁用对小龙虾有害的化肥，如氨水和碳酸氢铵。

**图1-6-1 补施追肥**

## 二、投饵技术

"一天不喂，三天不长"，投饵正确与否，直接决定了小龙虾的生长状况和生产效益。投饵需定时、定量、定位、定质进行。

### （一）饵料的种类

按照小龙虾不同生长发育阶段对营养的要求，做好饵料组合。尽量做到动物性饲料、植物性饲料和青饲料的合理搭配，确保营养均衡。所使用的饵料应符合《饲料卫生标准》(GB 13078—2017)和《无公害食品 渔用配合饲料安全限量》(NY 5072—2002)的要求。小龙虾的饵料可分为以下三大类。

#### 1. 植物性饵料

植物性饵料主要有青糠、麦麸、黄豆、豆饼、小麦、玉米及嫩的青绿饲料，如莴苣叶、黑麦草、南瓜、山芋、瓜皮等，需要煮熟后投喂。

#### 2. 动物性饵料

课件：投饵管理技术

动物性饵料主要有小杂鱼、轧碎螺蛳、河蚌肉、动物内脏等。螺蛳是小龙虾的动物性饵料，在放养前必须放好螺蛳，每亩放养200～300 kg，以后根据需要逐步添加。

#### 3. 专用颗粒配合饲料

专用颗粒配合饲料中必须添加蜕壳素、多种维生素、免疫多糖等，满足小龙虾的蜕壳需要。

正所谓，方法一对，猛长一寸。投饵时要做到荤素搭配，精饲料的日投喂量一般为存田虾质量的6%即可，蜕壳素的添加应按日投喂精料总量的1‰添加，并且定期使用。

### （二）"四定四看"投饵技术

视频：投饵管理技术

小龙虾的投饵要做到"四定四看"。"四定"即定质、定量、定时、定点；"四看"即看季节、看天气、看水质、看小龙虾的活动情况。

### 1. 定质

在饲喂过程中，饵料必须新鲜适口和含有丰富的蛋白质。小麦、玉米等粗粮煮熟或菌种发酵后再进行投喂，并定期添加微量元素和免疫多糖类的产品；用净水宝 500 mL 拌 50 kg 饲料，可以改善小龙虾肠道环境，提高饲料利用率，预防肠炎。

### 2. 定量

当水温回升到 12 ℃ 以上时，可以正式开始投饵，投饵量可占小龙虾体重的 3％～8％。具体投饵量要根据"四看"而定。

(1)看季节。小龙虾整个养殖过程应根据不同季节的水温变化，采用"精、粗、荤"结合的饲养方法，即前期(3—6 月)饲料要精，饲料蛋白含量为 30％～32％，投饵量为小龙虾体重的 3％～8％；中期(7—8 月)，饲料要粗，可投喂煮熟或菌种发酵的小麦、玉米等粗粮，投饵量为小龙虾体重的 5％左右；后期(8 月底以后)，可以投喂蛋白质含量 30％的颗粒饲料，投饵量为小龙虾体重的 5％左右。

(2)看天气。天气晴朗时要多投喂，阴雨天要少投喂，闷热天气、无风下雨前，可以不投喂，有雾的天气等雾散去再投喂。

(3)看水质。水质清，正常投饵；水质浓，适当减少投喂量，尽量及时换水。

(4)看小龙虾的活动情况。一般投喂 2～3 h 吃完，说明投饵量适当；吃不完，说明小龙虾食物不好或投饵量过多，应及时分析原因，减少投饵量。小龙虾在蜕壳期间适当减少投饵量，蜕壳高峰期的第二天开始增大投饵量。

### 3. 定时

早期：每天 8:00—9:00、17:00—20:00 各投喂一次，投喂以傍晚为主，投喂量要占到总投喂量的 60％～70％。

### 4. 定点

投喂饵料要有固定的食场，饵料撒在饵料台或接近水位线浅水处的斜坡上，以便观察小龙虾的吃食情况，随时增减饵料；并利于小龙虾养成集中觅食的习惯，避免不必要的浪费。小龙虾有较强的争食性，因此要多设点，使小龙虾吃得均匀，并避免由于争食而相互残杀。

# 任务二　养殖水体管理技术

稻田养虾，水稻和小龙虾都离不开水，水的好坏直接影响水稻和小龙虾的生产，因此，水的管理十分重要。

## 一、水质管理

一般应保持虾田溶氧量在 5 mg/L 以上，pH 值为 7～8.5，透明度为 35 cm 左右。定期用石灰调节水质 pH 值，一般每亩用生石灰 5～7.5 kg，每月定期泼洒。通过适当补施追肥和加注新水来调节水体肥度，调节溶氧量和透明度。

视频：水的管理技术

## 二、水位管理

水稻收割后 10～15 d 长出青草后开始灌水，稻田上水要慢慢加高，避免稻草和鸡粪一次性的淹没而使水质快速恶化，随后草长水涨，直至田面水位达到 50～70 cm；10—12 月保持田面水深

$10 \sim 20$ cm 浅水位，让小龙虾有更多的空间打洞；12 月—次年 2 月为越冬期，随着气温的下降，逐渐加深水位至 $50 \sim 60$ cm，且冬季环沟清淤时，注意不要让淤泥盖住虾洞；3 月，稻田水位控制在 30 cm 左右；4 月中旬以后，稻田水位应逐渐提高至 $50 \sim 60$ cm；6—9 月按水稻栽培要求进行水位管理。

课件：水的管理技术

### 三、加注新水

根据水质、天气和虾的活动情况，适时加注新水，稻田注水一般在上午 10：00—11：00 进行，保持引水水温与稻田水温相接近。注水时要边排边灌，每次注水前后水的温差不能超过 3 ℃。6 月底每周换水 $1/5 \sim 1/4$；7—8 月每周换水 $3 \sim 4$ 次，换水量为田水的 $1/3$ 左右；9 月后，每 $5 \sim 10$ d 换水 1 次，每次换水 $1/4 \sim 1/3$，保持虾沟水体透明度为 35 cm 左右。

### 四、防治青苔和蓝藻

用生石灰杀青苔，每亩·每米用生石灰 20 kg，化浆趁热均匀泼洒在青苔上。

蓝藻也称水华，可用水产专用微生物菌剂(光合细菌、芽孢杆菌)来控制和减少蓝藻的数量。

## 任务三　病害防治技术

### 一、病害预防措施

坚持以预防为主、无病早防、防重于治的原则，预防的主要措施如下。

(1)苗种放养前，用生石灰消毒环沟，杀灭稻田中的病原体。

(2)运输和投放苗种时，避免因为堆压等不当操作造成虾体损伤。

(3)在操作过程中尽量带水操作，避免离水时间过长，避免虾体挤压受伤。

课件：小龙虾
病害防治技术

(4)放养苗种时用 $5 \sim 10$ g/m³ 聚维酮碘溶液(有效碘 1‰)浸洗虾体 $5 \sim 10$ min 或用 $3‰ \sim 4‰$ 的食盐水浴洗 10 min，进行虾体消毒。

(5)加强水草的养护。

(6)投喂的饲料要新鲜，饵料要投足投匀，防止因饵料不足使虾相互争斗。

(7)加强水质管理。稻田定期加注新水，调节水质。

### 二、敌害防范方法

视频：小龙虾
病害防治技术

为确保小龙虾在稻田安全成长，需防范多种敌害，措施如下：

(1)清塘消毒：放养前，每亩稻田用约 75 kg 生石灰全面消毒，杀灭敌害及病原体，营造清洁环境。

(2)进水口防护：安装 20 目细密网袋于进水口，阻挡鱼类等随水入田。

(3)鼠类控制：布置鼠夹、鼠笼，定期检查清理，减少鼠患。

(4)夜间捕蛙：组织夜间捕捉，平衡生态，减轻捕食压力。

(5)驱赶鸟类水禽：设警示标志，用声音装置驱赶，或安排巡逻，保护小龙虾免受侵扰。

(6)禁止家禽入田：小龙虾放养期间，严禁家禽接触稻田，防止捕食。

### 三、常见疾病防治技术

在小龙虾疾病防治过程中应严格按《无公害食品渔用药物使用准则》(NY 5071—2002)操作。

#### (一)黑鳃病

##### 1. 病原

黑鳃病主要由小龙虾鳃丝受真菌感染所引起。

##### 2. 流行情况

黑鳃病在水质污染严重、饵料中缺乏维生素 C 等情况下易暴发。发病特点是体重在 10 g 以上的小龙虾易感染，流行高峰期主要在 6—7 月。

##### 3. 主要症状

(1)鳃部病变：鳃丝颜色加深至黑色，覆盖菌丝，引发萎缩、腐烂，功能衰退，如图 1-6-2 所示。

**图 1-6-2　黑鳃病症状**

(2)行为异常：小龙虾行动迟缓，体色变白，拒食，常静止不动或浮出水面，活动力大减。

(3)呼吸困难：鳃部受损导致呼吸障碍，甚至死亡。

##### 4. 防治方法

(1)水质管理：定期换水，保持水质清洁，放养前彻底消毒池塘。

(2)科学投喂：合理搭配饲料，补充维生素 C，确保小龙虾营养均衡。

(3)密度控制：合理安排放养密度，防止水质恶化和病害。

(4)病虾处理：及时隔离治疗，可以使用 3%～5% 的食盐水浸浴病虾 2～3 次，每次 3～5 min。还可以使用二氧化氯、聚维酮碘、漂白粉等消毒剂对水体进行消毒处理。

(5)生态防治：可以种植适量的水草，为小龙虾提供栖息和蜕壳的场所，同时也有助于净化水质。此外，还可以利用生物制剂等生态防治手段来预防和控制黑鳃病的发生。

#### (二)烂鳃病

##### 1. 病原

烂鳃病主要由细菌感染引起，常见的病原菌包括弧菌、假单胞菌和气单胞菌等。

##### 2. 流行情况

烂鳃病主要在春季流行，但也可能在其他季节发生。成虾和幼虾都有感染的风险。烂鳃病的感染率和死亡率较高，据统计，感染后死亡率可达 30%～40%。

### 3. 主要症状

(1)鳃部变化：病虾的鳃部颜色发黑，并逐渐出现腐蚀、腐烂，最后导致鳃丝缺失。鳃丝被细菌侵蚀后，无法进行正常的气体交换，影响小龙虾的呼吸。

(2)体色变化：病虾体色发黑，尤其是头部。

(3)行为异常：病虾常浮于水面，游动缓慢、反应迟钝，食欲减退直至停食。由于呼吸困难，病虾喜欢游到浅水处趴伏着不动。

### 4. 防治方法

(1)水体消毒：用含氯或碘的消毒剂按量泼洒，杀灭病原菌。

(2)药物治疗：选敏感的抗菌药拌料投喂，可添加维生素C等增强免疫力。

(3)改善水质：换水增氧，提升水质，促小龙虾恢复生长。

## (三)甲壳溃烂病

### 1. 病原

甲壳溃烂病由几丁质分解细菌感染而引起。

### 2. 流行情况

春夏季高温高湿时，小龙虾甲壳溃烂病易发。水质恶化、底泥累积、有害物质超标及农药残留易诱发此病。

### 3. 主要症状

(1)甲壳变化：病虾甲壳上会出现明显的斑点、凹陷、穿孔、溃疡和腐烂等现象。

(2)生长受阻：由于甲壳受损，病虾的生长速度会明显减慢，甚至出现死亡现象。

### 4. 防治方法

(1)水体消毒：用生石灰或漂白粉消毒，杀灭病原菌。

(2)药物治疗：选敏感抗菌药拌料，加维生素C等增强免疫力。

(3)促进蜕壳：投喂蜕壳饲料或添加剂，助小龙虾恢复甲壳。

(4)改善环境：监测水质，定期换水增氧，清理底泥，用改良剂或生物制剂优化底质。

## (四)固着类纤毛虫病

### 1. 病原

固着类纤毛虫病的病原主要是固着类纤毛虫，包括累枝虫、钟形虫、聚缩虫和单缩虫等。

### 2. 流行情况

(1)危害对象：该病可危害幼虾、成虾，对幼体危害尤为严重。

(2)诱发因素：池底污泥多、投饵量过大、放养密度过大、水质污浊、水体交换不良等条件都可能引起该病的发生。

### 3. 主要症状

(1)体表污染：病虾体表附绒毛状污物，影响活动、摄食及蜕壳。

(2)行为迟缓：食欲下降，反应迟钝，严重时伏岸或缓慢游动。

(3)呼吸受阻：纤毛虫附鳃致"黑鳃"，阻碍气体交换，降低耐氧力，易窒息。

### 4. 防治方法

(1)保持水质清洁：定期换水，清理池底污物，减少有机质积累。通过控制投饵量、放养密度等措施，保持水质清新。

（2）彻底消毒：在放养前对池塘进行彻底消毒，杀灭潜在的病原体和寄生虫。

（3）用药治疗：可以使用硫酸锌（0.7 g/m³）对固着类纤毛虫进行杀灭，但在小龙虾蜕壳期禁止使用。

（4）优化饲料：投喂营养丰富的饲料，提高小龙虾的体质和抗病能力。避免投喂过量或变质的饲料，以减少水体污染。

（5）促进蜕皮：通过改善环境条件、投喂蜕皮促进剂等措施，促进小龙虾及时蜕皮。

# 任务四　巡田检查技术

日常管理每天巡田检查一次。维持虾沟内有较多的水生植物，数量不足时要及时补放。大批虾蜕壳时不要冲水，不要干扰，蜕壳后增喂优质动物性饲料。做好防汛防逃工作。

视频：水草管理技术

## 一、水草管理技术

水草管理主要是指针对水草管理常见问题采取相应的措施。

### （一）水草过稀（图1-6-3）

（1）第一种情况：水质老化浑浊引起。

具体表现：水草上附着大量黏滑浓稠的污泥物。

应对措施：换水或调水，使水质澄清。

课件：水草管理技术

（2）第二种情况：大量投饵或施放生物肥导致底质过肥而引起。

具体表现：水草根部腐烂、霉变。

应对措施：及时捞出已死亡的水草。用解毒产品进行处理，消除池塘底部氨氮、硫化氢等侵害水草根部的有毒有害物质，同时泼洒菌种（配合增氧）分解腐烂的水草。投喂大蒜素、护肝药物、多维，以防止小龙虾误食腐烂霉变的水草而中毒。

（3）第三种情况：病虫害引起。

具体表现：春夏之交，可观察到飞虫幼虫啃食水草。

应对措施：切记不可使用菊酯类杀虫剂；将大蒜素与食醋混合后喷洒在水草上。

**图1-6-3　水草过稀**

（4）第四种情况：小龙虾割草引起。

具体表现：小龙虾用螯足将水草切断。

应对措施：若大量水草被割断，一种可能是小龙虾未吃饱，此时需加大饲料投喂量，也可投放一定量的螺蛳；另一种可能就是发病的前兆，应尽快诊断，及时治疗。

### （二）水草过密（图1-6-4）

#### 1. 原因

养殖中后期，光照增强，温度升高，池水变肥，导致水草容易过度生长。

**2. 应对措施**

按照一定的间隔，分条状人工打捞清除；分多次缓慢加深池水，淹没草头 30 cm 以上（注意：若一次加水太多，效果适得其反，这是因为水草没有一个适应过程，容易大量死亡，败坏水质）。

## （三）水草老化（图 1-6-5）

**1. 原因**

水中营养元素不足。

**2. 表现**

水草叶子发黄、枯萎。

**3. 应对措施**

对水草进行"打头"或"割头"处理，补施培藻养草专用肥（不耗氧，易吸收），也可采用有机肥或化肥。

图 1-6-4　水草过密　　　　　　图 1-6-5　水草老化

## 二、蜕壳管理技术

蜕壳是小龙虾发育变态、增重（最大可增重 95%）和繁殖的重要标志。蜕壳的好坏直接决定了小龙虾的规格，所以如何提高蜕壳成功率至关重要。

### （一）蜕壳保护技术

（1）放养时，保持规格一致，密度合理，避免其互相残杀。

（2）为小龙虾蜕壳提供良好的环境。提供适宜的水温和水位，有充分的水草等隐蔽场所和充足的溶氧，供龙虾蜕壳。

课件：蜕壳保护技术

（3）添加优质饲料。蜕壳来临前，投含有钙质和蜕壳素的配合饲料，力求同步蜕壳，而且必须增加动物性饵料量，使动物性饵料比例占投饵总数的 1/2 以上，保持饵料的喜食和充足，以避免因饲料不足而捕食软壳虾。

（4）保持水位稳定。蜕壳期间，不宜抽排水，要保持稻田水位稳定。营造良好的稻田水质环境，减少有毒有害物质对蜕壳虾的危害。

视频：蜕壳保护技术

### （二）蜕壳不遂的防治

**1. 原因**

（1）水中钙不足。小龙虾在蜕壳期间需要通过水体吸收大量的钙，如果水中钙不足，不能为小龙虾提供新壳所需要的钙，那么就会造成小龙虾蜕壳不遂。

（2）干扰大。主要体现在稻田里的小龙虾放养密度过大，造成它们相互干扰，因为小龙虾蜕壳需要一个相对安静的环境和独立的空间，既不能被别的生物所侵袭，也不能有别的同伴干扰；否则会使小龙虾蜕壳时紧张，蜕壳时间延长，造成蜕壳不出或死亡。

(3)水温突变。小龙虾在蜕壳时是体质最虚弱的时候，在这个时间需要条件相对稳定的环境，如果水体温度变化过大，会使小龙虾产生应激反应，从而导致无力蜕壳，另外，温度过高或过低也会阻碍蜕壳。

(4)私密性差。主要体现在秧苗尚未栽插时，自然光照太强，稻田水里的透明度过大，清晰见底，阳光直射到田间沟的底部会使小龙虾感到私密性差，没有安全感，从而整天在稻田里乱游而不蜕壳。

(5)水质不良，底质恶化。当稻田长期处于低溶氧状态，或夜间溶氧偏低，水底有害物质过多时，小龙虾处于高度应激状态，无法蜕壳。

(6)营养不足，体质虚弱。小龙虾在蜕壳时需要大量的能量，而这些能量需要营养物质来转化，当营养不足时，小龙虾体质更虚弱，无力蜕壳。

(7)病虫害的侵扰。小龙虾得病后，进食减少，体质虚弱，蜕壳时体力衰竭，轻则无力蜕壳，重则导致死亡。最明显的就是小龙虾感染固着类纤毛虫时，会导致壳脱不掉或蜕壳很难。

### 2. 蜕壳不遂的防治

(1)定期改底调水，让水环境达到最优，蜕壳得到保证。

(2)减少干扰，通过放养和捕大留小来控制小龙虾的密度。

(3)保持水体中的钙元素充分，用药物或石灰水来调节。

(4)保证充足的营养。在蜕壳前一定要投喂好饲料，让小龙虾有健康的体质来蜕壳，在投喂高蛋白饵料时，最好内服，让小龙虾体质更好、更安全。

(5)定期杀菌消毒，减少小龙虾蜕壳时病虫害对它们的影响，最好用温和的碘制剂，对小龙虾刺激性小，才能让其顺利地度过蜕壳期。

## 三、防汛防逃

防汛防逃工作是稻田养好小龙虾的关键环节，尤其是在汛期、梅雨季节，更要加强巡田检查，严防大风大雨冲垮田埂或浸水引发逃虾。

### 1. 防汛技术

(1)要持续密切关注当地天气预报及暴雨预警信息，提前做好应急准备。

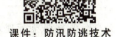

课件：防汛防逃技术

(2)做好稻田养殖设施的巡查，增加巡田次数，检查田埂是否塌陷等，及时进行修补、加固，严防大风大雨冲垮田埂或浸水引发逃虾。

(3)检查疏通水渠、排洪沟。认真检查稻田的水渠、排洪沟，以及进水排水系统是否畅通，认真做好加固和修复工作。

视频：防汛防逃技术

(4)强化饲料营养。极端天气会导致小龙虾出现应激反应和蜕壳反应，因此，需要在饲料中添加虾壳素、复合维生素C、免疫多糖等营养类物质以增强养殖品种的抗应激能力，保证其顺利蜕壳。

(5)控制水质。提前做好稻田蓄水换水工作，使稻田水质保持清新，增加水体溶氧量，增强水体对暴雨的缓冲力，保持水质的稳定性。汛期来临时，适当减少饲料投喂量，防止因饲料剩余沉底腐烂，引起水质恶化，致使小龙虾缺氧窒息死亡。

(6)调节好水位。稻田不要灌水太满，以免台风来时因风浪太大而冲垮田埂。

(7)提前进行部分捕捞。可通过捕大留小的方式，提前进行捕捞出售，降低稻田负荷，减轻风险，避免造成更大的损失。

### 2. 防逃技术

(1)可以在田埂的坡上铺设一层密眼的塑料网布，既护坡，又防打洞(图1-6-6)。

(2)在虾沟中栽种较多的水生植物，不要太集中，零星分布；设置一定数量的网片，设置竹筒、塑料筒等人工洞穴或PVC人工巢穴，增加小龙虾的栖息蜕壳隐蔽场所，从而减少小龙虾打洞的机会。

**图1-6-6　在田埂的坡上铺设一层密眼的塑料网布**

(3)检查防逃设施是否完好。检查田埂上的防逃网(墙)和进出水口的拦网是否完好，如发现破损，应及时修整好。

## 📦 项目实施

### 养殖水体管理技术

### 一、明确目的

1. 会观察养虾稻田的水质和水位。
2. 能控制养虾稻田的水质和水位。
3. 具备团队合作的精神和发现问题、分析问题、解决问题的能力。

### 二、工作准备

### (一)引导问题

1. 养虾稻田的水质有哪些要求？

_____

_____

2. 怎样调节管理养虾稻田的水位？

_____

_____

_____

3. 写出安全注意事项。

_____

_____

## (二)确定实施方案

小组讨论，制订实施方案，确定人员分工(表1-6-1)。

**表1-6-1 方案设计表**

| 组长 | | | 组员 | | |
|---|---|---|---|---|---|
| 学习项目 | | | | | |
| 学习时间 | | 地点 | | 指导教师 | |
| 准备内容 | 样品 | | | | |
| | 工具 | | | | |
| | 器皿 | | | | |
| 具体步骤 | | | | | |
| 任务分工 | 姓名 | | 工作分工 | | 完成效果 |
| | | | | | |
| | | | | | |
| | | | | | |
| | | | | | |
| | | | | | |

## (三)所需样品、工具、器皿和场地的准备

请按表1-6-2列出本工作所需的样品、工具、器皿和场地。

**表1-6-2 水的管理技术所需的样品、工具、器皿和场地**

| 样品 | 名称 | 规格 | 数量 | 已准备 | 未准备 | 备注 |
|---|---|---|---|---|---|---|
| | | | | | | |
| 工具 | 名称 | 规格 | 数量 | 已准备 | 未准备 | |
| | | | | | | |
| 器皿 | 名称 | 规格 | 数量 | 已准备 | 未准备 | |
| | | | | | | |
| 场地 | 名称 | 规格 | 数量 | 已准备 | 未准备 | |
| | | | | | | |
| 其他准备工作 | | | | | | |

## 三、实施过程

"水的管理技术"任务实施过程见表1-6-3。

**表1-6-3 "水的管理技术"任务实施过程**

| 环节 | 操作及说明 | 注意事项及要求 |
|------|-----------|----------------|
| 1 | 养虾稻田水质的观察和分析 | 认真观察，组员们相互讨论，并确定 |
| 2 | 养虾稻田水位的观察和分析 | |
| 3 | 养虾稻田水质的管理 | |
| 4 | 养虾稻田水位的管理 | |
| 5 | 如实记录实施过程现象和实施结果，撰写实施报告 | |
| 6 | 整理现场 | 按规范要求，对实施场所进行整理清场后填写回收记录单 |

## 四、评价与总结

### (一)评价

根据项目实施情况，学生自评、学生互评和教师评价相结合，进行综合评价(表1-6-4)。

**表1-6-4 学生综合评价表**

| 评价标准及分值 | | 学生自评 | 学生互评 | 教师评价 |
|----------------|---|----------|----------|----------|
| 学习与工作态度 (5分) | 态度端正，严谨、认真，遵守纪律和规章制度 | | | |
| 职业素养 (10分) | 程序规范；热爱劳动、崇尚技能；耐心细致、精益求精；团结合作、不断创新 | | | |
| 制订方案 (10分) | 按要求查阅资料，参与方案的制订，能协调解决实际问题 | | | |
| 工作准备 (5分) | 能选择适宜的场地，并准备好所需样品、工具和器皿等 | | | |
| 水的管理技术 (40分) | 会观察和分析养虾稻田的水质和水位；能正确管理养虾稻田的水质和水位 | | | |
| 原始记录和报告 (10分) | 真实、准确、无涂改，书写整洁，格式符合规范要求 | | | |
| 场地清整 (10分) | 将所用器具整理归位，场地清理干净 | | | |
| 工作汇报 (10分) | 如实准确，有总结、心得和不足及改进措施 | | | |
| 总分 | | | | |

## (二)总结汇报

1. 分小组制作 PPT、Word 工作总结，提交工作报告。

2. 小组成员互相讲解，并推荐一名成员向全班汇报。

 **知识拓展**

**我为乡村振兴打 YOUNG ｜ 在稻田里"种"虾的人**

## 课后习题

### 一、选择题

1. 冬季可施(　　)培藻。

　　A. 硫酸铵　　　　　　　B. 尿素　　　　　　　　C. 有机肥　　　　　　　D. 鸡粪

2. 养虾稻田虾沟的透明度一般保持在(　　)cm 比较适宜。

　　A. 10～20　　　　　　　B. 20～30　　　　　　　C. 30～40　　　　　　　D. 40～50

3. 稻田养虾一般(　　)个月补施一次追肥。

　　A. 1　　　　　　　　　　B. 2　　　　　　　　　　C. 3　　　　　　　　　　D. 4

4. 小龙虾喜食(　　)饵料。

　　A. 豆饼　　　　　　　　B. 螺蛳　　　　　　　　C. 南瓜　　　　　　　　D. 河蚌肉

5. 精饲料的日投喂量一般以存田虾质量的(　　)为宜。

　　A. 3%　　　　　　　　　B. 6%　　　　　　　　　C. 9%

　　D. 12%　　　　　　　　　E. 15%

6. 小龙虾的"四定"投饵即定质、定时、定点和(　　)。

　　A. 定位　　　　　　　　B. 定量　　　　　　　　C. 定人　　　　　　　　D. 定类

7. 一般应保持虾田溶氧量在(　　)mg/L 以上。

　　A. 3　　　　　　　　　　B. 4　　　　　　　　　　C. 5　　　　　　　　　　D. 6

8. 10—12 月保持田面水深(　　)cm 的浅水位。

　　A. 5～10　　　　　　　　B. 10～20　　　　　　　C. 20～30　　　　　　　D. 30～40

9. 稻田注水时要边排边灌，每次注水前后水的温差不能超过(　　)℃。

　　A. 2　　　　　　　　　　B. 3　　　　　　　　　　C. 4　　　　　　　　　　D. 5

10. 苗种放养前，一般用(　　)消毒环沟，杀灭稻田中的病原体。

　　A. 生石灰　　　　　　　B. 聚维酮碘　　　　　　C. 食盐　　　　　　　　D. 高锰酸钾

11. 黑鳃病的治疗方法之一就是把患病虾放在(　　)浓度的食盐水中浸洗 2～3 次，每次 3～5 min。

　　A. 1%～3%　　　　　　　B. 2%～4%　　　　　　　C. 3%～5%　　　　　　　D. 4%～6%

12. 小龙虾的固着类纤毛虫病病原为（　　　）。
    A. 聚缩虫　　　　　B. 累枝虫　　　　　C. 钟形虫　　　　　D. 单缩虫

13. 水草过密时，一般5 m左右分条状人工打捞清除出（　　　）m的通道。
    A. 1　　　　　　　B. 2　　　　　　　C. 3　　　　　　　D. 4

14. 水草过稀的原因有（　　　）。
    A. 水质老化浑浊　　B. 底质过肥　　　　C. 飞虫幼虫啃食　　D. 小龙虾割草

15. 蜕壳来临前，应将动物性饵料比例增加至投饵总量的（　　　）以上。
    A. 1/4　　　　　　B. 1/3　　　　　　C. 1/2　　　　　　D. 2/3

16. 蜕壳不遂的原因有（　　　）。
    A. 水中钙不足　　　B. 干扰大　　　　　C. 水温突变　　　　D. 营养不足

17. 稻田养虾防汛技术包括（　　　）。
    A. 强化饲料营养　　B. 控制水质　　　　C. 调节好水位　　　D. 做好巡查

## 二、判断题

1. 稻草、杂草腐烂后释放出的肥分可以较好地培藻。　　　　　　　　　　（　　　）

2. 禁用对小龙虾有害的化肥，如氨水和碳酸氢铵。　　　　　　　　　　　（　　　）

3. 培肥注入新水时一定要过滤。　　　　　　　　　　　　　　　　　　　（　　　）

4. 养殖小龙虾所用的饵料应符合《饲料卫生标准》(GB 13078—2017)和《无公害食品 渔用配合饲料安全限量》(NY 5072—2002)的要求。　　　　　　　　　　　　　　（　　　）

5. 小龙虾整个养殖过程应采用"精、粗、荤"结合的饲养方法。　　　　　（　　　）

6. 投喂小龙虾饵料只需设定一个固定的食场。　　　　　　　　　　　　　（　　　）

7. 把枫树叶切碎撒入有青苔和蓝藻的稻田虾沟中，可以抑制青苔的生长和繁殖。（　　　）

8. 稻田注水一般在上午9:00—10:00进行。　　　　　　　　　　　　　　（　　　）

9. 用草木灰覆盖在青苔和蓝藻上，杀灭青苔和蓝藻。　　　　　　　　　　（　　　）

10. 小龙虾的敌害主要有肉食性鱼、鼠、蛇、蛙、鸟及水禽等。　　　　　（　　　）

11. 在小龙虾疾病治疗过程中应严格按《无公害食品渔用药物使用准则》(NY 5071—2002)操作。　　　　　　　　　　　　　　　　　　　　　　　　　　　　　　　　　　　（　　　）

12. 甲壳溃烂病的病原为几丁质分解真菌感染。　　　　　　　　　　　　（　　　）

13. 水草老化时，应加强太阳曝晒，对老化水草要及时进行打头（割头）处理。（　　　）

14. 水草过稀时可及时换水或调水使水质澄清，并清除污泥物。　　　　　（　　　）

15. 蜕壳保护技术的措施之一是在蜕壳期间降低稻田水位。　　　　　　　（　　　）

16. 可通过捕大留小的方法来控制小龙虾的密度，以防止其蜕壳不遂。　　（　　　）

17. 汛期来临时，应适当增加饲料投喂量。　　　　　　　　　　　　　　（　　　）

18. 在田埂的坡上铺设一层密眼的塑料网布，既护坡，又可防小龙虾打洞。（　　　）

| 拓展项目：稻虾捕捞和运输技术 | 课件：稻虾捕捞技术 | 视频：稻虾捕捞技术 | 课件：稻虾运输技术 | 视频：稻虾运输技术 |

# 模块二　中华绒螯蟹生态养殖技术

模块二导学视频

# 项目一　中华绒螯蟹的生物学特性

### 中国蟹文化

"秋风起，蟹脚痒"，秋天是吃蟹、品蟹的好时节。食蟹文化在中国经过几千年的发展，已经深入人心，在中国的饮食文化、诗歌文化中均占据了重要的篇幅。

随着我国人民生活水平的不断提高，人们的饮食习惯也已经发生了翻天覆地的变化，对于蟹的要求越来越高，并且具体体现于对蟹的外观、口感等的要求，不但有"膏满黄肥"的要求，而且涌现出"富硒蟹""大闸蟹""清水蟹""红膏蟹"等优质品种。

**知识目标**

1. 掌握中华绒螯蟹的习性和食性。
2. 熟悉中华绒螯蟹的繁殖特性。
3. 了解中华绒螯蟹的形态特征。

**能力目标**

1. 明确中华绒螯蟹的习性和食性。
2. 能理解中华绒螯蟹的繁殖特性。

**素养目标**

1. 具有高度的社会责任感、良好的职业道德和诚信品质。
2. 具备从事中华绒螯蟹无公害养殖所必备的基本职业素质。
3. 具备发现问题、分析问题和解决问题的基本能力。

## 任务一　中华绒螯蟹的分类地位和形态特征

### 一、中华绒螯蟹的分类地位

中华绒螯蟹，俗称河蟹，隶属节肢动物门，甲壳纲，十足目，方蟹科，绒螯蟹属。中华绒螯蟹适应性强，分布较广，有辽河水系、长江水系、瓯江水系和闽江水系 4 个种群，是一种海水中生、淡水里长的洄游性水生动物。

### 二、中华绒螯蟹的形态特征

中华绒螯蟹的头部和胸部愈合，成为头胸部。其腹部折贴于头胸部之下，弯向前方。

课件：中华绒螯蟹的分类地位和形态特征

#### 1. 头胸甲

头胸甲是蟹的外骨骼，具有支撑身体、保护内部器官、防御敌害等作用。其背面的甲壳称为背甲，腹面的甲壳称为腹甲。背甲前缘正中为额部，有 4 个齿突，称为额齿，左右两侧缘各有 4 个锐齿，称为侧齿（图 2-1-1）。头部有两对附肢，分别是第一、第二触角，均具触觉与嗅觉功能。

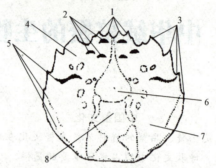

图 2-1-1 中华绒螯蟹头胸甲及分区

1—额齿；2—疣状凸；3—侧齿；4—肝区；5—龙骨凸；6—胃区；7—鳃区；8—心区

#### 2. 腹部

中华绒螯蟹腹部的形态是区分雌、雄的主要特征。在仔蟹期间，无论雌、雄蟹的腹部均狭长，略呈三角形。在成长过程中，雌蟹的腹部呈圆形，形成团脐，雄蟹的腹部仍保持狭长的三角形，形成尖脐。把腹部展开，可见因性别而异的腹部复肢。雌性的复肢共有 4 对，着生于 2～5 复节上，呈双肢型。内肢上的刚毛细而长，是蟹卵附着的地方；外肢刚毛粗而短，具有保护蟹卵的功能。雄性的复肢转化为交接器，有 2 对（图 2-1-2）。

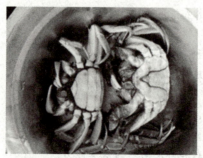

图 2-1-2 雌蟹（左）与雄蟹（右）

#### 3. 胸足

胸足包括 1 对螯足和 4 对步足，伸展于头胸部的两侧，左右对称。螯足强大，呈钳状，分为 7 节，依次为指节、掌节、腕节、长节、座节、基节和底节。螯足具有捕食、防御、掘穴等功能。步足为爬行器官，也分为 7 节。第一对步足较小，第二对相对最为发达，第三对和第四对顺次逐渐变小。螯足上和步足上的刚毛是能接受机械性刺激的触觉器官。

### 4. 口器

中华绒螯蟹的口器位于头胸甲腹面、腹甲前端正中。口器由 1 对大颚、2 对小颚和 3 对颚足自里向外依次层叠组成(图 2-1-3)。

### 5. 复眼

中华绒螯蟹的复眼位于额部两侧的 1 对眼柄的顶端，由数百个甚至上千个以上的单眼组成。其复眼有两个特点：一是它由眼柄举起，凸出于头胸甲前端，因而视觉较广阔；二是由两节组成的眼柄活动范围较大，既可直立，又可横卧。其复眼不仅能感受光线的强弱，还有物体的形象感觉。

图 2-1-3　中华绒螯蟹口器附肢

### 6. "蟹黄"

"蟹黄"实际上是中华绒螯蟹肝脏和雌性性腺的统称。在中华绒螯蟹尚未发育成熟时，"蟹黄"主要是肝脏；而发育成熟雌蟹的"蟹黄"，则主要是性腺。区别肝脏和雌蟹性腺主要是看其颜色，肝脏为橘黄色，性腺为紫褐色(图 2-1-4)。将肝脏和卵巢放入一杯水中，肝脏在水中呈菊花状，卵巢则沉入水底。

### 7. 鳃

中华绒螯蟹利用鳃进行呼吸。鳃位于头胸部两侧鳃腔内，鳃腔通过入水孔(位于螯足基部的上方)和出水孔(位于口器附近第二触角基部的下方)与外界相通，从而保障中华绒螯蟹呼吸作用所需氧气。中华绒螯蟹离开水后，当空气进入鳃腔时，就与鳃腔储存的部分水分混合喷出来，混合物就成为泡沫。其利用该方法来适应短期离水生活(图 2-1-5)。

图 2-1-4　雌蟹(左)与雄蟹(右)肝胰腺与性腺　　　图 2-1-5　中华绒螯蟹呼吸器官(鳃)

## 任务二　中华绒螯蟹的摄食习性与营养需求

中华绒螯蟹为杂食性动物，喜食鱼、虾、螺、蚌、蚯蚓和水生昆虫等，另外，也会摄食伊乐藻、轮叶黑藻、苦草、浮萍、丝状藻类等水生植物。中华绒螯蟹贪食好斗，在饵料不足、水草缺乏的情况下，同类相残现象非常严重。

课件：中华绒螯蟹的摄食习性与营养需求

### 一、食性特点

中华绒螯蟹在食性上具有以下五大特点。

(1)广谱性。既能摄取附着藻类、有机碎屑，又能摄食多种水生植物和底栖动物，还能摄食人工饲料。

(2)互残性。在成蟹养殖阶段，蜕壳后短暂的软壳期易被同类残食，甚至在溞状幼体阶段就相互残食。

(3)暴食性。在饵料充足的情况下，中华绒螯蟹食量很大，往往在排泄粪便的同时，还在不停地摄食。

（4）耐饥性。中华绒螯蟹在饲料缺乏的情况下，10 d左右不摄食也不会死亡，但因能量储备不足，停止蜕壳。

（5）阶段性。中华绒螯蟹在不同发育阶段，消化器官发育完善程度不同，因而具有不同的食性。在养殖后期，中华绒螯蟹的食量及营养需求增加，由前期主要在傍晚前后摄食转变为全天候摄食。

## 二、摄食时间

中华绒螯蟹摄食具有昼夜变化规律，日落出洞觅食，1:00左右胃充满，达到饱和状态，日出前入洞隐匿，13:00左右胃内食物消化殆尽，呈空胃状态，日落至21:00复出觅食。

## 三、营养需求

### 1. 蛋白质

蛋白质对于维持中华绒螯蟹健康生长发育、繁殖和维持机体正常生命活动具有重要的意义。现如今普遍认为幼蟹比成蟹所需蛋白质要高。刘学军等认为，成蟹养殖前期饵料蛋白质适宜含量为41.0%，中、后期为36.0%；韩小莲等认为，大眼幼体至Ⅲ期幼蟹蛋白质的需要量为45%；陈立侨等对体重为6～10 g的中华绒螯蟹蟹种的研究结果表明，其配合饵料蛋白质适宜需求量为34.05%～46.5%。

### 2. 脂肪

脂肪是维持中华绒螯蟹生长、发育、存活、健康和繁殖的能源物质与营养素，在其生命活动过程中发挥着重要的作用，饲料中适量添加脂肪不仅可促进蟹类生长，而且具有节约蛋白质的效应。戚少燕等曾报道中华绒螯蟹溞状幼体至大眼幼体对脂肪的需求量为6.0%，大眼幼体至0.1 g幼蟹为7.1%，体重0.1 g以上的幼蟹为6.8%。另外，饲料中磷脂含量对中华绒螯蟹的生长和性腺发育具有重要的影响。汪留全等在基础饲料中添加不同水平的大豆磷脂，配制成脂肪含量为8%的3种等氮等能饲料投喂(1.23±0.36) g幼蟹，结果发现，饲料中添加适量的磷脂并不能提高幼蟹的蜕壳概率，但能有效提高其蜕壳质量，从而促进幼蟹生长，且适宜添加量为2%～4%。

### 3. 碳水化合物

糖类物质可以作为主要能源物质，并且能够节约蛋白质，在神经代谢过程中也起着非常重要的作用。蟹类体内纤维分解酶活性较低，但适量添加纤维素(3%～7%)，有助于消化道的蠕动和消化酶的分泌，促进饲料中蛋白质等营养物质的消化吸收。

### 4. 维生素

维生素是维持中华绒螯蟹正常生理功能必需的营养素。林仕梅等试验得出，中华绒螯蟹饲料中几种维生素的适宜需求量分别为维生素C 100 mg/kg、维生素E 45 mg/kg、肌醇400 mg/kg、胆碱400 mg/kg。

### 5. 矿物质

矿物质（常量元素与微量元素）是维持蟹类生长发育、健康和繁殖不可缺少的营养物质。目前，对于中华绒螯蟹矿物质营养的研究主要集中在钙和磷。陈立侨等在水体和配合饲料中钙磷含量对中华绒螯蟹（均重1.32 g/只）生长影响的研究中发现，当水中钙硬度为50 mg/L，配饵中含钙0.5%，钙磷比为1:1.9时，中华绒螯蟹获得最大生长率和较高的蛋白质利用率。

# 任务三　中华绒螯蟹的生长和繁殖特性

## 一、生长特性

### （一）蜕壳

中华绒螯蟹的生长过程总是伴随着蜕皮（幼体）或蜕壳而进行。因外骨骼容积固定，随着生长发育的进行，它必须一次又一次地蜕去外壳才能使身体的体积和质量得以增加。在养殖过程中，保证中华绒螯蟹每次顺利蜕壳是非常必要和关键的工作内容（图 2-1-6）。

课件：中华绒螯蟹的
生长和繁殖特性

视频：中华绒螯蟹的
生长和繁殖特性

图 2-1-6　中华绒螯蟹蜕壳

### （二）变态

中华绒螯蟹蜕壳后使身体外形或部分形态发生变化称为变态。

#### 1. 幼体变态与成体变态

中华绒螯蟹的变态主要集中在幼体期间，刚孵化出的幼体因形似水蚤，故称为溞状幼体（图 2-1-7）。溞状幼体随发育阶段的不同而分为 5 期，通常记作Ⅰ期溞状幼体、Ⅱ期溞状幼体……Ⅴ期溞状幼体蜕皮后，外形又发生了变化，尤其是 1 对复眼较大且露出体外，故名大眼幼体。大眼幼体蜕皮一次变态为略似蟹形状的小蟹，称为第一期仔蟹。

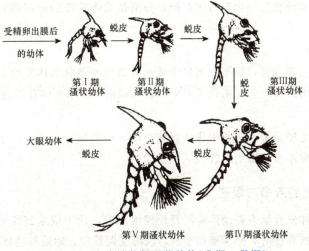

图 2-1-7　中华绒螯蟹溞状幼体（Ⅰ期～Ⅴ期）

### 2. 变态蜕皮、生长蜕壳、生殖蜕壳

中华绒螯蟹一生大约要经过变态蜕皮、生长蜕壳和生殖蜕壳三个阶段。变态蜕皮发生在溞状幼体和大眼幼体阶段，此阶段每蜕一次皮，身体外形就发生一次变化；生长蜕壳是指第一期仔蟹至整个生长发育阶段的蜕壳；生殖蜕壳是指2龄中华绒螯蟹完成生命中的最后一次蜕壳，即进入成熟阶段，也称为成熟蜕壳。王武指出，中华绒螯蟹一生约需18次蜕壳（皮），即溞状幼体4次，大眼幼体1次，仔蟹3次，幼体（蟹种培育阶段)5次，成蟹饲养阶段4次，生殖蜕壳1次（图2-1-8）。

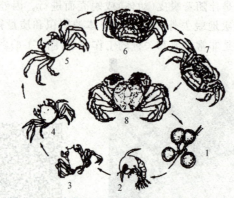

**图 2-1-8　中华绒螯蟹的生活史(徐兴川，1994)**

1—黏附于抱卵蟹腹内刚毛上的受精卵；2—溞状幼体；3—大眼幼体；

4—仔蟹（豆蟹）；5—蟹种（扣蟹）；6—黄蟹；7—绿蟹；8—抱卵蟹

### (三)生长

中华绒螯蟹只有经过蜕壳才能达到生长的目的。研究表明，中华绒螯蟹每蜕壳1次，头胸甲可增加1/6～1/4。其幼体或仔蟹阶段比蟹种阶段的增幅要大，幼小时个体的头胸甲甚至可增加1/2。在水质、水温条件适宜，饵料丰富的情况下，其蜕壳次数多，生长迅速。若环境不良，则停止蜕壳。因此，在自然水域，同一年龄的个体大小相差甚远。

## 二、洄游习性

自然水体中的中华绒螯蟹一生有两次洄游，分别是幼体阶段的溯河洄游和性腺成熟后的降河洄游。

### 1. 溯河洄游

溯河洄游也称为索饵洄游，是指在河口半咸水处繁殖的溞状幼体发育到蟹苗阶段，借助潮汐的作用进入淡水，即由河口顺着江河顶流而上，进入湖泊等淡水水体育肥的过程。

### 2. 降河洄游

降河洄游也称为生殖洄游，是指中华绒螯蟹在淡水中完成生长后，由于遗传特性的作用，顺河而下洄游到河水半咸水水体繁衍后代。

## 三、中华绒螯蟹的寿命与繁殖

中华绒螯蟹从幼体发育至大眼幼体阶段开始溯河洄游，从半咸水到淡水中栖息生长。当在淡水中性腺发育到一定的程度时，必须降河至河口浅海交配繁殖，然后其幼体又复归淡水进入江河、湖泊。老一代亲蟹产卵后不久即死亡。

从中华绒螯蟹群体角度来看，其寿命严格地说为 22～24 个月，即 2 秋龄左右，个别个体可达 4 秋龄左右。对于当年在湖泊生长至性早熟的个体，其寿命对于雄性个体来说为 10 个月左右，雌性个体为 12 个月左右。

## 🧰 项目实施

### 中华绒螯蟹的外部形态结构与组织器官观察

#### 一、明确目的

1. 会观察中华绒螯蟹的外部形态特征。
2. 会解剖中华绒螯蟹，观察其内部组织器官。
3. 能分析各组织器官的生理功能。
4. 培养严谨认真的工作态度和精益求精的工匠精神。

#### 二、工作准备

##### (一)引导问题

1. 中华绒螯蟹的体形和结构有何特点？

_____

_____

_____

_____

2. 中华绒螯蟹的器官和组织有哪些？各有什么功能？

_____

_____

_____

_____

_____

3. 中华绒螯蟹的生活习性和食性如何？

_____

_____

_____

_____

_____

## (二)确定实施方案

小组讨论，制订实施方案，确定人员分工(表 2-1-1)。

表 2-1-1　方案设计表

| 组长 | | | 组员 | | |
|---|---|---|---|---|---|
| 学习项目 | | | | | |
| 学习时间 | | 地点 | | 指导教师 | |
| 准备内容 | 样品 | | | | |
| | 工具 | | | | |
| | 器皿 | | | | |
| 具体步骤 | | | | | |
| 任务分工 | 姓名 | | 工作分工 | | 完成效果 |
| | | | | | |
| | | | | | |

## (三)所需样品、工具和器皿准备

请按表 2-1-2 列出本工作所需的样品、工具和器皿。

表 2-1-2　"中华绒螯蟹的外部形态结构与组织器官观察"所需的样品、工具和器皿

| 样品 | 名称 | 规格 | 数量 | 已准备 | 未准备 | 备注 |
|---|---|---|---|---|---|---|
| | | | | | | |
| 工具 | 名称 | 规格 | 数量 | 已准备 | 未准备 | |
| | | | | | | |
| 器皿 | 名称 | 规格 | 数量 | 已准备 | 未准备 | |
| | | | | | | |
| 其他准备工作 | | | | | | |

## 三、实施过程

"中华绒螯蟹的外部形态结构与组织器官观察"任务实施过程见表 2-1-3。

表 2-1-3　"中华绒螯蟹的外部形态结构与组织器官观察"任务实施过程

| 环节 | 操作及说明 | 注意事项及要求 |
|---|---|---|
| 1 | 中华绒螯蟹外部形态结构观察 | 认真观察，组员们相互讨论，并确定 |
| 2 | 中华绒螯蟹解剖，组织器官解剖与分离 | |
| 3 | 记录观察结果并分析各组织器官的生理功能 | |
| 4 | 整理现场 | 按规范要求，对实施场所进行整理清场后填写回收记录单 |

## 四、评价与总结

### (一)评价

根据项目实施情况,学生自评、学生互评和教师评价相结合,进行综合评价(表2-1-4)。

表 2-1-4 学生综合评价表         年   月   日

| 评价标准及分值 | | 学生自评 | 学生互评 | 教师评价 |
|---|---|---|---|---|
| 学习与工作态度<br>(5分) | 态度端正,严谨、认真,遵守纪律和规章制度 | | | |
| 职业素养<br>(10分) | 程序规范;热爱劳动、崇尚技能;耐心细致、精益求精;团结合作、不断创新 | | | |
| 制订方案<br>(10分) | 按要求查阅资料,参与方案的制订,能协调解决实际问题 | | | |
| 工作准备<br>(5分) | 能选择适宜的场地,并准备好所需样品、工具和器皿等 | | | |
| 中华绒螯蟹的外部形态结构与组织器官观察<br>(40分) | 会正确识别外部形态;能正确识别各组织器官;并能够解释其生理功能 | | | |
| 原始记录和报告<br>(10分) | 真实、准确、无涂改,书写整洁,格式符合规范要求 | | | |
| 场地清整<br>(10分) | 将所用器具整理归位,场地清理干净 | | | |
| 工作汇报<br>(10分) | 如实准确,有总结、心得和不足及改进措施 | | | |
| 总分 | | | | |

### (二)总结汇报

1. 分小组制作 PPT、Word 工作总结,提交工作报告。

2. 小组成员互相讲解,并推荐一名成员向全班汇报。

## 📖知识拓展

**盘锦河蟹南征北战势如破竹**

## 一、选择题

1. 河蟹由受精卵发育到大眼幼体至少蜕皮(    )次。

    A. 4                B. 6                C. 5                D. 7

2. 当河蟹性成熟之后，腹部为圆形的是(    )。

    A. 雌蟹              B. 公蟹

    C. 雌雄皆可       D. 以上说法都不对

3. 河蟹头胸部共有(    )附肢。

    A. 11              B. 12             C. 13            D. 14

4. 关于蟹的描述，下列正确的是(    )。

    A. 胸足分7节，第二胸足为螯足，后4对为步足

    B. 口器由大腭和小腭构成

    C. 头胸部具复眼1对，口器、附肢6对，胸足5对

    D. 以上说法都不对

5. 河蟹雌雄异体，蟹黄指的是(    )。

    A. 卵巢和消化腺                B. 精巢和消化腺

    C. 卵巢和纳精囊                D. 卵巢和射精管

## 二、判断题

1. 中华绒螯蟹畏惧强光，所以清澈见底的池塘并不利于河蟹养殖。     (    )

2. 中华绒螯蟹有2对触角，第一触角是小触角，第二触角是大触角。   (    )

3. 中华绒螯蟹食性相当广泛，它以杂食性为主，主要食用水底的有机碎屑，也捕食水生动物，如小型甲壳类、水生昆虫等。     (    )

4. 中华绒螯蟹环境的适应能力很强，怕热不怕冷。     (    )

5. 中华绒螯蟹耐低氧能力较强，在水体缺氧的环境下可以爬上岸进行鳃呼吸以维持生存。

                                                                     (    )

## 三、简答题

简述中华绒螯蟹的生活史。

# 项目二　中华绒螯蟹的人工繁殖技术

## 项目导读

### 中华绒螯蟹人工繁殖的意义

由于天然蟹苗资源的枯竭和数量不稳定，目前中华绒螯蟹的苗种绝大多数来源于人工育苗。国内外的大量研究表明，亲本的营养状况对其生殖性能和苗种质量有着极大的影响，对亲本进行合理的强化培育，可显著提高其生殖性能和苗种质量。

## 学习目标

**知识目标**

1. 熟悉中华绒螯蟹亲蟹的选择标准。
2. 掌握中华绒螯蟹人工繁殖的相关知识。

**能力目标**

1. 具有正确选择中华绒螯蟹亲本的能力。
2. 能够开展中华绒螯蟹人工繁殖。

**素养目标**

1. 具有高度的社会责任感、良好的职业道德和诚信品质。
2. 具备从事生态育苗所必备的基本职业素质。
3. 具备发现问题、分析问题和解决问题的基本能力。

## 任务一　天然海水土池繁育蟹苗

### 一、条件与设施

#### （一）池塘条件

池塘可分为育苗池与淡化池。育苗池面积为 4 000～7 000 m²/个，淡化池为 500～1 500 m²/个。池塘均建议长方形布局（东西长、南北短）。池深 2～2.5 m，蓄水深 1.5～2 m，盐度控制在 15‰～28‰。池周设 0.6 m 以上塑料防逃墙（图 2-2-1）。

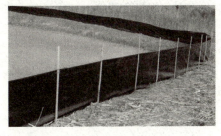

图 2-2-1　亲蟹培育池塑料防逃墙

课件：天然海水　　视频：天然海水
土池繁育蟹苗　　土池繁育蟹苗

### (二)增氧设施(图 2-2-2)

按每 667 m² 配置功率 1 kW 计算，为育苗池与淡化池配置水车式增氧机；淡化池还可按每 667 m² 增设 10 个直径 400 mm 纳米充气盘，确保水体溶解氧充足。

图 2-2-2　水车式增氧机(左)与纳米充气盘(右)

## 二、亲蟹

### (一)亲蟹选择

雌蟹体重≥125 g，雄蟹体重≥150 g，雌、雄比为 2∶1～3∶1，亲蟹的选留宜在立冬前进行(表 2-2-1)。

表 2-2-1　中华绒螯蟹雌蟹抱卵量

| 体重/g | 抱卵量/粒 | 体重/g | 抱卵量/粒 |
|--------|-----------|--------|-----------|
| <100 | <350 000 | 150～200 | 500 000～750 000 |
| 100～150 | 300 000～550 000 | >200 | >700 000 |

### (二)亲蟹暂养培育

**1. 水源**

选淡水，过滤进水后用 50 mg/L 漂白粉消毒，休药期 7 d。

**2. 密度**

雌雄分池，每 667 m² 亲蟹投放量不高于 200 kg。

**3. 投喂**

高蛋白饲料，日喂 1～2 次，投饵量 3%～5%，视摄食调整。

### (三)交配

10 月上旬，水温降至 17～20 ℃，亲蟹的性腺指数达到 11%以上时交配。检查抱卵率达到 80%以上或交配时间超过 15 d 时进行起捕。

## 三、抱卵蟹管理

80%以上雌蟹抱卵后，应剔除雄蟹，进行抱卵蟹培育，此时放养密度为 2 只/m²，投喂鱼、蚌肉等鲜活饵料，每 3～4 d 加注新水一次，水中溶解氧应＞6 mg/L(图 2-2-3)。

图 2-2-3　中华绒螯蟹——抱卵蟹

## 四、幼体培育

### (一)进水

在使用前 10～15 d，全池泼洒生石灰与茶籽饼混合溶液，彻底消毒并清除野杂生物。生石灰用量为 150～160 kg/667 m²，茶籽饼用量为 10～15 kg/667 m²。进水需依次通过 20 目、60 目及 100 目三层筛绢网进行精细过滤，有效拦截杂质及敌害生物。

### (二)生物饵料培养

溞状幼体以摄食单细胞藻类、轮虫、枝角类、桡足类和卤虫无节幼体为主，在溞状幼体出膜前 7～15 d 施肥培育天然饵料。

### (三)布苗

蟹卵呈灰白色、镜检胚胎心跳 150～180 次/min 时，将胚胎发育一致的抱卵蟹装篓排幼。蟹篓直径为 45～55 cm，每篓放抱卵蟹 15～20 只，布幼密度为 2 万～5 万/m³。

### (四)饵料投喂

在溞状幼体Ⅰ至Ⅳ期，根据水体大小投喂活体轮虫(密度为 300～500 个/L)，为蟹苗提供天然活体饵料。进入溞状幼体Ⅴ期后，需补充投喂活体卤虫幼体，以满足其日益增长的营养需求。

若遇天然饵料不足的情况，应可全池均匀泼洒豆浆或螺旋藻粉以确保饵料的充足与均衡。

### (五)水质调控

#### 1. pH 值

pH 值应严格控制在 6.5～8，pH 值过高可加大轮虫投喂量，或使用乳酸菌调节。

#### 2. 氨氮

当水体氨氮＞0.5 mg/L 时，可适当补充小球藻，或使用硝化细菌、芽孢杆菌等微生态制剂降低水体氨氮。

#### 3. 换水

一般在溞状幼体Ⅰ～Ⅲ期以加水为主，只少量排水或不排；溞状幼体Ⅲ期后逐步加大排水、换水力度，每天换水 1/3～2/3；溞状幼体Ⅴ期每天换水 2 次，每次换水 1/2。

### (六)淡化

#### 1. 淡化

溞状幼体在Ⅴ期后 2～3 d 达到大眼幼体，需通过灯诱捕捞转移至淡化池，转移密度控制在 0.75 kg/m³ 以下。淡化池采用淡水逐步稀释，对侧加水排水，淡化周期为 3～4 d，目标在出苗时盐度控制在 5‰ 以下。

#### 2. 投喂

以活轮虫和大卤虫为主，前 2 d 投喂量占苗重 50%～100%，第 3～6 天不超过 100%。

### 3. 水质要求

pH 值为 6.5～8.7，溶解氧＞4 mg/L。超出范围时采取加大换水量、微生态制剂、增氧剂等措施。

### （七）出苗

大眼幼体 7 日龄出苗，用灯诱法捕捞。晚间池边设灯，距水面 50 cm，根据趋光性，用抄网捞出聚于灯下的蟹苗，并对其进行检查，要求活力好、体表干、无寄生虫。

# 任务二　天然海水工厂化繁育蟹苗

### 一、亲蟹选择、培育及交配

参考"天然海水土池繁育蟹苗"处相关内容。

课件：天然海水
工厂化繁育蟹苗

### 二、室内抱卵蟹培育

培育池为室内水泥池，池中用芦席、蒲包和砖瓦等筑人工蟹巢，放养密度为 10～20 只/m²，进入室内后在自然温度下先适应 2～3 d，之后逐步升温，每天升 0.5～1.0 ℃，最后水温控制在 16～18 ℃。升温后每天早晚定点各投饵一次，投饵量为体重的 1.5%～5.0%，及时清除残饵。培育期间要保持水质清新，溶解氧在 6 mg/L 以上。每天换水一次，换水量为 30%～80%，换水温差在 ±1 ℃范围，3～5 d 清池底一次。

视频：天然海水
工厂化繁育蟹苗

### 三、潘状幼体培育

#### 1. 育苗厂房和育苗池

育苗厂房应有良好的保温效果，育苗池面积为 20～50 m²，有独立海水、淡水进水排水系统。

#### 2. 设备系统

(1)电源保障：供电体系稳定可靠，配备应急发电机组，确保育苗全程无断电风险。

(2)温控系统：育苗区域按每吨水体装备至少一台 1～2 t 锅炉及完善的水循环管道，精准调控水温于 20～25 ℃，保障育苗环境稳定。

(3)高效增氧：配置 2～3 台 0.3～0.5 MPa 风压的罗茨鼓风机，结合散气石(1～2 个/m²)，确保水体溶氧充足。

(4)自动化饵料系统：集成藻类培养、轮虫繁殖及卤虫孵化模块，确保卤虫卵在 25～36 h 内高效完成孵化。

#### 3. 布苗

镜检胚胎心跳 140～180 次/min 时，将胚胎发育基本一致的抱卵蟹挂笼排苗，布苗密度为 15 万～25 万只/m³。

#### 4. 培育时间

水温在 20～25 ℃时，潘状幼体培育出池需要 22 d 左右。

#### 5. 饵料的种类

植物性饵料包括三角褐指藻、扁藻、小球藻等单细胞藻类；动物性饵料则包括轮虫、沙蚕幼体及卤虫无节幼体等；人工饵料包括微囊配合饲料、螺旋藻粉、豆浆、白蛤肉浆及鱼肉浆等。

### 6. 饵料的投喂

在 $Z_1$ ～ $Z_3$ 阶段投活体轮虫（溞状幼体Ⅰ期简称 $Z_1$，Ⅱ期简称 $Z_2$，Ⅲ期简称 $Z_3$，Ⅳ期简称 $Z_4$，Ⅴ期简称 $Z_5$），$Z_1$ 要有充足的开口饵料（小球藻、硅藻类）。$Z_2$ ～ $Z_3$ 主要投喂活轮虫，密度保持在 $300$ ～ $500$ 只/L。$Z_3$ 阶段及以后阶段可以搭配投喂活体卤虫幼体，辅以蛋黄、螺旋藻粉和微囊配合饲料。

## 四、水质管理

### 1. 水质控制指标

pH 值为 $7.5$ ～ $8.5$，溶解氧 $>6$ mg/L，水温为 $20$ ～ $25$ ℃，盐度为 $12‰$ ～ $30‰$。

### 2. 换水

$Z_1$ 期保持水质的相对稳定，每天向池中加水 $10$ ～ $15$ cm；$Z_2$ 时开始换水，每天换水量为原水体的 $1/4$ 左右，每天 $1$ 次；$Z_3$ 期加大换水量，每天换水量 $1/3$ ～ $1/2$，每天 $1$ ～ $2$ 次；$Z_4$ 时每天换水 $100\%$，每天换水 $2$ 次；大眼幼体时每天换水 $100\%$ ～ $200\%$，每天 $2$ 次。

### 3. 虹吸排污

采用虹吸排污方法排除污染物。

### 4. 倒池

在换水、吸污都不能有效控制水质的情况下，可迅速将苗体转入另一个水质良好的育苗池。

## 五、淡化出苗

### 1. 淡化用水

采用天然河、湖、库水和地下淡水，对深井水要预先进行充分曝气。

### 2. 淡化方法

在 $Z_5$ 期变为大眼幼体的第 $2$ ～ $3$ 天，若在手中活力好，能迅速散开，即可用拉网捕捞或灯光诱捕至淡化池内集中淡化，土池密度在 $2$ kg/m² 以下，水泥护坡池密度在 $5$ kg/m² 以下。向淡化池内逐步加入淡水 $20$ cm，$3$ h 后再排出 $20$ cm，再加入淡水 $20$ cm，淡化时间为 $1$ ～ $2$ d。

### 3. 出苗

大眼幼体应在 $7$ 日龄以上，盐度不大于 $5‰$。可在晚上利用灯光诱集、捞苗。

## 🧰 项目实施

### 中华绒螯蟹的亲蟹选择

#### 一、明确目的

1. 深入理解中华绒螯蟹亲蟹选择的基本原则和方法。
2. 能够准确识别并挑选出健康、性腺发育良好的亲蟹，为生态育苗提供优质的种质资源。
3. 通过实践操作，提升观察、分析和解决问题的能力，同时培养团队合作精神。

## 二、工作准备

### (一)引导问题

1. 中华绒螯蟹亲蟹选择的关键指标有哪些?

_____

_____

_____

2. 如何确保所选亲蟹的遗传品质?

_____

_____

_____

3. 在亲蟹选择过程中,如何进行有效的环境和管理控制?

_____

_____

_____

### (二)确定实施方案

小组讨论,制定实施方案,确定人员分工。具体内容见模块一项目一项目实施的方案设计表(表 1-1-1)。

### (三)所需材料、工具和器皿准备

请参照模块一项目一项目实施的表 1-1-2 列出本工作所需的样品、工具、器皿和场地。

## 三、实施过程

"中华绒螯蟹的亲蟹选择"任务实施过程见表 2-2-2。

**表 2-2-2  "中华绒螯蟹的亲蟹选择"任务的实施过程**

| 环节 | 操作及说明 | 注意事项及要求 |
|---|---|---|
| 1 | 对亲蟹进行外观检查,包括体型、色泽、活力等 | 认真观察,组员们相互讨论,并确定 |
| 2 | 使用工具检查亲蟹的性腺发育状况 | |
| 3 | 评估亲蟹的健康状况,排除有疾病或损伤的亲蟹 | |
| 4 | 根据遗传品质要求,选择优良的亲蟹 | |
| 5 | 整理现场 | 按规范要求,对实施场所进行整理清场后填写回收记录单 |

## 四、评价与总结

### (一)评价

根据项目实施情况，学生自评、学生互评和教师评价相结合，进行综合评价（表 2-2-3）。

表 2-2-3　学生综合评价表　　　　　　　　年　月　日

| 评价标准及分值 | | 学生自评 | 学生互评 | 教师评价 |
|---|---|---|---|---|
| 学习与工作态度<br>（5分） | 态度端正，严谨、认真，遵守纪律和规章制度 | | | |
| 职业素养<br>（10分） | 程序规范；热爱劳动、崇尚技能；耐心细致、精益求精；团结合作、不断创新 | | | |
| 制订方案<br>（10分） | 按要求查阅资料，参与方案的制订，能协调解决实际问题 | | | |
| 工作准备<br>（5分） | 能选择适宜的场地，并准备好所需样品、工具和器皿等 | | | |
| 中华绒螯蟹的亲蟹选择<br>（40分） | 懂中华绒螯蟹亲蟹选择的基本原理和技术流程，能够正确评估亲蟹性腺发育程度 | | | |
| 原始记录和报告<br>（10分） | 真实、准确、无涂改，书写整洁，格式符合规范要求 | | | |
| 场地清整<br>（10分） | 将所用器具整理归位，场地清理干净 | | | |
| 工作汇报<br>（10分） | 如实准确，有总结、心得和不足及改进措施 | | | |
| 总分 | | | | |

### (二)总结汇报

1. 分小组制作 PPT、Word 工作总结，提交工作报告。
2. 小组成员互相讲解，并推荐一名成员向全班汇报。

## 📖 知识拓展

"金农 1 号"种蟹东台沿海首当"妈妈"

## 一、选择题

1. 中华绒螯蟹亲蟹的选择，雌雄比以（　　）较为适宜。
   A. 1∶1　　　　　　　　B. 2∶1　　　　　　　　C. 4∶1　　　　　　　　D. 5∶1
2. 中华绒螯蟹育苗生产中亲蟹暂养的好处是（　　）。
   A. 提升生长性能　　　　　　　　　　　B. 避免机械损伤
   C. 控制性腺成熟时间　　　　　　　　　D. 提高亲蟹的存活率
3. 影响中华绒螯蟹亲蟹性腺成熟的因素很多：外界环境主要是（　　）的影响。
   A. 温度　　　　　　　B. 营养　　　　　　　C. pH　　　　　　　D. 溶氧
4. 抱卵蟹的投喂以（　　）为主。
   A. 新鲜鱼蚌肉　　　　B. 蔬菜　　　　　　　C. 冷冻鱼虾　　　　　D. 谷物

## 二、判断题

1. 中华绒螯蟹的人工繁殖，要求亲蟹个体在100克以上，雌雄比(2～3)∶1，在秋末初冬初收集。（　　　）
2. 中华绒螯蟹是淡水中生长、海水中繁殖的蟹类。（　　　）
3. 中华绒螯蟹未达到性成熟前都可以称为蟹苗。（　　　）

## 三、简答题

简述天然海水工厂化繁育蟹苗的主要特点。

# 项目三　中华绒螯蟹大规格苗种培育技术

## 项目导读

**培育中华绒螯蟹优质苗种的重要意义**

中华绒螯蟹大规格苗种意味着更高的生长潜力和更快的生长速度，能够缩短养殖周期，提高养殖效率，从而增加经济效益。其次，大规格苗种通常具有更强的抗病能力和环境适应能力，这有助于降低养殖过程中的疾病发生率和死亡率，提高养殖成活率。此外，大规格苗种还能提升商品蟹的规格和品质，满足市场对高品质大闸蟹的需求，增强市场竞争力。

## 学习目标

**知识目标**

1. 熟悉蟹苗培育的池塘选择与放养前准备的相关知识。
2. 理解蟹苗放养的标准与流程。
3. 熟悉蟹苗培育过程中饵料投喂与水质调控的原则。

**能力目标**

1. 能够按照中华绒螯蟹大规格苗种培育的技术要求，开展池塘准备与改造。
2. 具备蟹苗放养与管理的能力。
3. 能够及时发现并处理水质恶化、常见病害防治等问题。

**素质目标**

1. 具有高度的社会责任感、良好的职业道德和诚信品质。
2. 具备从事苗种培育所必备的基本职业素质。
3. 关注行业动态和技术发展，提升持续学习与创新能力。

## 任务一　中华绒螯蟹大规格苗种培育池塘准备

大规格蟹种是指经人工饲养，培育成规格为 160 只/kg 以内性腺未成熟的幼蟹。

### 一、养殖池塘

池塘面积宜设为 1～5 亩，水深控制在 1.2～2.0 m，池埂坡比以 1：(2～3)为宜；池底平整，可设置低于池底 30～50 cm 的环沟或预留 1/3 面积的深水区；进、排水要方便。

课件：中华绒螯蟹大规格苗种培育池塘准备

### 二、防逃设施

用聚乙烯网布和塑料薄膜等做防逃设施，并用木桩或竹桩支撑。防逃设施底部埋入土内 10 cm，高 40 cm 以上。池塘进水口、排水口均用网布罩住。

视频：中华绒螯蟹大规格苗种培育池塘准备

### 三、放苗前的准备

#### 1. 池塘清整与消毒

在蟹苗投放前15~20 d，排干池水，暴晒池底，采用干法清池。其方法为：将生石灰加水溶化后趁热向池四周均匀泼洒，生石灰用量为80~100 kg/667 m²，并于次日用铁耙翻动底泥，使石灰浆与底泥充分混合。

#### 2. 加注新水

放苗前7~10 d，加注新水40~60 cm。

#### 3. 水草种植

提前在池塘中栽种伊乐藻、轮叶黑藻等沉性水草，移植水葫芦等浮性水草（图2-2-4）。水草覆盖面积占池塘水面的70%以上。

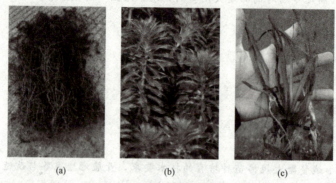

(a)　　　　　　(b)　　　　　　(c)

**图 2-2-4　中华绒螯蟹养殖池塘常见沉水水草**
(a)伊乐藻；(b)轮叶黑藻；(c)苦草

#### 4. 培肥水质

下塘前5~10 d，全池泼洒无机肥或发酵有机肥，待浮游动物达到高峰时，投放蟹苗。

# 任务二　蟹苗放养与饲喂管理

### 一、蟹苗放养

#### 1. 放养时间与放养密度

放养时间在5月中旬，7月中旬至8月上旬配养鲢、鳙鱼夏花。每667 m²放养蟹苗2万~3万只；并配养鲢、鳙鱼夏花100~150尾，其比例为5：1。

#### 2. 蟹苗质量

蟹苗质量判断标准如下。

(1)天然蟹苗的杂苗率不超过2%。

(2)蟹苗规格为140 000~160 000只/kg。

(3)人工繁育蟹苗应达6日龄，淡化时间达到4~5 d，盐度在5‰以内。

(4)健康活泼，将握在手心的蟹苗松开后，能迅速散开、逃逸。

(5)体表无病症。

课件：蟹苗放养
与饲喂管理

视频：蟹苗放养
与饲喂管理

### 3. 放养方法

可进行专池强化培育，或在原池塘中进行拦网强化培育，至Ⅲ期仔蟹时，再进入池塘中饲养。放养温差不超过 2 ℃。放养当天全池遍洒 1 次消毒剂(二氧化氯等)。

## 二、饲料投喂

可选择天然饵料或配合饲料。饲养前期(5—6 月中旬)，日投喂 3～4 次；饲养中期(6 月下旬—9 月中旬)和后期(9 月下旬—11 月中旬)，日投喂 1～2 次。日投喂量为蟹总质量的 3％～10％。根据天气、水温、饲料种类、蜕壳、残饵及摄食等实际情况灵活掌握投喂量。

## 三、水质调控

### 1. 注水与换水

养殖池塘一般不进行大换水，通常以加注新水为主，特别是在生长旺季，大换水容易使环境突变，致使蟹苗产生应激反应，影响蜕壳，夏季加水应在夜间至上午水温较低时。

### 2. 池水消毒

高温季节，每 20 d 左右全池遍洒 1 次生石灰水；每次大雨过后，也可进行池水消毒。

### 3. 适时泼洒无机肥

当池水过瘦、水生植物叶子发黄时，可使用氨基酸肥水膏或培藻多肽追肥。

## 四、日常管理

坚持巡塘并做好水草管理，早晚各巡塘一次，检查水源是否受污染，适时分割水草，及时清理衰老或死亡的水草。同时，需严防幼蟹逃逸，尤其在下雨或加水时，要采取有效防逃措施，防止幼蟹顶水逃逸。

## 📦 项目实施

### 中华绒螯蟹的生态育苗技术

### 一、明确目的

1. 了解中华绒螯蟹生态育苗的基本原理和技术流程。
2. 观察中华绒螯蟹的生长发育过程，记录各阶段的特点和变化。
3. 培养试验操作技能和团队合作精神，提升实践能力。

### 二、工作准备

#### (一)引导问题

1. 中华绒螯蟹的生态育苗技术有哪些关键环节？

_____

_____

2. 在育苗过程中如何控制环境因素，包括温度、湿度、光照等？

_____

_____

3. 如何进行幼蟹的培育和移殖？

_____

_____

## (二)确定实施方案

小组讨论，制订实施方案，确定人员分工(表 2-2-2)。

表 2-2-2　方案设计表

| 组长 | | | 组员 | |
|---|---|---|---|---|
| 学习项目 | | | | |
| 学习时间 | | 地点 | 指导教师 | |
| 准备内容 | 样品 | | | |
| | 工具 | | | |
| | 器皿 | | | |
| 具体步骤 | | | | |
| 任务分工 | 姓名 | 工作分工 | | 完成效果 |
| | | | | |
| | | | | |
| | | | | |
| | | | | |

## (三)所需样品、工具和器皿准备

请按表 2-2-3 列出本工作所需的样品、工具和器皿。

表 2-2-3　中华绒螯蟹的生态育苗技术所需的样品、工具和器皿

| 样品 | 名称 | 规格 | 数量 | 已准备 | 未准备 | 备注 |
|---|---|---|---|---|---|---|
| | | | | | | |
| 工具 | 名称 | 规格 | 数量 | 已准备 | 未准备 | |
| | | | | | | |
| 器皿 | 名称 | 规格 | 数量 | 已准备 | 未准备 | |
| | | | | | | |
| 其他准备工作 | | | | | | |

## 三、实施过程

"中华绒螯蟹的生态育苗技术"任务实施过程见表 2-2-4。

**表 2-2-4  "中华绒螯蟹的生态育苗技术"任务实施过程**

| 环节 | 操作及说明 | 注意事项及要求 |
|---|---|---|
| 1 | 选择符合质量要求的幼苗进行放养 | 认真观察，组员们相互讨论，并确定 |
| 2 | 根据幼苗的生长情况，逐步调整环境因素，包括温度、湿度、光照等 | |
| 3 | 根据幼苗的食性，选择合适的饲料，保证其营养需求 | |
| 4 | 随着幼苗的生长，进行分池和移殖操作 | |
| 5 | 整理现场 | 按规范要求，对实施场所进行整理清场后填写回收记录单 |

## 四、评价与总结

### (一)评价

根据项目实施情况，学生自评、学生互评和教师评价相结合，进行综合评价(表 2-2-5)。

**表 2-2-5  学生综合评价表**　　　　　　　　年　月　日

| 评价标准及分值 | | 学生自评 | 学生互评 | 教师评价 |
|---|---|---|---|---|
| 学习与工作态度<br>(5分) | 态度端正，严谨、认真，遵守纪律和规章制度 | | | |
| 职业素养<br>(10分) | 程序规范；热爱劳动、崇尚技能；耐心细致、精益求精；团结合作、不断创新 | | | |
| 制订方案<br>(10分) | 按要求查阅资料，参与方案的制订，能协调解决实际问题 | | | |
| 工作准备<br>(5分) | 能选择适宜的场地，并准备好所需样品、工具和器皿等 | | | |
| 中华绒螯蟹的<br>生态育苗技术<br>(40分) | 能根据中华绒螯蟹生态育苗的基本原理和技术流程进行育苗；能观察中华绒螯蟹的生长发育过程，记录各阶段的特点和变化 | | | |
| 原始记录和报告<br>(10分) | 真实、准确、无涂改，书写整洁，格式符合规范要求 | | | |
| 场地清整<br>(10分) | 将所用器具整理归位，场地清理干净 | | | |
| 工作汇报<br>(10分) | 如实准确，有总结、心得和不足及改进措施 | | | |
| 总分 | | | | |

### (二)总结汇报

1. 分小组制作 PPT、Word 工作总结，提交工作报告。
2. 小组成员互相讲解，并推荐一名成员向全班汇报。

 **知识拓展**

农业农村部农业主推技术：中华绒螯蟹苗种
培育及高效生态养殖技术

### 课后习题

#### 一、选择题

1. 中华绒螯蟹生态育苗技术中，以下哪项措施对于提高幼蟹成活率最为关键？（　　）

　　A. 严格控制水温在恒定的高温状态　　　　B. 保持水体高含氧量并适时换水

　　C. 减少光照时间以模拟夜间环境　　　　　D. 过度投喂高蛋白饲料以促进快速生长

2. 下列哪项不是中华绒螯蟹生态育苗技术中的环境调控措施？（　　）

　　A. 根据幼蟹生长阶段调整光照强度　　　　B. 使用化学药剂快速杀灭水体中的病原体

　　C. 保持水体适宜的 pH 值和氨氮含量　　　D. 通过增氧设备提高水体溶氧量

3. 以下哪项是评价中华绒螯蟹生态育苗效果的重要指标之一？（　　）

　　A. 亲蟹的繁殖率　　　　　　　　　　　　B. 幼蟹的死亡率

　　C. 养殖池的水质指标　　　　　　　　　　D. 幼蟹的规格整齐度和生长速度

#### 二、判断题

1. 中华绒螯蟹生态育苗技术强调自然环境的模拟，旨在减少人为干预，提高幼蟹的适应性和生存能力。（　　）

2. 在中华绒螯蟹生态育苗过程中，为了提高幼蟹的生长速度，应尽可能增加投喂量，不受限制。（　　）

3. 中华绒螯蟹生态育苗技术中，光照的控制对幼蟹的生长和发育没有显著影响。（　　）

#### 三、简答题

如何鉴别中华绒螯蟹的蟹苗质量？

# 项目四　食用蟹养殖技术

## 项目导读

### 我国中华绒螯蟹养殖技术发展概况

近年来，全国多地探索实践了"蟹稻"综合种养模式。该模式是根据稻养蟹、蟹养稻、稻蟹共生的理论，在稻蟹种养的环境内，蟹能清除田中的杂草，吃掉害虫，排泄物可以肥田，促进水稻生长；而水稻又为中华绒螯蟹的生长提供丰富的天然饵料和良好的栖息条件，互惠互利，形成良性的生态循环。

另外，在乡村振兴时代背景下，农业农村部和多省农业农村厅主推了"中华绒螯蟹苗种培育及高效生态养殖技术""池塘'3＋5'分段养蟹技术"等实用技术，为我国中华绒螯蟹绿色、健康养殖打下坚实基础。

## 学习目标

**知识目标**

1. 掌握稻田中华绒螯蟹生态种养技术。
2. 熟悉食用蟹池塘养殖的关键技术。

**能力目标**

具备按技术规程养殖食用蟹的能力。

**素养目标**

1. 具有高度的社会责任感、良好的职业道德和诚信品质。
2. 具备从事食用中华绒螯蟹养殖所必备的基本职业素质。
3. 具备发现问题、分析问题和解决问题的基本能力。

## 任务一　稻田中华绒螯蟹生态种养技术

### 一、稻田选择与工程构建

#### 1. 稻田选择

优选面积 2.5～4.0 hm²，水源充沛，排灌便捷，保水性能佳的稻田。

#### 2. 田埂加固

田埂需夯实加固，顶高 50～60 cm，顶宽同，底宽 100～120 cm。

#### 3. 蟹沟开挖

蟹沟占比小于 10％，环沟宽 2～3 m，深 0.8～1.0 m，大单元稻田增设中沟。

#### 4. 防逃设施

插秧后、放蟹前，设薄膜防逃墙，埋土 15～20 cm，地上高 60 cm；进、排水口配防逃网。

课件：稻田中华绒螯蟹
生态种养技术

**5. 稻田消毒**

生石灰 100～150 g/m² 或漂白粉 7.5～15 g/m² 全田消毒。

## 二、水稻栽培管理

**1. 品种选择**

选用高产、优质、多抗性水稻品种。

**2. 栽插技术**

机械插秧，行距 25～30 cm，株距依品种调整，确保合理密植。

**3. 水位调控**

分蘖期浅水深 3～5 cm，孕穗期加深至 10～20 cm，收割前 10 d 排水。养殖期保持深水，避免搁田。

**4. 收割时机**

水稻完熟后，先捕捞中华绒螯蟹，再行收割。

## 三、中华绒螯蟹养殖技术

### (一)蟹种选择

健康、规格整齐、活力强的幼蟹。

### (二)暂养管理

**1. 暂养池**

近水源，面积占养蟹区 10％～20％，深 1 m 以上，水深 0.5 m。

**2. 暂养时间**

2～3 月扣蟹暂养，水稻返青后移入稻田。

**3. 消毒入池**

密度 4.5×10⁴ 只/hm²，消毒后投放。

**4. 投喂与换水**

优质饵料，日投喂量 3％～5％，7～10 d 换水一半，保持水质。

### (三)水草栽培

蟹种放养前，提前移栽伊乐藻、轮叶黑藻等水草，确保围沟内覆盖度达到 30％。

### (四)放养密度

0.75 万～1.2 万只/hm²。

### (五)投喂策略

配合饲料粗蛋白含量在 30％～40％，，每天傍晚投喂 1 次，投喂量视情况调整。

## 四、日常管理

(1)水质管理：7～10 d 换水一次，不超过 10％，温差小于 3 ℃，蜕壳期注意水质稳定。

(2)巡田观察：监测水质、蟹况、敌害及田埂安全。

## 五、捕捞与收割

(1)中华绒螯蟹捕捞：结合夜晚上岸、趋光习性及地龙网等工具，捕捞率达95％以上。

(2)水稻收割：收割水稻时，为了防止伤害中华绒螯蟹，可多次进水、排水，使中华绒螯蟹集中到蟹沟中，然后再收割水稻。

# 任务二　食用蟹池塘养殖技术

## 一、池塘选择

食用蟹养殖池塘需满足以下条件：保持生态环境良好，确保水源充足且水质清澈，同时要求进水与排水系统便捷。底质方面，优先选择沙质土，黏壤土次之，且底部淤泥层厚度需控制在15 cm以下。池塘面积建议设定在10～20亩，形状为长方形，并沿东西方向排列。池塘的最大蓄水深度可达2 m，并在池塘中央建造高出水面的蟹岛，其面积约占整个水面的10％。此外，池塘四周需设置宽度为0.9 m的防逃设施，如玻璃钢板、塑料板或塑料薄膜等，且设施底部需埋入池埂至少0.3 m以确保稳固。

课件：食用蟹池塘养殖技术

## 二、水草种植

### 1. 品种与面积

浅水区以轮叶黑藻为主，深水区以伊乐藻为主，水草种植面积占池塘面积的50％～60％。

视频：中华绒螯蟹成蟹池塘养殖技术

### 2. 种植方法

(1)伊乐藻：2—4月在深水区采用植株移栽方式种植，每亩用量为50 kg。待草成活后，逐渐加水，以浸没水草末端10 cm即可。伊乐藻是中华绒螯蟹早期生长、栖息、蜕壳、避敌的理想环境。但伊乐藻过多时容易疯长，水温30 ℃以上时易烂。

(2)轮叶黑藻：3月之前在浅水区以芽苞播种，每亩用量为3 kg。中华绒螯蟹喜食轮叶黑藻。因此，在苗种培育阶段必须采用围蟹种草的方法，防止中华绒螯蟹将水草消灭在萌芽状态，6月初拆除围网。

### 3. 水草管理

4月底—5月初，视水草分布情况，及时移植补栽伊乐藻和轮叶黑藻，使水草均匀分布；7月之前，及时割去过长的伊乐藻，防止水温过高灼伤伊乐藻，造成水草死亡，腐败水质。

## 三、蟹种放养

### 1. 蟹种质量

(1)规格整齐，仔蟹为10 000～12 000只/kg，幼蟹为100～200只/kg。

(2)无性早熟蟹种。

(3)体质强壮，活力强，仰卧后立即翻身爬起。

(4)体表光洁，无病症。

(5)螯足齐全，单侧步足伤残不得超过一条。群体伤残率不超过 5%。

### 2. 放养时间

蟹种一般在 2 月下旬—3 月上旬放养，水温为 8~15 ℃。

### 3. 放养密度

每 667 m² 放养 1 200~1 600 只。为改善水质，每 667 m² 套养鲢鱼种 10 尾，鳙鱼种 20 尾，规格均为 6~10 尾/kg，鱼种放养宜在蟹种入池后 7~10 d。

## 四、投饲管理

### 1. 饲料种类

饲料主要有豆饼、各种水草等植物性饲料；螺蛳、河蚌等动物性饲料；以及蛋白含量为 32%~38% 的配合饲料。

### 2. 投喂原则

根据河蟹不同生长阶段的营养需求和不同季节的水温情况，按照"前后精、中间青、荤素搭配、青精结合"和"定时、定点、定质、定量"的原则进行投喂。值得注意的是，中华绒螯蟹怕热不怕冷，特别不适应 30 ℃ 以上的高温。高温季节，由于新陈代谢高，中华绒螯蟹摄食量多，如果饵料中蛋白质含量高，因营养过剩容易造成生殖蜕壳提前，生长停滞，商品蟹规格小。

### 3. 投喂方法

低温期（3—5 月、9 月中旬后）：以螺蛳、饲料为主，投喂量为蟹重的 3%~8%。中温期（6 月）：投喂量增加至 8%~15%。高温期（7—8 月）：增加植物性饵料比例，投喂量约 8%。

## 五、水质管理

### 1. 水质指标

定期监测池塘水质指标，要求溶氧量为 5 mg/L 以上，pH 值为 7.5~8.5，透明度为 30~50 cm。

### 2. 水位调控

3—5 月保持水位 0.5~1.0 m，6—8 月保持水位 1.2~1.5 m，9—11 月水位稳定在 1.5 m 左右，每隔 7 d 加注新水一次，每次换水量以不超过总水量的 10%~20% 为宜。

### 3. 水质调控

每隔 10~15 d，根据蟹池不同的水质情况，选用光合细菌、乳酸菌、芽孢杆菌等微生态制剂调节水质。

### 4. 尾水排放

蟹池排放的尾水达标符合《淡水池塘养殖水排放要求》(SC/T 9101—2007)的排放要求。

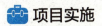 **项目实施**

### 食用蟹养殖生产规划制订

## 一、明确目的

1. 了解食用蟹养殖的基本知识和技术要求。

2. 能根据食用蟹的生长规律和养殖周期，制订合理的养殖计划。

3. 能制订食用蟹养殖生产规划，包括养殖模式、饲料选择、养殖密度、水质管理等关键环节。

4. 培养团队协作精神，提高解决实际问题的能力。

## 二、工作准备

### (一)引导问题

1. 如何根据市场需求和养殖条件确定养殖规模及搭配品种？

_____

_____

_____

_____

2. 如何制订中华绒螯蟹的养殖周期和计划？

_____

_____

_____

_____

_____

3. 如何进行养殖场地的选择和规划？

_____

_____

_____

_____

_____

## (二)确定实施方案

小组讨论，制订实施方案，确定人员分工（表 2-4-1）。

**表 2-4-1　方案设计表**

| 组长 | | | | 组员 | | |
|---|---|---|---|---|---|---|
| 学习项目 | | | | | | |
| 学习时间 | | | 地点 | | 指导教师 | |
| 准备内容 | 样品 | | | | | |
| | 工具 | | | | | |
| | 器皿 | | | | | |
| 具体步骤 | | | | | | |

| 任务分工 | 姓名 | 工作分工 | 完成效果 |
|---|---|---|---|
| | | | |
| | | | |
| | | | |
| | | | |
| | | | |
| | | | |
| | | | |
| | | | |
| | | | |
| | | | |
| | | | |
| | | | |
| | | | |

## (三)所需样品、工具和器皿准备

请按表 2-4-2 列出本工作所需的样品、工具和器皿。

**表 2-4-2  食用蟹养殖生产规划制订所需的样品、工具和器皿**

| 样品 | 名称 | 规格 | 数量 | 已准备 | 未准备 | 备注 |
|------|------|------|------|--------|--------|------|
| | | | | | | |
| 工具 | 名称 | 规格 | 数量 | 已准备 | 未准备 | |
| | | | | | | |
| 器皿 | 名称 | 规格 | 数量 | 已准备 | 未准备 | |
| | | | | | | |
| 其他准备工作 | | | | | | |

## 三、实施过程

"食用蟹养殖生产规划制订"任务实施过程见表 2-4-3。

**表 2-4-3  "食用蟹养殖生产规划制订"任务实施过程**

| 环节 | 操作及说明 | 注意事项及要求 |
|------|-----------|---------------|
| 1 | 收集和分析市场需求、价格、竞争情况等信息,确定养殖规模和搭配品种 | |
| 2 | 根据中华绒螯蟹的生长特点和市场需求,制订养殖周期和计划 | 认真观察,组员们相互讨论,并确定 |
| 3 | 选择适宜的养殖场地,进行场地规划和设计,包括池塘、道路、饲料储存等设施的建设 | |
| 4 | 制订养殖成本预算,包括饲料、药品、设备、人工等费用,并进行成本控制 | |
| 5 | 整理现场 | 按规范要求,对实施场所进行整理清场后填写回收记录单 |

## 四、评价与总结

### (一)评价

根据项目实施情况，学生自评、学生互评和教师评价相结合，进行综合评价(表2-4-4)。

表2-4-4　学生综合评价表　　　　　　　　　年　月　日

| 评价标准及分值 | | 学生自评 | 学生互评 | 教师评价 |
|---|---|---|---|---|
| 学习与工作态度<br>(5分) | 态度端正，严谨、认真，遵守纪律和规章制度 | | | |
| 职业素养<br>(10分) | 程序规范；热爱劳动、崇尚技能；耐心细致、精益求精；团结合作、不断创新 | | | |
| 制订方案<br>(10分) | 按要求查阅资料，参与方案的制订，能协调解决实际问题 | | | |
| 工作准备<br>(5分) | 能选择适宜的场地，并准备好所需样品、工具和器皿等 | | | |
| 中华绒螯蟹成蟹<br>养殖生产规划制订<br>(40分) | 懂得中华绒螯蟹成蟹养殖的基本知识和技术要求；能根据中华绒螯蟹的生长规律和养殖周期，制订合理的养殖计划；能制订中华绒螯蟹养殖生产规划，包括养殖模式、饲料选择、养殖密度、水质管理等关键环节 | | | |
| 原始记录和报告<br>(10分) | 真实、准确、无涂改，书写整洁，格式符合规范要求 | | | |
| 场地清整<br>(10分) | 将所用器具整理归位，场地清理干净 | | | |
| 工作汇报<br>(10分) | 如实准确，有总结、心得和不足及改进措施 | | | |
| 总分 | | | | |

### (二)总结汇报

1. 分小组制作 PPT、Word 工作总结，提交工作报告。
2. 小组成员互相讲解，并推荐一名成员向全班汇报。

## 📖知识拓展

**余承波代表：千亩蟹塘铺就乡村振兴"致富路"**

 **课后习题**

## 一、选择题

1. 河蟹养殖过程中，有的往往栖居在洞穴里，懒得出来活动和觅食，体色深黑，甲壳硬，生长缓慢，称为懒蟹，主要原因不包括(　　)。

    A. 不经常补钙                           B. 水位变动较大

    C. 投喂不均匀                           D. 池塘缺少水草

2. 下列(　　)措施增加剧河蟹格斗的概率。

    A. 增大河蟹放养密度

    B. 动物性和植物性饵料要合理搭配

    C. 增加水草数量保护刚蜕壳的"软壳蟹"

    D. 饵料必须多点投放，均匀投饵

3. 高温季节，河蟹池塘管理不可采用(　　)措施。

    A. 加大水位，保持水深

    B. 控制投喂，少量多餐，少荤多素

    C. 定期使用生物制剂调控水质和底质

    D. 定期使用杀虫剂和消毒剂

## 二、判断题

1. 将要蜕壳的河蟹，背甲为黑褐色，停止摄食，选择安静隐蔽的浅水处进行蜕壳。　　(　　)

2. 苗种放养前必须经过短暂的池边处理，最好白天放苗。　　(　　)

3. 夏季割草需要注意避免河蟹蜕壳高峰期。　　(　　)

4. 河蟹蜕壳期需要补充能量和钙。　　(　　)

## 三、简答题

如何在池塘养出大规格优质食用蟹？

# 项目五　中华绒螯蟹病害防治技术

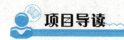

## 项目导读

### 中华绒螯蟹病害防治现状

中华绒螯蟹是我国三大蟹类养殖品种中养殖病害最为严重的一种，每年7—9月是发病的高峰季节。近年来，随着中华绒螯蟹养殖规模的不断扩大和养殖模式的不断发展，中华绒螯蟹的病害问题越来越严重，范围广、损失大、暴发性成为近年来病害发生的显著特点，病害的发病率和死亡率有不断提高的趋势。

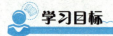

## 学习目标

### 知识目标

1. 熟悉中华绒螯蟹典型病害的病原、病症。
2. 掌握中华绒螯蟹典型病害的防治技术。

### 能力目标

具有正确运用所掌握的知识技能在中华绒螯蟹病害防治过程中发现问题、分析问题、解决问题的能力。

### 素养目标

1. 具有良好的职业道德和诚信品质。
2. 具有关注社会、关注民生、造福人类的社会责任感。
3. 具备发现问题、分析问题和解决问题的基本能力。

# 任务一　中华绒螯蟹细菌性疾病防治技术

细菌病原是中华绒螯蟹养殖高发的微生物性病原，可导致弧菌病、黑鳃病、甲壳溃疡病、水肿病和肠炎病等疾病。

课件：中华绒螯蟹
细菌性疾病防治技术

## 一、弧菌病

### 1. 病原（因）

弧菌病在中华绒螯蟹育苗和饲养阶段均会发生，导致该病发生的弧菌有多种，如副溶血弧菌（*Vibrio parahaemolyticus*）、鳗弧菌（*V. anguillarum*）、创伤弧菌（*V. vulnificus*）、溶藻弧菌（*V. alginolyticus*）、哈维氏弧菌（*V. harveyi*）等。

### 2. 流行情况

弧菌病多流行于夏秋高温季节，一旦感染，传染性强、死亡率高。成蟹养殖阶段主要是受到机械损伤或敌害侵袭造成损伤后感染该病菌，而在育苗时每个阶段都会发生，潘状幼体前期较为严重并具有很强的传染性和致死率。

**3. 主要症状**

幼体患病时主要变现为体色浑浊，趋向反应迟钝，肠道无食，多沉于水底死亡。患病蟹腹部和附肢腐烂，食欲下降，身体颜色变浅，发育蜕壳迟缓，喜欢匍匐于岸边直至死亡，死亡和濒临死亡的病蟹体内有大量凝血块。对患病的溞状幼体进行病理分析，可发现其体内存在大量革兰氏阴性杆菌，且复眼中细菌含量最多、活性最强。

**4. 防治方法**

治疗该疾病一般以预防为主，一旦发生可采用如下方法治疗：

(1)减少饵料投喂，防止饵料沉积造成水质进一步恶化。

(2)使用漂白粉、碘制剂等药物全池泼洒，进行水体消毒。

(3)配合氟苯尼考等抗菌药拌料投喂内服。

预防该疾病的方式如下：

(1)放养蟹苗之前要彻底清塘，适当减少池底淤泥厚度，防止病原菌残留。

(2)在放养、捕捞、运输中途尽量避免蟹体受伤，如有受伤要采取消毒措施。

(3)育苗池和育苗的工具应当消毒后使用。

(4)养殖过程中及时调水换水，保证水质清新，培养光合细菌等有益菌种。

## 二、黑鳃病

**1. 病原(因)**

黑鳃病主要由养殖水体恶化，水中细菌感染所致，也存在少部分黑鳃病由寄生虫侵染蟹的鳃丝导致。在目前研究中推测黑鳃病可能由多种细菌引发，资料记载从病蟹体内分离出的细菌种类有弧菌属、球菌属、假单胞属和气单胞属等。

**2. 流行情况**

该疾病主要流行于7—9月的高温天气，此时成蟹正处于养殖后期，患病蟹由于鳃部感染无法正常呼吸，往往出现行动迟缓、口吐泡沫的现象。

**3. 主要症状**

该疾病主要特征为病蟹鳃部发黑，重者完全呈现黑色，并伴有烂鳃现象发生(图 2-5-1)。病蟹通常白天上岸匍匐不动，口中泡沫较多，触碰、惊扰后行动缓慢，病情较轻者具有躲避能力，病情较重者几小时后死亡。在养殖后期规格较大的中华绒螯蟹容易感染此疾病。

图 2-5-1　中华绒螯蟹黑鳃病

**4. 防治方法**

该病的防治可以从以下几个方面进行。

(1)放养蟹苗前用生石灰等彻底清塘，防止细菌或敌害生物残留。

（2）日常养殖过程中定时检查螃蟹吃料情况，视情况投喂饵料并及时清理残饵。

（3）在高温期间定期加注新水保证水质清新。

（4）夏秋两季要对养殖水体进行消毒。

（5）疾病发生时，首先检查鳃丝是否存在寄生虫，有虫时先杀虫。杀虫结束后或未发现寄生虫时，应全池泼洒生石灰（15～20 mg/L），同时拌料内服恩诺沙星或氟苯尼考等药物进行抗菌治疗。

### 三、甲壳溃疡病

#### 1. 病原（因）

甲壳溃疡病是螃蟹在养殖或运输路途中足部尖端或壳面受到损伤，未及时处理感染病菌引起的。

#### 2. 流行情况

甲壳溃疡病对幼蟹、成蟹均可造成危害，主要在成蟹养殖后期及越冬期，特别是池塘底质发黑、淤泥较多的情况下易发此病，发病率与死亡率一般随水温的升高而增加。该病的病原菌多、分布广，故流行范围较大，任何养殖水体（包括淡水、咸淡水与海水）均可发生。

#### 3. 主要症状

足部患病处为黑色腐烂，背部和腹部轻者出现白色斑点，斑点中心凹陷，重者出现黑色溃疡并且可见其内部肌肉或组织，不久后出现死亡现象。有些病蟹甲壳出现棕色、红棕色点状病斑，斑点逐步发展连成块，中心部位溃疡，边缘为黑色（图2-5-2）。

图 2-5-2　中华绒螯蟹甲壳溃疡病

#### 4. 防治方法

在养殖过程中可采用以下几种方式进行防治。

（1）放入蟹种前彻底清塘，防止敌害生物对其造成损伤，在捕捉、运输、放养过程中做到轻拿轻放，器具消毒，防止出现人为损伤。

（2）保证池底淤泥厚度为50～100 mm，并在池塘中移植伊乐藻、轮叶黑藻等水生植物。

（3）当池塘出现病害时，要全池泼洒生石灰（15～20 mg/L）进行消毒，并使用磺胺类药物进行内服治疗，3～5 d为1个疗程。

（4）当患病蟹较少时，可使用5％～10％的食盐水浸泡病蟹3～5 min，7 d左右病情明显好转。

### 四、水肿病

#### 1. 病原（因）

水肿病主要是中华绒螯蟹腹部受到损伤，从而被致病菌感染所致。

### 2. 流行情况

水肿病于 5—11 月均有发生，7—9 月为高峰期，主要危害对象是 1 龄幼蟹到成蟹，死亡率高达 80%。

### 3. 主要症状

病蟹腹部、腹脐及背壳下方出现肿大，严重时呈透明状，肛门附近红肿，多于池边趴爬，最后死于浅水处(图 2-5-3)。

图 2-5-3　河蟹水肿病

### 4. 防治方法

(1)在养殖过程中，保证水质清新，多种植水生植物，以便中华绒螯蟹在蜕壳期躲避天敌，避免惊扰。

(2)保证投喂饵料新鲜，及时清除残饵，适当投喂新鲜菜叶。

(3)每 15 d 使用生石灰全池泼洒，浓度为 15～20 mg/L。

(4)当出现水肿病时，可先使用碘制剂等消毒药物全池泼洒，并使用氟苯尼考等抗菌药物进行拌料投喂，7 d 为 1 个疗程。

## 五、肠炎病

### 1. 病原(因)

中华绒螯蟹的肠炎病大多数由细菌引起，主要以养殖时投喂不新鲜或难以消化的饲料为诱因。

### 2. 流行情况

肠炎病主要危害成蟹，4—5 月是发病高峰，放养的 1 龄幼蟹尤为严重(因为绝大多数养殖者在 1 龄蟹种越冬时，都不进行投喂，在春季投饵时间也较晚，常会造成河蟹误食淤泥等，把有害细菌带入肠胃，致使发病)，病蟹的死亡率可达 30%～50%。

### 3. 主要症状

病蟹表现为爬动缓慢无力，食欲下降，肠道发红无内容物，有时口吐黄色液体(图 2-5-4)。

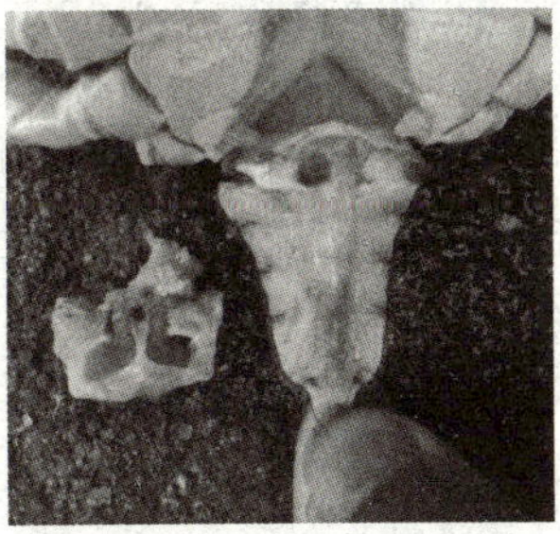

### 4. 防治方法

对于该疾病的防治要做到以下几点。

(1)在饲养阶段，根据中华绒螯蟹的生长状况投喂适口饵料，并且注意投喂饲料的数量和质量。

图 2-5-4　河蟹肠炎

(2)合理开关增氧机，定时进行底质改良也很关键。

(3)定期在饲料中添加维生素 C 并全池泼洒 EM 菌。

(4)可选择硫酸新霉素或大蒜素拌料内服。

# 任务二　中华绒螯蟹寄生虫类疾病防治技术

## 一、固着类纤毛虫

### 1. 病原(因)

固着类纤毛虫疾病的病原主要为钟形虫、累枝虫、聚缩虫等纤毛虫纲的寄生虫，用显微镜可以观察到倒置如钟形或杯状的虫体成串聚集在蟹体感染部位，这些虫的前段具有布满纤毛的口围，尾端吸于蟹体。

### 2. 流行情况

固着类纤毛虫疾病在5—9月均有发生，在水温18～20 ℃时较为严重。水体过肥，水中有机质含量过多的池塘容易感染此病。

### 3. 主要症状

固着类纤毛虫疾病主要感染部位是中华绒螯蟹的鳃部、头胸甲、腹部及4对步足。被感染的蟹体表面较为污浊，可见黄绿色或棕黄色纤毛，行动缓慢，摄食能力下降，对于外界刺激反应力较弱，将濒死或死亡的病蟹腹部打开可发现有黏液富集(图2-5-5、图2-5-6)。

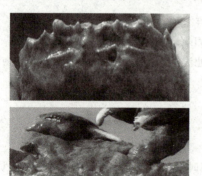

图 2-5-5　中华绒螯蟹固着类纤毛虫体表症状

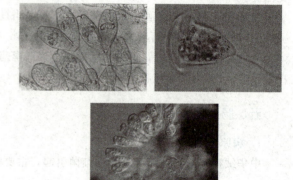

图 2-5-6　固着类纤毛虫(缩聚虫、杯体虫、累枝虫)

### 4. 预防方法

前期预防可以适当减少中华绒螯蟹养殖数量，防止密度过大。投喂饵料时应当视前1 d检查中华绒螯蟹吃料情况适当增减饵料投喂，防止剩余饵料沉积，造成水体透明度下降。疾病出现时可以全池泼洒硫酸锌(避免在中华绒螯蟹蜕壳期使用)，并且配合复合营养钙和大蒜素拌料内服，效果较好。

## 二、蟹奴病

### 1. 病原(因)

蟹奴是一种甲壳动物，在动物分类学上隶属节肢动物门（*Arthropoda*）颚足纲（*Maxillopoda*）蔓足目（*Cirripedia*）蟹奴科（*Sacculinidae*）蟹奴属（*Sacculina*），寄生性甲壳动物，寄生于十足目的蟹类体内。

### 2. 流行情况

蟹奴病出现在每年6—9月，8月时最为明显。

### 3. 主要症状

患有蟹奴病的螃蟹腹部臃肿，打开可见乳白色或半透明状的虫体寄生，外表坚硬，被感染的雄性蟹蟹脐肿大，从脐部无法辨别其雌雄。蟹奴虫体分为两个部分，一部分凸出肉眼可见，其中包括柄部和卵育囊；另一部分为分支状细管，深入蟹体。蟹奴在含盐量1%以上的咸淡水中极易繁殖，蟹奴幼体时期可以自由活动，此时应当做好预防措施。蟹奴病发生之后要及时进行治疗，被寄生的中华绒螯蟹生长缓慢，由于无法充分利用饵料养分，因此会出现性腺发育不良、蜕壳困难等现象。另外，被寄生的蟹食用时有刺鼻难闻的臭气，无法上市买卖，对养殖户造成巨大经济损失(图2-5-7)。

图 2-5-7　中华绒螯蟹蟹奴病

### 4. 防治方法

预防该疾病可采取以下措施。

(1)放养蟹苗蟹种之前要彻底清塘。

(2)在选择苗种时，如有发现蟹奴及时挑出并进行消毒处理。

(3)每日寻塘应检查蟹体，及早发现病害。

病害发生时可以采取以下措施。

(1)将已经感染的病蟹转移至淡水，防止蟹奴扩散。

(2)对发病或有病害征兆的池塘进行彻底换水，并注入盐度小于1‰的新水。

(3)可以在池塘中混养一些鲤鱼或乌鳢抑制蟹奴幼体数量。

# 任务三　中华绒螯蟹其他类型疾病防治技术

## 一、蜕壳不遂病

### 1. 病原(因)

蜕壳不遂病是中华绒螯蟹的一种常见疾病，出现蜕壳不遂现象大概率是在养殖过程中缺乏矿物质元素造成的。

### 2. 流行情况

蜕壳不遂病多发生于幼蟹时期，但个体较大的螃蟹在受到干露胁迫后也容易发生该疾病。

课件：中华绒螯蟹其他类型疾病防治技术

### 3. 主要症状

病蟹一般周身发黑，蜕壳时，头胸甲后缘与腹部交界处会出现裂口，最终因不能蜕出旧壳而死亡(图 2-5-8)。

### 4. 防治方法

该疾病防治措施如下。

(1)保持良好水质：溶解氧 5 mg/L 以上，pH 值为 7.5～8.5，水体透明度为 60 cm 以上。

(2)保持水草覆盖面：水草表面和水草丛中是河蟹蜕壳的最佳场所，所以，河蟹养殖池的水草覆盖面应该达到 50%～60%。

(3)保持优质饵料，补钙：河蟹生长除需要大量的蛋白质、脂肪、碳水化合物、维生素外，还需要大量的钙、磷、铁等元素。

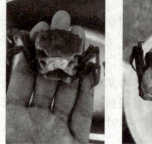

图 2-5-8 中华绒螯蟹退壳不遂死亡

## 二、青泥苔

### (一)病原(因)

青泥苔又称为丝状藻类，是水绵、双星藻和转板藻的总称。春季随着水温的上升，丝状藻类在池塘浅水处开始萌发，长成一缕缕绿色细丝，附着在池底或像网一样悬浮在水中。其发病原因主要是饲养密度过大，长期不换水或水源质量差，饲料投喂过多，导致残饵与排泄物污染水质等。

### (二)流行情况

青泥苔常发生在 4—5 月，当病害发生后，如不能正确使用药物，可致蟹池藻类大批死亡，水体造氧功能降低。

### (三)主要症状

青泥苔可附着于蟹的颊部、额部、步足基关节处及鳃上，当丝状藻与聚缩虫等丛生在一起时，就会在蟹体表面形成一层绿色或黄绿色棉花状的绒毛，导致蟹活动困难，摄食减少，严重时可堵塞蟹的出水孔，引起窒息死亡(图 2-5-9)。

图 2-5-9 中华绒螯蟹养殖青泥苔爆发

### (四)防治方法

### 1. 预防方法

(1)彻底清塘。清塘前，将池塘水排干，清除多余的淤泥，淤泥的厚度控制在 15 cm 以内，然后晒塘 20 d 左右。清塘时，用硫酸铜(1.5 kg/亩)化水全池泼洒，一周后注水，水位达到 15 cm，再用生石灰(50～75 kg/亩)化水全池均匀泼洒。通过此方法处理，可有效降低青苔数量。

(2)低温肥水。放苗前后，及时肥水可促进硅藻、绿藻等藻类和水草生长，有益藻能通过营养竞争、降低水体透明度抑制青苔生长。

(3)提升水位。随着伊乐草生长，逐步加深水位，降低水体透明度，控制青苔繁殖。通常，环沟水位在 3 月不低于 30 cm，4 月不低于 40 cm，5 月不低于 50 cm。

### 2. 治疗方法

(1)少量青苔处理。采用生态抑制青苔方案，主要通过肥水实现，养殖前期，水温低，藻类酶活弱，不易利用无机肥。此时，可采用生物肥加枯草芽孢杆菌进行有效低温肥水。

(2)大量青苔处理。当塘口有大量青苔时，仅通过捞除方式，青苔数量难以得到有效控制。可使用腐殖酸钠进行遮光处理，抑制青苔的光合作用致使其死亡。

目前，市面上销售的杀青苔药物对河蟹及水草毒理作用还不够清晰，建议处理青苔前注意以下几点：依据产品说明进行用量；使用后，观察药物对河蟹、螺蛳及水草的影响，一旦发现异常，立即停止用药；青苔被控制后，及时采取肥水工作，防止复发。

# 📦 项目实施

## 中华绒螯蟹病害防治技术

### 一、明确目的

1. 了解中华绒螯蟹病害防治的基本原则和技术措施。

2. 能观察中华绒螯蟹的外部形态特征和内部组织器官的变化，对常见病害进行诊断，并制订防治方案。

3. 培养严谨认真的工作态度，提高对中华绒螯蟹病害防治的实践能力。

### 二、工作准备

#### (一)引导问题

1. 中华绒螯蟹常见疾病有哪些？如何诊断？

_____

_____

_____

2. 中华绒螯蟹病害防治中应注意哪些事项？

_____

_____

_____

_____

## (二)确定实施方案

小组讨论，制订实施方案，确定人员分工(表 2-5-1)。

**表 2-5-1　方案设计表**

| 组长 | | | | 组员 | | |
|---|---|---|---|---|---|---|
| 学习项目 | | | | | | |
| 学习时间 | | | 地点 | | 指导教师 | |
| 准备内容 | 样品 | | | | | |
| | 工具 | | | | | |
| | 器皿 | | | | | |
| 具体步骤 | | | | | | |
| 任务分工 | 姓名 | | 工作分工 | | | 完成效果 |
| | | | | | | |
| | | | | | | |
| | | | | | | |
| | | | | | | |
| | | | | | | |

## (三)所需样品、工具和器皿准备

请按表 2-5-2 列出本工作所需的样品、工具和器皿。

**表 2-5-2　中华绒螯蟹病害防治技术所需的样品、工具和器皿**

| 样品 | 名称 | 规格 | 数量 | 已准备 | 未准备 | 备注 |
|---|---|---|---|---|---|---|
| | | | | | | |
| 工具 | 名称 | 规格 | 数量 | 已准备 | 未准备 | |
| | | | | | | |
| 器皿 | 名称 | 规格 | 数量 | 已准备 | 未准备 | |
| | | | | | | |
| 其他准备工作 | | | | | | |

### 三、实施过程

"中华绒螯蟹病害防治技术"任务实施过程见表 2-5-3。

**表 2-5-3 "中华绒螯蟹病害防治技术"任务实施过程**

| 环节 | 操作及说明 | 注意事项及要求 |
|---|---|---|
| 1 | 收集中华绒螯蟹病害防治的相关资料，了解常见疾病的症状和诊断方法 | 认真观察，组员们相互讨论，并确定 |
| 2 | 学习并掌握药物使用原则和方法，包括选择合适的药物、确定剂量、给药时间和方式等 | |
| 3 | 针对不同的疾病，制订防治方案，包括药物治疗、环境改善、饲料调整等措施 | |
| 4 | 整理现场 | 按规范要求，对实施场所进行整理清场后填写回收记录单 |

### 四、评价与总结

#### (一)评价

根据项目实施情况，学生自评、学生互评和教师评价相结合，进行综合评价(表 2-5-4)。

**表 2-5-4 学生综合评价表**　　　　　　　　　年　月　日

| 评价标准及分值 | | 学生自评 | 学生互评 | 教师评价 |
|---|---|---|---|---|
| 学习与工作态度<br>(5分) | 态度端正，严谨、认真，遵守纪律和规章制度 | | | |
| 职业素养<br>(10分) | 程序规范；热爱劳动、崇尚技能；耐心细致、精益求精；团结合作、不断创新 | | | |
| 制订方案<br>(10分) | 按要求查阅资料，参与方案的制订，能协调解决实际问题 | | | |
| 工作准备<br>(5分) | 能选择适宜的场地，并准备好所需样品、工具和器皿等 | | | |
| 中华绒螯蟹<br>病害防治技术<br>(40分) | 了解中华绒螯蟹病害防治的基本原则和技术措施；能观察中华绒螯蟹的外部形态特征和内部组织器官的变化，对常见病害进行诊断，并制订防治方案 | | | |
| 原始记录和报告<br>(10分) | 真实、准确、无涂改，书写整洁，格式符合规范要求 | | | |
| 场地清整<br>(10分) | 将所用器具整理归位，场地清理干净 | | | |
| 工作汇报<br>(10分) | 如实准确，有总结、心得和不足及改进措施 | | | |
| 总分 | | | | |

### (二)总结汇报

1. 分小组制作 PPT、Word 工作总结，提交工作报告。
2. 小组成员互相讲解，并推荐一名成员向全班汇报。

知识拓展

**南京师范大学专家找到河蟹"颤抖病"防控良方**

## 课后习题

### 一、选择题

1. 某河蟹养殖场 7 月初发现病蟹，检查腹部略显臃肿，打开脐盖可见 2～5 mm、厚约为 1 mm 的乳白色或半透明粒状虫体寄生于附肢或胸板上，该病可能是(　　)。

  A. 蟹奴病　　　　　　B. 鳃病　　　　　　　C. 虾疣虫病　　　　D. 鱼怪

2. 固着类纤毛虫是中华绒螯蟹养殖中常见的寄生虫类病害，下列病原中(　　)属固着类纤毛虫。

  A. 毛管虫　　　　　　B. 车轮虫　　　　　　C. 累枝虫　　　　　D. 本尼登虫

3. 中华绒螯蟹细菌性肠炎病，可使用(　　)拌料内服进行治疗。

  A. 青蒿素　　　　　　B. 硫酸铜　　　　　　C. 氯化钠　　　　　D. 大蒜素

### 二、判断题

1. 弧菌病在中华绒螯蟹育苗和饲养阶段均会发生，多流行于夏秋高温季节。　　　　(　　)

2. 在目前研究中推测黑鳃病可能由多种细菌引发，资料记载从病蟹体内分离出的细菌种类有弧菌属、球菌属、假单胞属和气单胞属等。　　　　(　　)

3. 蜕壳不遂是中华绒螯蟹的一种常见疾病，出现蜕壳不遂现象大概率是在养殖过程中缺乏矿物质元素造成的。　　　　(　　)

### 三、简答题

简述河蟹固着类纤毛虫病的防治方法。

拓展项目：中华绒螯
蟹的捕捞与运输

# 模块三　鳜鱼生态养殖技术

模块三导学视频

# 项目一　鳜鱼的生物学特性

**鳜鱼的养殖前景**

"西塞山前白鹭飞，桃花流水鳜鱼肥"，提起鳜鱼，不禁让人想起唐代诗人张志和的这首词。鳜鱼是世界上的名贵淡水鱼类，是中国"四大淡水名鱼"之一，其肉质丰厚坚实，细嫩丰满，肥厚鲜美，肉刺少，富含蛋白质，脂肪含量低，可补五脏、益脾胃、充气胃、疗虚损，适用于气血虚弱体质，可治虚劳体弱、肠风下血等病症，故为鱼种之上品。明代医药学家李时珍将鳜鱼(鳌花鱼)誉为"水豚"，意指其味鲜美如河豚。另有人将其比成天上的龙肉，说明鳜鱼的风味的确不凡。

随着人们对高档名贵水产品需求的不断增加，鳜鱼市场需求不断增大，同时国内外市场都期望质量要稳步提高，特别是要按照无公害水产品生产的标准组织生产。因此，鳜鱼健康生态养殖产业发展前景广阔。

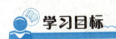

**知识目标**

1. 掌握鳜鱼的习性和食性。

2. 熟悉鳜鱼的繁殖特性。

3. 了解鳜鱼的形态特征。

**能力目标**

1. 明确鳜鱼的习性和食性。

2. 理解鳜鱼的繁殖特性。

**素养目标**

1. 具有高度的社会责任感、良好的职业道德和诚信品质。

2. 具备发现问题、分析问题和解决问题的基本能力。

3. 具有严谨、踏实的工作作风和实事求是的工作态度，以及创新思维和创新创业能力。

4. 培养学生吃苦耐劳、独立思考、团结协作、勇于创新的精神。

# 任务一  鳜鱼的分类地位和形态特征

## 一、鳜鱼的分类地位

鳜鱼俗称翘嘴鳜、桂花鱼、季花鱼、桂鱼等，属鲈形目鮨科鳜亚科鳜属。该属还有大眼鳜、斑鳜、波纹鳜、暗鳜、高体鳜、柳州鳜等。其中，以鳜、大眼鳜、斑鳜最常见。鳜鱼因其生长快、肉味鲜美，养殖综合效益高，而成为养殖的主要品种（图 3-1-1）。

图 3-1-1  常见的鳜属鱼类

（a）斑鳜；（b）大眼鳜；（c）鳜（翘嘴鳜）

## 二、鳜鱼的形态特征

鳜鱼体高而侧扁，背部隆起，体长为体高的 3 倍左右。鳞为细小圆鳞，侧线沿背弧向上弯曲，颈部、鳃盖及腹面在鳍之前均被鳞（图 3-1-2）。

鳜鱼眼较大，侧上位。口大端位，口裂略斜，下颌凸出，上颌骨延伸至眼后缘。前鳃盖骨后缘有锯齿，鳃盖骨后缘有两个扁平的棘。上下前颌前部有犬齿状小齿，背鳍发达，有 12 根坚硬的棘；胸鳍圆形；腹鳍近胸部，尾鳍呈扁圆形。体金黄色，腹部灰白色。

视频：鳜鱼的分类
地位和形态特征

课件：鳜鱼的分类
地位和形态特征

鳜鱼体侧具有不规则的暗棕色斑点及斑块。自吻端穿过眼眶至背鳍前下方有 1 条黑色的带纹，在背鳍下方，有 1 条较宽的暗棕色的垂直带纹。奇鳍上均有暗棕色的斑点连成带纹。

图 3-1-2  鳜鱼的形态特征

鳜和大眼鳜形态特征十分相似，但眼睛、吻端至背鳍的条纹、体侧斑条、幽门垂的数量等方面存在一定的区别（表 3-1-1）。

表 3-1-1  鳜和大眼鳜形态特征比较

| 部位 | 鳜 | 大眼鳜 |
| --- | --- | --- |
| 眼睛 | 较小 | 较大 |

| 部位 | 鳜 | 大眼鳜 |
|---|---|---|
| 吻端至背鳍的条纹 | 自吻端穿过眼部至背鳍基部下方有一斜形褐色条纹 | 斜形褐色条纹不达吻端 |
| 体侧斑条 | 体两侧有一较宽的与体轴相垂直的褐色斑条 | 无 |
| 幽门垂 | 132～323 | 68～95 |

以上是鳜鱼的一般形态特征，另外，鳜鱼雌鱼和雄鱼存在着一些不同的形态特征，用于其鉴别。

### 三、鳜鱼雌雄形态特征差异（雌雄外形鉴别特征）

#### 1. 看下颌

(1)雌性鳜鱼：下颌前端呈圆弧形，超过上颌不多，即下颌短而钝。

(2)雄性鳜鱼：下颌前端呈三角形超过上颌很多，即下颌长而尖。

#### 2. 看生殖凸起上的开孔

鳜鱼肛门的后面有一白色圆柱状小凸起，在这生殖凸起上，雌鱼有两个孔，生殖孔开口于生殖凸起的中间，呈"一"字形，泄尿孔开口于生殖凸起的顶端；而雄鱼的生殖孔和泄尿孔重合为泄殖孔，开口于生殖凸起的顶端，呈圆形。

## 任务二　鳜鱼的生活习性和食性

### 一、鳜鱼的生活习性

#### 1. 鳜鱼自然生活的水体

鳜鱼属于完全淡水生活的鱼类，喜欢栖息于江河、湖泊、水库等水草茂盛、水质清新、溶氧充足的水体中，尤其喜欢生活在水底有石块、树根的场所。生活的适宜水温为 15～32 ℃。

视频：鳜鱼的生活习性和食性

#### 2. 栖息习性

鳜鱼一般生活在静水或缓急的水体中的底层，冬季常常在深水处和洞穴中越冬，一般不完全停止摄食。春季天气转暖时，鳜鱼则游向岩岸浅水区觅食。此时的雌雄鱼白天都有侧卧在湖底下陷处的卧穴习性，夜间在水草丛中活动、觅食（图3-1-3）。

课件：鳜鱼的生活习性和食性

图 3-1-3　鳜鱼的栖息习性

生殖季节的亲鱼集群到产卵场进行产卵，溯水游向水岸、湖泊支流的浅滩或较浅处的水草中产卵，幼鱼喜欢在沿岸的水草丛中游动、觅食。

### 二、鳜鱼的食性

#### 1. 典型的肉食性

鳜鱼是典型的肉食性凶猛鱼类：

在鱼苗出膜 4～5 d 后，待体内卵黄吸收，便须摄食其他鱼类的鱼苗，并终生以活鱼虾为食（图 3-1-4）。

图 3-1-4　鳜鱼的食性

#### 2. 食物种类

鳜鱼在天然水域中，食性随生长阶段变化。幼鱼期至体长 20 cm 以内，主要摄食虾类、鳑鲏等小型鱼类；体长超 25 cm 后，则以鲤、鲫等大型鱼类为食。鳜鱼捕食饵料鱼虾时，有先小后大、先弱后强的习性。在饵料丰富的养殖条件下，常选择体形细长、鳍条柔软、个体小的鱼类为食。鱼苗阶段能吞食相当于自身体长 70%～80% 其他养殖鱼类的鱼苗，成鳜后易吞食的最大饵料鱼的长度为本身长度的 60%，而以 26%～36% 者适口性较好。

#### 3. 摄食的季节变化

鳜鱼在 1—2 月摄食强度较差，6—7 月摄食强度最为旺盛。生殖季节强度稍有下降，冬季摄食很少，当水温低于 7 ℃时，鳜鱼几乎停止摄食。

#### 4. 进食方式

鳜鱼是比较凶猛的捕食，简称猛扑式，鳜鱼常常隐蔽在阴暗的地方，等待着小鱼、泥鳅的到来，一旦发现，就猛扑进食。

# 任务三　鳜鱼的生长和繁殖特性

### 一、鳜鱼的生长特性

鳜鱼在湖泊中当年达 120 g 左右，2 龄达 300 g 左右，3 龄达 800 g 左右。人工养殖当年个体为 200～600 g。

鳜鱼的生长速度还存在着雌雄差别。雄性鳜鱼第一年生长比雌鱼快，从第二年开始情况完全相反，雌鱼的体长和体重的增长均超过雄鱼。

### 二、鳜鱼的繁殖特性

#### 1. 繁殖季节

鳜鱼能在水库、湖泊、江河中自然繁殖。不同的地区，繁殖季节有所差异。长江流域每年 5 月中旬至 6 月上旬，华南地区为每年 4—8 月，黑龙江流域为每年 6 月中旬至 7 月下旬（图 3-1-5）。

视频：鳜鱼的生长和繁殖特性

课件：鳜鱼的生长和繁殖特性

### 2. 鳜鱼性成熟年龄和体重

鳜鱼通常雄鱼 1～2 龄，雌鱼 2～3 龄性成熟，成熟雄鱼和雌鱼体重均达 160 g 以上。

### 3. 鳜鱼产卵特性

在自然状态下，鳜鱼偏好于水流平缓的环境进行产卵繁衍。它们的产卵场，多选址于湖泊中带有一定流速的进水口区域，每当雨后水位上涨的夜晚，便是鳜鱼最为活跃的产卵时段。

图 3-1-5　鳜鱼的繁殖特性

长江流域水温在 20 ℃以上即产卵，6 月上旬至 7 月上旬是鳜鱼产卵盛期。鳜鱼的产卵量一般为 2.8 万～21.4 万粒。

产卵前，鳜鱼亲鱼表现出集群的特性，产卵时，性成熟的鳜鱼成对地在水面激烈游动追逐，常在水面上形成浪花，然后在水体下层分批产卵及排精，精卵结合，完成自然受精过程。

产卵的适宜水温为 20～30 ℃，产卵最适合水温为 23～25 ℃，产卵活动一般在夜晚进行。

鳜鱼的卵粒较小，呈圆球状，橙黄色或青黄色，卵膜较厚，透明，富有弹性，受精卵比重略大于水，在静水状态时下沉，流水中则呈漂浮状态，为半漂浮性卵。

### 4. 胚胎发育

鳜鱼受精卵的卵裂方式与其他硬骨鱼类相似，为盘状卵裂，胚胎发育过程可划分为 6 个阶段，即受精卵阶段、卵裂阶段、囊胚期、原肠胚阶段、神经胚阶段和器官形成至孵化阶段。一般受精后 56 h 左右，胚体剧烈扭动，卵膜逐渐变薄，弹性减弱，仔鱼陆续脱膜孵出。

## 🧰 项目实施

#### 鳜鱼和大眼鳜鱼的鉴别

强化训练养殖鳜鱼和其他鳜鱼的外形区分。

### 一、明确目的

1. 会观察鳜鱼和大眼鳜鱼的外形特征。
2. 能通过外形，鉴别鳜鱼和大眼鳜鱼。
3. 具备严谨认真的工作态度和精益求精的工匠精神。

### 二、工作准备

#### (一)引导问题

1. 鳜鱼和大眼鳜鱼分别具有哪些典型的外形特征？

_____

_____

_____

_____

_____

2. 怎样鉴别鳜鱼和大眼鳜鱼？

_____

_____

_____

### (二)确定实施方案

小组讨论，制订实施方案，确定人员分工(表 3-1-2)。

表 3-1-2　方案设计表

| 组长 | | | | 组员 | | |
|---|---|---|---|---|---|---|
| 学习项目 | | | | | | |
| 学习时间 | | | 地点 | | 指导教师 | |
| 准备内容 | 样品 | | | | | |
| | 工具 | | | | | |
| | 器皿 | | | | | |
| 具体步骤 | | | | | | |
| 任务分工 | 姓名 | | 工作分工 | | | 完成效果 |
| | | | | | | |
| | | | | | | |
| | | | | | | |
| | | | | | | |

### (三)所需样品、工具、器皿和场地的准备

请按表 3-1-3 列出本工作所需的样品、工具、器皿和场地。

表 3-1-3　鳜鱼和大眼鳜鱼的鉴别所需的样品、工具、器皿和场地

| 样品 | 名称 | 规格 | 数量 | 已准备 | 未准备 | 备注 |
|---|---|---|---|---|---|---|
| | | | | | | |
| 工具 | 名称 | 规格 | 数量 | 已准备 | 未准备 | |
| | | | | | | |
| 器皿 | 名称 | 规格 | 数量 | 已准备 | 未准备 | |
| | | | | | | |
| 场地 | 名称 | 规格 | 数量 | 已准备 | 未准备 | |
| | | | | | | |
| 其他准备工作 | | | | | | |

## 三、实施过程

"鳜鱼和大眼鳜鱼的鉴别"任务实施过程见表 3-1-4。

**表 3-1-4  "鳜鱼和大眼鳜鱼的鉴别"任务实施过程**

| 环节 | 操作及说明 | 注意事项及要求 |
|------|------------|----------------|
| 1 | 鳜鱼的外形特征观察和分析 | 认真观察，组员们相互讨论，并确定 |
| 2 | 大眼鳜鱼的外形特征观察和分析 | |
| 3 | 鳜鱼和大眼鳜鱼的鉴别 | |
| 4 | 如实记录实施过程现象和实施结果，撰写实施报告 | |
| 5 | 整理现场 | 按规范要求，对实施场所进行整理清场后填写回收记录单 |

## 四、评价与总结

### (一)评价

根据项目实施情况，学生自评、学生互评和教师评价相结合，进行综合评价(表 3-1-5)。

**表 3-1-5  学生综合评价表**　　　　　　　　年　月　日

| 评价标准及分值 | | 学生自评 | 学生互评 | 教师评价 |
|------------------|------|----------|----------|----------|
| 学习与工作态度 (5分) | 态度端正，严谨、认真，遵守纪律和规章制度 | | | |
| 职业素养 (10分) | 程序规范；热爱劳动、崇尚技能；耐心细致、精益求精；团结合作、不断创新 | | | |
| 制订方案 (10分) | 按要求查阅资料，参与方案的制订，能协调解决实际问题 | | | |
| 工作准备 (5分) | 能选择适宜的场地，并准备好所需样品、工具和器皿等 | | | |
| 鳜鱼和大眼鳜鱼的鉴别 (40分) | 会观察和分析鳜鱼和大眼鳜鱼的外形特征，能正确鉴别鳜鱼和大眼鳜鱼 | | | |
| 原始记录和报告 (10分) | 真实、准确、无涂改，书写整洁，格式符合规范要求 | | | |
| 场地清整 (10分) | 将所用器具整理归位，场地清理干净 | | | |
| 工作汇报 (10分) | 如实准确，有总结、心得和不足及改进措施 | | | |
| 总分 | | | | |

### (二)总结汇报

1. 分小组制作 PPT、Word 工作总结，提交工作报告。

2. 小组成员互相讲解，并推荐一名成员向全班汇报。

### 知识拓展

助力千亿鳜鱼产业，带动渔农增收致富

## 课后习题

### 一、选择题

1. 鳜鱼的体长为体高的（　　）倍左右。

  A. 1       B. 2       C. 3       D. 4

2. （　　）鱼因其生长快、肉味鲜美，养殖综合效益高而成为养殖的主要品种。

  A. 波纹鳜     B. 暗鳜      C. 翘嘴鳜

3. （　　）自吻端穿过眼部至背鳍基部下方有一斜形褐色条纹。

  A. 波纹鳜     B. 翘嘴鳜     C. 大眼鳜     D. 暗鳜

4. 鳜鱼一般生活在静水或缓急水体中的（　　）层。

  A. 上层      B. 中上层     C. 中层      D. 中下层     E. 底层

5. 鳜鱼是典型的（　　）。

  A. 植物食性    B. 杂食性     C. 肉食性     D. 滤食性

6. 鳜鱼的开口饵料为（　　）。

  A. 配合饲料    B. 动物内脏    C. 小鱼苗

7. 人工养殖鳜鱼当年个体一般为（　　）g。

  A. 50～100    B. 100～500    C. 200～600    D. 300～700

8. 通常雌鳜鱼性成熟年龄为（　　）龄。

  A. 1～2      B. 2～3      C. 3～4      D. 5～6

### 二、判断题

1. 鳜鱼和大眼鳜都属鲈形目、鮨科、鳜亚科、鳜属。        （　　）

2. 雌性鳜鱼下颌前端呈圆弧形，超过上颌不多，即下颌短而钝。   （　　）

3. 雄性小龙虾钳子的前外缘有一鲜红的薄膜。        （　　）

4. 在天然水域中，鳜鱼幼鱼阶段主要以虾类、鲦鲹等小型鱼类为食。 （　　）

5. 鳜鱼捕食的方式为猛扑式。             （　　）

6. 鳜鱼幼鱼喜欢在水体中央活动、觅食。         （　　）

7. 鳜鱼属于洄游性的鱼类。              （　　）

8. 雌性鳜鱼的生长速度比雄性鳜鱼快。         （　　）

9. 鳜鱼卵为半漂浮性卵。              （　　）

10. 鳜鱼产卵的最适合水温为 23～25 ℃。        （　　）

# 项目二　鳜鱼的人工繁殖技术

## 项目导读

### 鳜鱼的人工繁殖的概况

鳜鱼是驰名中外的淡水名贵鱼类之一，是名特优水产品养殖中最有前途的品种之一。鳜鱼无肌间刺，肉质细嫩，味道鲜美，蛋白质含量高，营养丰富，深受广大消费者的喜爱，是一种高档食用鱼类。我国鳜鱼池塘人工养殖试验始于20世纪50年代，1958年就有不少地区的养殖单位采捕天然鳜鱼鱼苗进行试养。20世纪70年代，江苏、浙江、湖北等省在鳜鱼人工繁殖技术上取得了重大突破，扩大了鳜鱼鱼苗种来源，使人工养殖得到了推广和发展。20世纪80年代末，我国已基本上完善了从人工繁殖、苗种培育到商品鱼饲养的全人工鳜鱼养殖工艺技术。

鳜鱼为典型的肉食性鱼类，终身以活鱼虾为食，当仔鱼孵出并开始摄食时，就必须摄食足量的适口饵料——其他活鱼苗，而并不像一般的鱼苗一样有一个摄食浮游动物的过程。因此，鳜鱼在繁殖过程中，饵料鱼的配套成为关键之一。

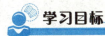

## 学习目标

### 知识目标

1. 熟悉鳜鱼亲鱼的选择方法。
2. 掌握鳜鱼人工催产技术和人工孵化技术。

### 能力目标

1. 明确鳜鱼的生物学特性。
2. 具备对鳜鱼人工催产和人工孵化的能力。

### 素养目标

1. 具有高度的社会责任感、良好的职业道德和诚信品质。
2. 具备从事鳜鱼人工繁殖所必备的基本职业素质。
3. 具备发现问题、分析问题和解决问题的基本能力。
4. 具有吃苦耐劳、独立思考、团结协作、勇于创新的精神和诚实守信的优良品质，具有创新能力，以及竞争与承受的能力。

## 任务一　鳜鱼亲鱼的来源和培养

亲鱼质量的好坏，直接影响鳜鱼人工繁殖的效果，进一步影响苗种质量和成鱼养殖的效益。而亲鱼质量的好坏取决于亲鱼培养环节的把握。

视频：鳜鱼亲鱼的来源和培养

课件：鳜鱼亲鱼的来源和培养

### 一、鳜鱼亲鱼的来源

鳜鱼亲鱼的来源主要有以下两个途径(图 3-2-1)。

图 3-2-1　鳜鱼亲鱼

#### 1. 从天然水域捕捞

从天然水域中捕起体重为 0.25～0.75 kg、全长为 21～31 cm 的亲鳜,运回后经 30～50 d 的短期培育,即可在当年成熟并进行催产。

#### 2. 池塘中培育亲鱼

在池塘中投放鳜鱼,经过精心的饲养管理而获得成熟的亲鱼。

### 二、鳜鱼亲鱼的培养

#### 1. 培养方式

鳜鱼是凶猛的肉食性鱼类,单独培育需投活饵,成本较高。经生产实践与试验,将其套养在家鱼亲鱼培育池中是行之有效的方法。

(1)套养鳜鱼成鱼。在家鱼亲鱼塘中每亩套养 40～50 尾、规格为 500～1 500 g 的鳜鱼亲鱼,亲鱼塘内饵料鱼的总量包括亲鱼塘内天然生长的野杂鱼应接近鳜鱼亲鱼的质量,不足部分适时投喂鲢、鳙鱼种。

家鱼亲鱼池种套养鳜鱼,鳜鱼清除了与家鱼亲鱼争食的野杂鱼的性腺发育。而且因为两种亲鱼的性腺发育基本上是同步的,这样又解决了鳜鱼人工繁殖鳜鱼鱼苗需要大量的开口饵料鱼、鳜鱼鱼苗种培育及鳜鱼鱼苗种培育阶段配套饵料鱼的生产。因此,这个长期困扰着鳜鱼人工繁殖的难题有了一个很好的解决方法。

(2)套养鳜鱼夏花。在家鱼亲鱼培育池中,每亩套养约 30 尾体长 4 cm 以上的鳜鱼夏花,无需额外投喂饵料鱼。到年底,鳜鱼成活率能够达到 80% 左右,平均每尾质量在 400 g 上下,留作后备亲鱼。

#### 2. 日常管理

套养鳜鱼亲鱼的亲鱼池,应按标准配备增氧机,适时增氧,以保证水体充足的溶氧;常年保持水质清新,在夏、秋天气闷热期间要加强巡塘,防止鳜鱼缺氧死亡。

开春之后,定期冲水也是鳜鱼亲鱼培育的一个关键,一般每日要冲水 1 h 左右,以提高鳜鱼的摄食率,刺激鳜鱼的性腺发育。

在繁殖季节前的 2 个月最好将雌雄亲鱼分开进行强化培育。

# 任务二　鳜鱼的人工繁殖技术

## 一、鳜鱼的人工催产

### (一)催产季节

华中、华东地区在 5 月下旬—6 月中旬，适宜水温为 25～28 ℃；在人工培育的条件下，由于环境条件适宜，饵料充足，长江流域在 4 月末卵巢就发育至Ⅳ期。因此，在 5 月初就可以催产；如果等到 5 月下旬家鱼人工繁殖基本结束后催产，由于鳜鱼经常受到拉网惊扰，性腺容易退化，所以此时催产，往往会导致失败。

视频：鳜鱼的
人工催产

### (二)催产亲鱼的选择

应选择体质健壮、无病无伤、性腺发育成熟的亲鱼进行催产，主要根据以下方法和条件进行选择。

#### 1. 根据外观特征来判断

(1)成熟雌鱼：腹部比较膨大，用手轻压腹部，松软而富有弹性，卵巢轮廓明显，腹中线下凹，卵巢下坠后有移动状，生殖孔和肛门稍红、稍凸出，生殖孔松弛。用挖卵器缓慢插入生殖孔，挖出少许卵粒，用透明液浸泡 2～3 min 后，可清楚地看到白色的卵核。如有的卵核已偏位，则表明性腺发育到Ⅳ期中至Ⅳ期末，此时催产可获得较高的催产率。

课件：鳜鱼的
人工催产

(2)成熟雄鱼：生殖孔松弛，生殖孔周围呈微红色，轻压腹部有乳白色精液流出，且精液入水后能立即自然散开。

#### 2. 亲鱼体重和雌雄比例

为提高鳜鱼鱼苗成活率，需选大个体亲本。大个体亲本怀卵量大、卵粒大，孵出的鱼苗也大，开口摄食成功率更高。催产时，雌鱼体重宜选 1～2 kg，雄鱼选 0.5 kg 以上。

动画：鳜鱼成熟
亲鱼的选择

(1)自然受精：雌雄比为 1∶1～1∶1.5。

(2)人工授精：雌雄比例为 1∶1。

### (三)催产剂的种类和剂量

选择好了催产亲鱼，则需选择适宜的催产剂和剂量，鳜鱼亲鱼的人工催产可采用以下催产剂。

(1)PG、HCG、LRH－A(鲤、鲫鱼脑垂体、绒毛膜促性腺激素、促黄体素释放激素类似物)三种混合激素，每千克雌鳜鱼 2 mg PG＋800 IU HCG＋50～100 μg LRH－A。

(2)DOM(地欧酮)、LRH－A，每千克雌鳜鱼 5 mg DOM＋100 μg LRH－A。

以上方法，雄鱼减半。用生理盐水配制成悬浊液，随配随用。

### (四)注射方法

配制好的催产剂，需进行注射，一般采用体腔注射，在胸鳍基部无鳍的凹入部，将针头朝鱼的头部方向与体轴成 45°角，刺入体腔，缓缓注入液体。

鳜鱼的人工催产注射次数，一般采用二次注射法，第一次注射总剂量的30％～35％，第二次注射总剂量的65％～70％，两次注射的时间间隔为12～24 h。如成熟度较好可采用一次注射法。催产早期成熟度差，可采取3次注射法，提前7～10 d打第一针(剂量是总剂量的2％～5％)，其催产剂必须是PG或LRH－A，这样能起到良好的催熟作用，能提高催产率，效果稳定。

## 二、鳜鱼产卵与受精

成熟的鳜鱼亲鱼经过人工催产一定时间后，就会发情、产卵与排精，精、卵结合，完成受精过程。

课件：鳜鱼产卵与受精

### (一)效应时间

效应时间是指从注射激素到发情、产卵的时间。鳜鱼的效应时间的长短和水温、注射催产剂的种类、注射次数、亲鱼年龄、性腺的成熟度及产卵的环境条件等有密切的关系，其中最重要的因素为水温和注射次数。水温高，效应时间短；两次注射短于一次注射。采用一次注射，水温为18～19 ℃时，效应时间为38～40 h；当水温在32～33 ℃时，效应时间为22～24 h。采用二次注射，当水温在20.2～26.0 ℃时，效应时间为16～20 h；

视频：鳜鱼产卵与受精

水温在23.4～27.8 ℃时，效应时间为6～8 h。在生产上可根据效应时间妥善安排好收集鱼卵等工作。

### (二)自然产卵受精

鳜鱼注射激素，到了效应时间，雌雄鱼就会产卵、排精和受精。

#### 1. 适宜的产卵温度

鳜鱼产卵适宜的温度为25～31 ℃。

#### 2. 亲鱼发情产卵

繁殖季节，对成熟亲鱼注射激素后，按照1∶1～1∶1.5的雌雄比例，将其配组放入产卵池，让它们自行交配产卵。期间，持续向池中冲水，在催产剂和水流的双重刺激下，鳜鱼一段时间后便会兴奋发情。起初，几尾鱼聚集顶水游动；随后，雄鱼追逐雌鱼，用身体摩擦雌鱼腹部；高潮时，雌鱼排卵、雄鱼排精，精卵结合完成受精(图3-2-2)。

图 3-2-2　自然产卵受精

### 3. 产卵池

可以利用家鱼产卵池，在产卵池中吊放经过开水煮过的棕片或其他经过消过毒的鱼巢。当达到效应时间时，雌雄鱼在棕片附近互相追逐、产卵，卵产在棕片上，但在微水流的条件下，几乎全部掉入池中，只有极少部分才会粘在棕片上。

如果没有产卵池，也可将注射催产剂后的亲鱼放入筛绢网箱内，经过一段时间，亲鱼照样能自行发情、产卵。待亲鱼产完卵后，就可将亲鱼捕起搬走，再将箱内的鱼卵集中起来，舀入面盆或其他器皿内，移到孵化器中孵化。

因为鳜鱼亲鱼个体大小不同，亲鱼的性腺成熟度也不同，所以产卵开始的时间有早晚，产卵持续时间比较长，需 6～8 h，在这段时间内不要急于排水收卵。

自然产卵方法比较简单易行，亲鱼受伤轻，但受精率比人工授精的方法要低些。

### 4. 产卵池中受精卵的收集

亲鱼发情产卵后，产卵池水面平静，这时需要收集受精卵：一面渐渐排水，一面不断冲水，使鱼卵流入集卵箱内，同时陆续取出卵子放到孵化工具内孵化。收卵工作要及时而快速，以免大量鱼卵积压池底时间过长而窒息死亡。鱼卵基本收集完毕后，可捕出亲鱼。

## (三) 人工授精

当亲鱼已发情，但还未达到高潮时（鳜鱼开始发情之后 15 min），立即拉网捕出亲鱼，将雌鱼腹部朝上，轻压腹部有卵粒流出时，捂住生殖孔，并将鱼表面的水擦净，然后将鱼腹朝下，让卵流入预先擦干净的瓷盆中，同时立即加入雄鱼精液，用羽毛搅拌 1～2 min，使精卵充分混合，然后加入少量清水，再搅拌一下，静置 1 min 后就可放入孵化缸中孵化，如二维码链接的"鳜鱼人工授精"动画所示。

动画：鳜鱼人工授精

人工授精有方便、不用产卵池等特点，要求掌握效应时间，及时进行。

## 三、鳜鱼受精卵的人工孵化

鳜鱼受精卵在适宜条件下进行人工孵化，就可以孵化出鱼苗，用于苗种的培育。

课件：鳜鱼受精卵的
人工孵化

## (一) 胚胎发育

鳜鱼卵属于具有油球的黄色半浮性卵，卵径大小与鳜鱼大小成正相关。排卵时卵径为 0.6～1.1 mm，吸水后为 1.3～2.2 mm。卵黄端位，卵裂方式为盘状卵裂，当水温为 20.2～22.4 ℃时受精经 6 h 40 min 完成卵裂，经 44 h 可见心脏有规律的搏动，胚体在卵膜内上下翻滚，56 h 胚体出膜。

视频：鳜鱼受精卵的
人工孵化

## (二) 孵化设施及密度

鳜鱼卵的孵化设施有孵化环道、孵化缸、孵化桶等（图 3-2-3、图 3-2-4），通常利用孵化家鱼卵的孵化缸（容量在 200 L 左右）或孵化桶，孵化率稳定可靠。这是因为鳜鱼受精卵含有油球，但卵膜厚，卵径小，其浮性较家鱼卵差。一般密度为：容水量为 200 kg 的孵化桶，放置 15 万～20 万粒较为适宜，较家鱼每桶放 60 万粒的密度小得多。

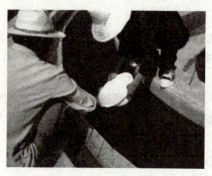
图 3-2-3　孵化环道孵化

图 3-2-4　孵化缸孵化

### （三）孵化管理

#### 1. 受精卵消毒

鳜鱼卵膜较厚，微黏性，孵化期较家鱼略长，更易受到水霉菌的侵袭，这是造成鳜鱼孵化率降低的主要原因之一，为了防止水霉，一般在孵化前用药物浸洗鱼卵，方法有：3‰的福尔马林溶液中浸洗 20 min，或用 5‰～7‰的食盐水浸洗 5 min。

#### 2. 孵化水温

鳜鱼孵化水温为 18～32 ℃，适宜温度范围为 22～28 ℃，最适宜温度为 24～26 ℃，在整个孵化期内，力求保持水温的相对稳定。

#### 3. 孵化水质

孵化用水要过滤，水质清新，无泥沙，含氧量充足。溶氧量不低于 6 mg/L；pH 值以 7.5 左右为宜。

#### 4. 孵化水流

孵化缸中的水的流速不低于 20 cm/s，比孵化家鱼卵时要大，以保证充足的溶氧量，且受精卵漂浮在水中。一般经 3～4 d 可出孵鱼苗。

#### 5. 清除污物

导致鳜鱼孵化率下降的另一主要因素是大量的鳜鱼鱼苗出膜后的卵膜及未受精的卵，它们与嫩弱的幼苗混杂在一起，常导致幼苗缺氧死亡。因此，要及时清除污物。

#### 6. 转桶

孵出的鳜鱼需转移至新的孵化桶内继续孵化。具体操作为：对孵化桶进行间隔停水，停水期间，卵膜和死卵会快速下沉，待鱼苗上浮时，将鱼苗撇至水流量已调节好的新桶内，此操作需反复多次进行，间隔停水时间不宜过长，一般控制在 3～5 min。

还有另外一种方法：暂时停止孵化桶的水流，等鱼苗上浮、污物下沉至桶底后，迅速拔掉孵化桶的进水管，将沉到桶底的污物随水一同放掉，之后要立即接上水管。这两种方法都能确保鳜鱼在孵化期间，孵化桶内水质保持清新，溶氧充足，进而有效提高孵化率。

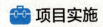 **项目实施**

鳜鱼的人工催产

## 一、明确目的

1. 会选择鳜鱼亲鱼。
2. 能选择催产剂的种类和剂量。
3. 会注射催产剂。
4. 具备严谨认真的工作态度和精益求精的精神。

## 二、工作准备

### (一)引导问题

1. 怎样选择鳜鱼亲鱼?

_____

_____

_____

2. 怎样确定催产剂的种类和剂量?

_____

_____

_____

3. 催产剂注射方法是什么?

_____

_____

_____

_____

4. 写出安全注意事项。

_____

_____

_____

_____

## (二)确定实施方案

小组讨论，制订实施方案，确定人员分工（表 3-2-1）。

### 表 3-2-1　方案设计表

| 组长 | | | 组员 | |
|---|---|---|---|---|
| 学习项目 | | | | |
| 学习时间 | | 地点 | 指导教师 | |
| 准备内容 | 样品 | | | |
| | 工具 | | | |
| | 器皿 | | | |
| | 场地 | | | |
| 具体步骤 | | | | |
| 任务分工 | 姓名 | 工作分工 | | 完成效果 |
| | | | | |
| | | | | |
| | | | | |
| | | | | |

## (三)所需样品、工具、器皿和场地的准备

请按表 3-2-2 列出本工作所需的样品、工具、器皿和场地。

### 表 3-2-2　鳜鱼的人工催产所需的样品、工具、器皿和场地

| 样品 | 名称 | 规格 | 数量 | 已准备 | 未准备 | 备注 |
|---|---|---|---|---|---|---|
| | | | | | | |
| 工具 | 名称 | 规格 | 数量 | 已准备 | 未准备 | |
| | | | | | | |
| 器皿 | 名称 | 规格 | 数量 | 已准备 | 未准备 | |
| | | | | | | |
| 场地 | 名称 | 规格 | 数量 | 已准备 | 未准备 | |
| | | | | | | |
| 其他准备工作 | | | | | | |

### 三、实施过程

"鳜鱼的人工催产"任务实施过程见表3-2-3。

**表 3-2-3 "鳜鱼的人工催产"任务实施过程**

| 环节 | 操作及说明 | 注意事项及要求 |
|---|---|---|
| 1 | 选择鳜鱼亲鱼 | 认真观察，组员们相互讨论，并确定 |
| 2 | 确定催产剂的种类和剂量 | |
| 3 | 注射催产剂 | |
| 4 | 整理现场 | 按规范要求，对实施场所进行整理清场后填写回收记录单 |

### 四、评价与总结

#### (一)评价

根据项目实施情况，学生自评、学生互评和教师评价相结合，进行综合评价(表3-2-4)。

**表 3-2-4 学生综合评价表**　　　　　　　　年　　月　　日

| 评价标准及分值 | | 学生自评 | 学生互评 | 教师评价 |
|---|---|---|---|---|
| 学习与工作态度<br>(5分) | 态度端正，严谨、认真，遵守纪律和规章制度 | | | |
| 职业素养<br>(10分) | 程序规范；热爱劳动、崇尚技能；耐心细致、精益求精；团结合作、不断创新 | | | |
| 制订方案<br>(10分) | 按要求查阅资料，参与方案的制订，能协调解决实际问题 | | | |
| 工作准备<br>(5分) | 能选择适宜的场地，并准备好所需样品、工具和器皿等 | | | |
| 鳜鱼的人工催产<br>(40分) | 会选择鳜鱼亲鱼，能确定催产剂的种类和剂量，能正确注射催产剂 | | | |
| 原始记录和报告<br>(10分) | 真实、准确、无涂改，书写整洁，格式符合规范要求 | | | |
| 场地清整<br>(10分) | 将所用器具整理归位，场地清理干净 | | | |
| 工作汇报<br>(10分) | 如实准确，有总结、心得和不足及改进措施 | | | |
| 总分 | | | | |

### (二)总结汇报

1. 分小组制作 PPT、Word 工作总结，提交工作报告。
2. 小组成员互相讲解，并推荐一名成员向全班汇报。

知识拓展

科技赋能鳜鲈鱼繁育助力乡村振兴

## 课后习题

### 一、选择题

1. 鳜鱼亲鱼一般不从(　　)途径获得。

　　A. 从天然水域捕捞　　B. 池塘中培育　　　　C. 市场中购买

2. 在鳜鱼卵巢迅速生长发育的季节，每日要冲水(　　)h 左右，以刺激鳜鱼的性腺发育。

　　A. 0.5　　　　　　　　　　　　　　　　　　B. 1

　　C. 2　　　　　　　　　　　　　　　　　　　D. 3

3. 在家鱼亲鱼塘中每亩可套养(　　)尾，规格为 500~1 500 g 的鳜鱼进行鳜鱼亲鱼的培养。

　　A. 20~30　　　　　　　　　　　　　　　　B. 30~40

　　C. 40~50　　　　　　　　　　　　　　　　D. 50~60

4. 鳜鱼性腺发育到(　　)时期进行催产可获得较高的催产率。

　　A. Ⅱ期中至Ⅱ期末　　　　　　　　　　　　B. Ⅲ期中至Ⅲ期末

　　C. Ⅳ期中至Ⅳ期末　　　　　　　　　　　　D. Ⅴ期

5. 鳜鱼自然受精的雌雄比一般为(　　)。

　　A. 1∶1　　　　　　　　　　　　　　　　　B. 1∶1~1∶1.5

　　C. 1∶1~1.5∶1　　　　　　　　　　　　　D. 1∶2

6. 向鳜鱼体腔注射催产剂，注射角度一般为(　　)。

　　A. 25°　　　　　　　　　　　　　　　　　　B. 35°

　　C. 45°　　　　　　　　　　　　　　　　　　D. 55°

7. 容水量为 200 kg 的孵化桶，放入(　　)万粒受精卵进行人工孵化较为适宜。

　　A. 10~15　　　　　　　　　　　　　　　　B. 15~20

　　C. 20~30　　　　　　　　　　　　　　　　D. 30~40

8. 鳜鱼受精卵人工孵化最适宜温度为(　　)℃。

　　A. 20~23　　　　　　　　　　　　　　　　B. 24~26

　　C. 26~28　　　　　　　　　　　　　　　　D. 29~31

9. 鳜鱼鱼苗转桶前孵化桶间隔停水的时间一般为（    ）min。

    A. 1～3                           B. 3～5

    C. 5～7                           D. 7～9

## 二、判断题

1. 套养鳜鱼亲鱼的亲鱼池应按标准配备增氧机，适时增氧。 （    ）

2. 鳜鱼人工催产，雌雄的催产剂量一般相同。 （    ）

3. 效应时间是指从注射激素到亲鱼发情，产卵的这段时间 （    ）

## 三、综合考核

围绕"一条鱼人工繁殖"工程，对鳜鱼亲本催产、苗种培育、水质调控和饵料培育等环节进行问题小试验探索、视频拍摄、PPT 制作和学术论文撰写及课堂汇报等环节进行全面考核，培养学生创业意识、实践技能和综合素质，深入理解和领悟"蓝色粮仓—优质蛋白源—水产养殖"的重要性与战略性。

# 项目三　鳜鱼的苗种培育技术

**项目导读**

### 鳜鱼苗种培育对成鱼养殖影响的重要性

鳜鱼苗种培育，是鳜鱼养殖中的关键环节之一，是鳜鱼成鱼养殖的基础，也是目前鳜鱼养殖的薄弱环节。因为鳜鱼鱼苗是以活鱼苗为开口饵料的，其苗种培育具有独特性，技术要求高，成本也相应较高。若培育技术不当，就会前功尽弃。因此，鳜鱼苗种培育技术的好坏直接关系到鳜鱼养殖效益的高低和鳜鱼养殖的整体养殖效果，必须高度重视。

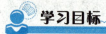

**学习目标**

**知识目标**

1. 熟悉鳜鱼苗种的适口饵料规格及日摄食量。

2. 掌握鳜鱼苗种培育的关键技术。

**能力目标**

1. 能根据鳜鱼苗种的规格选择适口饵料和日摄食量。

2. 具备培育鳜鱼苗种的能力。

**素养目标**

1. 具有高度的社会责任感、良好的职业道德和诚信品质。

2. 具备从事鳜鱼苗种培育所必备的基本职业素质。

3. 具备发现问题、分析问题和解决问题的基本能力。

## 任务一　苗种的适口饵料及日摄食量

饵料是苗种生活、生长与繁殖的物质基础和能量基础。苗种的适口饵料及日摄食量是否适宜，直接影响到鳜鱼鱼苗种培育的效果。

视频：苗种的适口饵料及日摄食量　　　课件：苗种的适口饵料及日摄食量

### 一、4.90～7 mm 鳜鱼鱼苗的适口饵料及日摄食量

开食的鳜鱼鱼苗全长为 4.90 mm，口裂宽为 0.55～0.60 mm，开口饵料鱼以出膜后 1～3 d 的团头鲂苗为理想。

鳜鱼从开口阶段（4.90～7 mm）为鳜鱼开口期，一般为 4～6 d，开口期鳜鱼饵料鱼种类、规格和日摄食量见表 3-3-1。

表 3-3-1　4.90～7 mm 鳜鱼饵料鱼种类、规格和日摄食量

| 鳜鱼日龄 | 全长/mm | 饵料鱼种类 | 日摄食量(尾/日,尾) |
|---|---|---|---|
| 3 | 4.90～5.50 | 团头鲂 | 2 |
| 4 | 5.00～5.15 | 团头鲂 | 3～4 |
| 5 | 5.20～6.00 | 团头鲂或草鱼水花 | 4～6 |
| 6 | 6.10～6.80 | 草鱼水花 | 4～7 |

## 二、7～17 mm 鳜鱼鱼苗的适口饵料及日摄食量

7 mm 以上鳜鱼可以摄食任何家鱼水花,这一阶段适口饵料鱼种类、规格及日摄食量见表 3-3-2。

表 3-3-2　7～17 mm 鳜鱼饵料鱼种类、规格和日摄食量

| 鳜鱼日龄 | 全长/mm | 饵料鱼种类 | 饵料鱼全长/mm | 饵料鱼体重/mg | 日摄食量(尾/日,尾) | 鳜鱼日龄 | 全长/mm | 饵料鱼种类 | 饵料鱼全长/mm | 饵料鱼体重/mg | 日摄食量(尾/日,尾) |
|---|---|---|---|---|---|---|---|---|---|---|---|
| 7 | 7.00～7.20 | 草鱼水花 | 7.00～7.50 | 1.8～2.0 | 5～8 | 12 | 12.70 | 鲢、鳙水花 | 8.00～8.50 | 3.0～4.0 | 6～9 |
| 8 | 8.00 | 同上 | 7.00～7.50 | 同上 | 6～8 | 13 | 13.60 | 鲢、鳙 | 9.00～10.00 | 4.0～8.0 | 5～7 |
| 9 | 9.20 | 同上 | 7.00～8.00 | 2.0～3.0 | 5～8 | 14 | 14.80 | 同上 | 9.50～10.50 | 5.0～10.08 | 5～7 |
| 10 | 10.20 | 鲢、鳙水花 | 8.00～8.50 | 3.0～4.0 | 5～8 | 15 | 15.90 | 同上 | 10.50～11.50 | 8.50～16.0 | 5～7 |
| 11 | 11.50 | 同上 | 同上 | 同上 | 6～9 | 16 | 17.00 | 草鱼、鳙鱼 | 11.50～14.00 | 16.0～40.0 | 5～7 |

## 三、17～27 mm 鳜鱼鱼苗的适口饵料及日摄食量

在夏花鱼种阶段,鳜鱼的养殖难度极大。这一时期,鳜鱼生长迅速,因而对饵料鱼的规格与数量有着极高要求。它们必须每日摄食充足,一旦无法满足,就极易死亡。这一阶段适口饵料鱼种类、规格及日摄食量见表 3-3-3。

表 3-3-3　17～27 mm 鳜鱼饵料鱼种类、规格和的日摄食量

| 鳜鱼日龄 | 全长/mm | 饵料鱼种类 | 饵料鱼全长/mm | 饵料鱼体重/mg | 日摄食量(尾/日,尾) | 鳜鱼日龄 | 全长/mm | 饵料鱼种类 | 饵料鱼全长/mm | 饵料鱼体重/mg | 日摄食量(尾/日,尾) |
|---|---|---|---|---|---|---|---|---|---|---|---|
| 16 | 17.00 | 草鱼 | 11.50～14.00 | 20.0～40.0 | 6～8 | 18 | 19.50 | 草鱼 | 12.00～14.00 | 25.0～40.0 | 4～6 |
| 17 | 18.20 | 草鱼 | 12.00～14.00 | 25.0～40.0 | 4～6 | 19 | 10.20 | 草鱼 | 13.00～16.00 | 30.0～60.0 | 4～6 |

| 鳜鱼日龄 | 全长/mm | 饵料鱼种类 | 饵料鱼全长/mm | 饵料鱼体重/mg | 日摄食量(尾/日,尾) | 鳜鱼日龄 | 全长/mm | 饵料鱼种类 | 饵料鱼全长/mm | 饵料鱼体重/mg | 日摄食量(尾/日,尾) |
|---|---|---|---|---|---|---|---|---|---|---|---|
| 20 | 22.00 | 草鱼 | 13.00~16.00 | 30.0~60.0 | 5~7 | 22 | 25.50 | 同上 | 15.00~18.00 | 50.0~80.0 | 5~6 |
| 21 | 23.60 | 草鱼、野杂鱼 | 14.00~16.00 | 40.0~60.0 | 4~6 | 23 | 27.40 | 同上 | 16.00~20.00 | 70.0~140.0 | 4~6 |

### 四、27~100 mm 鳜鱼适口饵料鱼及日摄食量

这个阶段鱼体已较大,其适口饵料种类扩大,各种家鱼种夏花均可作为饵料鱼。这一阶段鳜鱼适口饵料鱼种类、规格和日摄食量见表 3-3-4。

表 3-3-4 27~100 mm 鳜鱼饵料鱼种类、规格和日摄食量

| 鳜鱼全长/mm | 适口饵料鱼规格/mm | 日摄食量(尾/日,尾) | 鳜鱼全长/mm | 适口饵料鱼规格/mm | 日摄食量(尾/日,尾) |
|---|---|---|---|---|---|
| 27.00 | 15.00~22.00 | 4~3 | 60.00 | 25.00~45.00 | 3~6 |
| 33.00 | 20.00~25.00 | 4~6 | 80.00 | 35.00~55.00 | 3~6 |
| 40.00 | 20.00~30.00 | 4~8 | 100.00 | 40.00~65.00 | 3~6 |
| 50.00 | 25.00~35.00 | 4~6 | | | |

## 任务二 鳜鱼的鱼苗培育技术

鳜鱼鱼苗培育是指从鳜鱼水花开口,经 20 d 左右的培育,体长达到 3 cm 左右的稚鱼(俗称寸片、夏花)的过程。该阶段的培育是鳜鱼苗种培育成败的关键。因为鳜鱼鱼苗是以活鱼苗为开口饵料的,这个阶段鱼苗体小幼嫩、口裂小,而饵料鱼个体相对较大,摄食和吞咽困难,对外界环境条件的变化及敌害生物的侵袭都没有抗逆能力,极易死亡。因此,鳜鱼鱼苗培育的中心技术问题是如何提高成活率和鱼苗规格的问题。

视频:鳜鱼的鱼苗
培育技术

在夏花培育前期,鳜鱼更适应微流水环境。这一阶段,鳜鱼个体生长速度参差不齐,大小差异明显,极易出现弱肉强食的情况。为保证鳜鱼的健康生长,夏花培育工作需分三个级别逐步推进。一级培育主要在孵化桶或孵化环道内进行,二级培育在网箱、水泥池中开展,三级培育则可以在网箱、水泥池及池塘中完成。

课件:鳜鱼的鱼苗
培育技术

### 一、一级培育

#### 1. 放养密度

一般容量为 200 kg 的孵化桶,放养鳜鱼鱼苗 8 000~10 000 尾较合适,密度不宜过大(图 3-3-1)。

#### 2. 投饵

鳜鱼鱼苗在培育过程中,依照日摄食量标准,适时、适口、适量投喂饵料鱼,其中最为适口

的是刚出膜的团头鲂鱼鱼苗。所谓适量，即过多地投喂饵料鱼，会造成浪费。这些吃剩的饵料鱼，其生长速度较鳜鱼快，会增加孵化桶内鱼苗的总密度。残饵和死亡后的鳜鱼鱼苗会造成孵化桶内水质污染、车轮虫病暴发，严重地影响鳜鱼鱼苗的成活率。

图 3-3-1　鳜鱼鱼苗一级培育

### 3. 日常管理工作

控制水质最为重要。鳜鱼为肉食性鱼类，十分贪食。其粪便中有机质多，腥臭，黏度大，不宜在水中溶解，故常见鳜鱼鱼苗肛门后拖一条长长的粪便，如再粘上水中杂质，沉重的负担常致鳜鱼鱼苗拖累而死，严重污染孵化桶的水质。因此，应及时清除鳜鱼鱼苗粪便、死苗、杂质，保持桶内卫生。整个培育过程中，要注意调节孵化桶的水流，使鳜鱼鱼苗在微流水中摄食生长。

### 4. 转级培养时期

鳜鱼鱼苗在孵化桶内，在水质清新、溶氧丰富的微流水环境中，摄食量大，生长速度快。在生活习性上，7 mm 以上的鳜鱼鱼苗更适合于静水中摄食、生长。因此，应及时转移到二级培育池培育。

## 二、二级培育

池塘满足不了二级培育阶段的鳜鱼鱼苗对水质的要求，用池塘单独培育鳜鱼鱼苗，常会造成大量浮游生物繁殖导致水质过肥，不利于鳜鱼鱼苗摄食生长，鳜鱼夏花成活率很低。故长至 7 mm 的鳜鱼鱼苗仍不宜在池塘培育，应该放在水体交换方便、水质清新的小型水泥池内或网箱中进行培育。

### 1. 水泥池培育

(1)水泥池构造。水泥池以面积 15～20 m²、水深 1 m 为宜，装有进水、排水管。池底向出水口倾斜。

(2)放养密度。700 尾/m²，种苗规格均匀。

(3)日常管理。每隔 1～2 d 水体交换 1 次，排水时应尽量将池底污物排出。最好用空压机，通过气泡向池中充气，保证池中有足够的溶氧，投饵依照日摄食量标准适口、适时、适量。

经过 10～15 d 的培育，鳜鱼鱼苗可达 29 mm，但个体间差异明显，密度渐大，应及时选级分类，这是提高鳜鱼鱼苗成活率的又一重要措施。

### 2. 网箱培育

(1)网箱结构。规格为 0.8 m(宽)×8 m(长)×0.6 m(深)，网目为 60 目。

(2)放养密度。放养 7.0～8.0 mm 鳜鱼鱼苗 5 000 尾/m³。

(3)日常管理。除按照日粮标准合理投饵外，还要勤查勤洗：查网箱是否破损，以防破损逃苗；勤洗网箱以保证网箱内水体流畅。

在饵料鱼适量的情况下，10～15 d，鳜鱼鱼苗可达 15～20 mm，必须及时分箱。

## 三、三级培育

### 1. 水泥池培育

水泥池内的三级培育与二级培育基本相同，区别在于三级池内的放养密度为 20 mm 规格的鳜鱼鱼苗 300 尾/m²。

### 2. 网箱培育

采用 50 目的网箱进行三级培育,放养密度一般为 1 000～1 500 尾/m³。鳜鱼鱼苗进入三级培育池(箱),生长速度要比家鱼快,一般经 10 d 左右的培育,就可达 33 mm(夏花)的出塘规格。

### 3. 日常管理

(1)防病。每天早、中、晚巡箱(池)时要注意鳜鱼鱼苗摄食情况及活动情况,如发现不摄食或游泳迟缓或在水中翻滚(患了车轮虫病或斜管虫病)都是有病的表现,应及时进行药物防治,以免传染。一般用 0.7 mg/L 的硫酸铜和硫酸亚铁合剂(5:2)进行遍洒,每隔 9 d 遍洒 1 次,可起到治疗作用。

另外,用药物预防,定期向全池泼洒漂白粉水,操作人员应佩戴口罩、橡皮手套,在鱼池上风口泼洒。

(2)调节水质。鳜鱼鱼苗不喜酸性水,因此每隔一段时间,要泼洒生石灰水以调节酸碱度;并常加入少量新水改善水质。

# 任务三　鳜鱼的鱼种培育技术

鱼种培育是紧接在鱼苗培育阶段之后进行的。自鱼苗培育成夏花鱼种,鱼体已增长近 10 倍,如仍留在原池培育,则密度过大,将不利于鱼体的生长发育;如果直接放入大水面养成商品鱼,由于夏花鱼种规格仍太幼小,抵抗敌害生物的能力不强,因此会造成大量死亡,成活率很低;如果直接放入成鱼塘养成商品鱼,因受单位面积水体内的放养密度的限制,饲养前期将造成池塘水体的浪费。因此,需将夏花鱼种按适当的密度,进一步培育成大规格鱼种(50～150 g/尾),供给养成商品鱼。培育大规格鱼种常用的方法有小型池塘培育法、网箱培育法、水泥池培育法等。其中,小型池塘培育法最经济实用。

视频:鳜鱼的鱼种
培育技术

课件:鳜鱼的鱼种
培育技术

## 一、鱼种池条件

### 1. 面积

鳜鱼大规格鱼种培育池的面积不宜过大,以 1.5～3 亩为宜,水深为 1.5～2.0 m,排灌设备齐全,进水排水沟渠、拦鱼防逃设备齐全。

### 2. 水质

要求水质清新、无污染,酸碱度中性或微偏碱性。透明度保持在 40 cm 以上,能经常保持微流水为最好。

### 3. 底质

底质以壤土为好,要求淤泥少。

### 4. 清塘

在鱼种入池之前 7～10 d,当池水很浅时,每亩用生石灰 100 kg;当池水很深时,每亩需用生石灰 150 kg。

## 二、放养规格与密度

### 1. 放养规格

鳜鱼鱼苗放养规格为体长 3 cm 的夏花鱼种(寸片鱼种),放养时要求规格整齐。夏花鱼种入池之前，要用 2% 食盐水浸泡 10 min。

### 2. 放养密度

一般每亩放养 2 000～5 000 尾比较合理。但要注意以水源为条件调整放养密度，水源方便，又有增氧机或潜水泵或冲水设备，则放养密度每亩可适当增加到 1 万尾左右，有常年微流水的鱼种池，则放养密度可增加到 1.6 万尾左右(图 3-3-2)。

图 3-3-2　鳜鱼鱼种培育

### 三、饲养与管理

#### 1. 合理投放饵料鱼

(1)在鳜鱼夏花鱼种放养之后，定期抽样测定鳜鱼的生长速度、成活率及存塘量，并以此为依据，同时参考气温变化等因素，按池养鳜鱼在塘总量的 5%～10% 为投饵量，并计算出投放饵料的具体数量。

(2)根据鱼种池中的剩余饵料鱼的密度，及时补充投放规格适口的饵料鱼(饵料鱼的体高为鳜鱼口裂张开高度的 1/2，饵料鱼的体长为鳜鱼体长的 1/3 左右)。

#### 2. 掌握适宜投饵间隔时间

饵料鱼以 3 d、5 d、7 d 为一个投期，其中以 3 d 投喂 1 次为宜。因为在投放后 2～3 d 内，饵料鱼的活动比较迟钝，有利于鳜鱼鱼种猎食。

#### 3. 保持良好的水质

(1)定期冲水。一般在鳜鱼夏花鱼种下塘 1 周后冲水 1 次，以后每隔 4～5 d 冲水 1 次，每次冲水后，水位升高 20 cm 左右。在 1 龄鱼种培育过程中，初期水位应浅些，以 50～60 cm 水深最好，逐渐通过冲水使池水水位升高至 1.5 m 为止。采取定期冲水的方法，是提高鳜鱼鱼种成活率的重要措施。

(2)泼洒生石灰。高温季节合理用生石灰，对鳜鱼养殖大有益处。它能有效预防和治疗多种细菌性疾病，提高鳜鱼鱼种成活率；还能净化水质、增加透明度，让浮游植物更好光合作用，改善溶氧条件；同时调节池水酸碱度至中性或微碱性，利于鳜鱼及饵料鱼生存。

(3)开增氧机。通过适时开增氧机达到增氧、曝气的作用。最适开机时间要根据天气灵活掌握。目前生产上采用"晴天中午开，阴天清晨开，连绵阴雨半夜开"的方法。

(4)微流水。长期微流水培育鳜鱼鱼种，不但能改善池中的溶氧条件，同时水流的刺激可促进鳜鱼鱼种的食欲，增加摄食量。鳜鱼鱼种的生长速度必然加快。有条件(如水库、山溪)的地区应利用自然落差进行，每天 24 h 常微流水培育鳜鱼鱼种，其成活率及体质、体重都比一般静水池塘效果要好得多。

(5)做好鱼病预防工作。要定期向池中泼洒药物以预防鱼病的发生。

(6)坚持巡塘、并做好记录。实行专人管理，坚持每天早、中、晚各巡塘 1 次，清早查鱼苗是否浮头，午后查鱼苗的活动及患病和摄食等情况。傍晚查鱼池水质，并定时测量水温、酸碱度，做好记录。发现问题，及时采取措施。

## 🧰 项目实施

### 鳜鱼鱼苗的一级培育

#### 一、明确目的

1. 会确定鳜鱼鱼苗的放养密度。
2. 会放养鳜鱼鱼苗。
3. 能熟练地进行投饵和管理。
4. 具备严谨认真的工作态度和精益求精的精神。

#### 二、工作准备

##### （一）引导问题

1. 鳜鱼的夏花培育可分为哪几级培育？

_____

_____

_____

_____

2. 鳜鱼夏花的一级培育在哪里进行？

_____

_____

_____

_____

3. 写出安全注意事项。

_____

_____

_____

_____

## (二)确定实施方案

小组讨论,制订实施方案,确定人员分工(表 3-3-5)。

**表 3-3-5  方案设计表**

| 组长 | | | | 组员 | | |
|---|---|---|---|---|---|---|
| 学习项目 | | | | | | |
| 学习时间 | | | 地点 | | 指导教师 | |
| 准备内容 | 样品 | | | | | |
| | 工具 | | | | | |
| | 器皿 | | | | | |
| | 场地 | | | | | |
| 具体步骤 | | | | | | |
| 任务分工 | 姓名 | | 工作分工 | | | 完成效果 |
| | | | | | | |
| | | | | | | |
| | | | | | | |
| | | | | | | |

## (三)所需样品、工具、器皿和场地的准备

请按表列出本工作所需的样品、工具、器皿和场地(表 3-3-6)。

**表 3-3-6  鳜鱼鱼苗的一级培育所需的样品、工具、器皿和场地**

| 样品 | 名称 | 规格 | 数量 | 已准备 | 未准备 | 备注 |
|---|---|---|---|---|---|---|
| | | | | | | |
| 工具 | 名称 | 规格 | 数量 | 已准备 | 未准备 | |
| | | | | | | |
| 器皿 | 名称 | 规格 | 数量 | 已准备 | 未准备 | |
| | | | | | | |
| 场地 | 名称 | 规格 | 数量 | 已准备 | 未准备 | |
| | | | | | | |
| 其他准备工作 | | | | | | |

## 三、实施过程

"鳜鱼鱼苗的一级培育"任务实施过程见表 3-3-7。

表 3-3-7 "鳜鱼鱼苗的一级培育"任务实施过程

| 环节 | 操作及说明 | 注意事项及要求 |
|---|---|---|
| 1 | 鳜鱼鱼苗放养密度的确定 | 认真观察，组员们相互讨论，并确定 |
| 2 | 鳜鱼鱼苗的放养 | |
| 3 | 投饵 | |
| 4 | 日常管理 | |
| 5 | 整理现场 | 按规范要求，对实施场所进行整理清场后填写回收记录单 |

## 四、评价与总结

### (一)评价

根据项目实施情况，学生自评、学生互评和教师评价相结合，进行综合评价(表 3-3-8)。

表 3-3-8 学生综合评价表　　　　　　　年　月　日

| 评价标准及分值 | | 学生自评 | 学生互评 | 教师评价 |
|---|---|---|---|---|
| 学习与工作态度<br>(5分) | 态度端正，严谨、认真，遵守纪律和规章制度 | | | |
| 职业素养<br>(10分) | 程序规范；热爱劳动、崇尚技能；耐心细致、精益求精；团结合作、不断创新 | | | |
| 制订方案<br>(10分) | 按要求查阅资料，参与方案的制订，能协调解决实际问题 | | | |
| 工作准备<br>(5分) | 能选择适宜的场地，并准备好所需样品、工具和器皿等 | | | |
| 鳜鱼鱼苗的一级培育<br>(40分) | 会正确识别外部形态；能正确识别各组织器官；并能够解释其生理功能 | | | |
| 原始记录和报告<br>(10分) | 真实、准确、无涂改，书写整洁，格式符合规范要求 | | | |
| 场地清整<br>(10分) | 将所用器具整理归位，场地清理干净 | | | |
| 工作汇报<br>(10分) | 如实准确，有总结、心得和不足及改进措施 | | | |
| 总分 | | | | |

### (二)总结汇报

1. 分小组制作 PPT、Word 工作总结，提交工作报告。

2. 小组成员互相讲解，并推荐一名成员向全班汇报。

**《鳜鱼鱼种培育技术规程》(DB43/T 1215—2016)**

## 课后习题

### 一、选择题

1. 鳜鱼的开口饵料鱼以出膜后 1～3 d 的(　　)鱼苗最为理想。
   A. 团头鲂鱼　　　　　B. 草鱼　　　　　　C. 鲤鱼　　　　　　D. 黄鳝

2. 体长为 17 mm 的鳜鱼鱼苗每日可摄食体长为 11.5～14 mm 的草鱼鱼苗(　　)尾。
   A. 2～4　　　　　　　B. 4～6　　　　　　C. 6～8　　　　　　D. 8～10

3. 体长为(　　)mm 的鳜鱼鱼苗，可以摄食各种家鱼夏花。
   A. 4.9～7　　　　　　B. 7～17　　　　　　C. 17～27　　　　　D. 27～100

4. (　　)mm 以上的鳜鱼鱼苗应及时转移到二级培育池培育。
   A. 3　　　　　　　　　B. 5　　　　　　　　C. 7　　　　　　　　D. 9

5. 一般容量为 200 kg 的孵化桶，宜放养鳜鱼鱼苗(　　)尾进行一级培育。
   A. 4 000～60 000　　　　　　　　　B. 6 000～8 000
   C. 8 000～10 000　　　　　　　　　D. 10 000～12 000

6. 鳜鱼鱼苗的三级培育可在(　　)中进行。
   A. 孵化桶　　　　　　B. 网箱　　　　　　C. 水泥池　　　　　D. 池塘

### 二、判断题

1. 鳜鱼鱼苗培育的中心技术问题是如何提高成活率和鱼苗规格的问题。　　　　(　　)

2. 鳜鱼夏花培育前期宜在静水中进行。　　　　　　　　　　　　　　　　　(　　)

3. 应坚持每天早、晚巡箱(池)，观察鳜鱼鱼苗摄食情况及活动情况。　　　　(　　)

4. 鳜鱼鱼种培育池透明度应保持在 20 cm 以上。　　　　　　　　　　　　(　　)

5. 饵料鱼的体高应为鳜鱼鱼种口裂张开高度的 1/2 较适宜。　　　　　　　(　　)

6. 一般在鳜鱼夏花鱼种下塘 1 周后冲水 1 次。　　　　　　　　　　　　　(　　)

# 项目四　食用鳜鱼养殖技术

## 项目导读

### 我国鳜鱼养殖产业发展概况

我国鳜鱼养殖产业经历了三个发展历程：第一阶段，1950—1980 年，野生鳜鱼资源丰富，我国鳜鱼产量以捕捞为主，同时部分地区开始进行小水体鳜鱼养殖试验；第二阶段，1981—2000 年，鳜鱼人工繁育成功奠定了鳜鱼人工规模养殖的基础，天然活饵料鱼的解决为鳜鱼养殖发展提供了保障，鳜鱼规模养殖得以快速发展；第三阶段，21 世纪开始，鳜鱼人工养殖产业进入鼎盛发展时期，产业发展呈现出区域化、规模化、专业化、标准化、品牌化的特点。2016 年以来，我国鳜鱼养殖产量均在 30 万 t 以上，2018 年，我国鳜鱼养殖总产量为 31.59 万 t，平均市场售价 60 元/kg，产值超过 200 亿元。

鳜鱼养殖模式主要有池塘精养和池塘混养，养殖地区以广东和湖北、江西、安徽、江苏、湖南、浙江等省份为主；鳜鱼病害问题较多，特别是传染性脾肾坏死病毒，导致养殖成活率低。鳜鱼加工在淡水鱼中极具特色，主要加工方式为冰鲜鳜鱼低温发酵，以安徽省黄山市"臭鳜鱼"最为著名，加工产值约 30 亿元，成为鳜鱼养殖产业链延伸和附加值增加的重要环节。目前，鳜鱼养殖产业发展中的突出问题是饵料鱼供给、病害防控和质量安全，这些也将是未来工作的重点方向。

## 学习目标

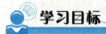

**知识目标**

1. 掌握池塘主养鳜鱼的关键技术。
2. 熟悉亲鱼池套养鳜鱼的关键技术。

**能力目标**

具备按技术规程养殖鳜鱼食用鱼的能力。

**素养目标**

1. 具有高度的社会责任感、良好的职业道德和诚信品质。
2. 具备从事食用鳜鱼养殖所必备的基本职业素质。
3. 具备发现问题、分析问题和解决问题的基本能力。

## 任务一　池塘主养鳜鱼技术

鳜鱼养殖方式较多，但目前发展最快、效益最高、养殖技术要求最难的是池塘主养鳜鱼的健康高效养殖模式。

### 一、池塘选择与清整

鳜鱼的生物学特性与其他鱼类不尽相同，因此，养殖鳜鱼的池塘条件和清整的方法也不同。

视频：池塘选择与清整

### (一)池塘条件

#### 1. 面积和水深

(1)面积。主养鳜鱼的池塘不宜过大或过小，以5～10亩为宜。过小，水质变化快，难以控制；过大，饵料鱼相对分散，不利于鳜鱼的摄食。

(2)水深。一般水深为2 m左右，面积大的池塘可以适当深些。这是因为越深的池塘容积越大，水温波动也越小，水质容易稳定，可以增加放养量，提高产量。但是池水也不宜过深，深层水中光照度很弱，光合作用产生的溶氧量很少；夏季保持在2.5 m左右比较合适。

课件：池塘选择与清整

#### 2. 底质

最好是沙质壤土，腐殖质较少(不厚于20 cm)或没有淤泥的新开池塘，有较好的保水、保肥、保温能力，池底平坦，略向排水口倾斜。

#### 3. 水源和水质

水源充足、灌水排水系统完善；水质清新、不宜过肥，无污染，酸碱度中性或微偏碱性，pH值为7～8，溶氧量为5 mg/L以上，透明度保持在40 cm以上，能经常保持微流水为最好。

#### 4. 池塘形状与周围环境

池塘的形状一般为东西长、南北宽的长方形，长宽比以3：2为宜，背风向阳，池塘周围应没有高大建筑和树木遮挡阳光及影响风的吹动。饲养环境应符合NY/T 5361—2016的规定。池塘主养鳜鱼的池塘条件，如图3-4-1所示。

### (二)池塘清整

#### 1. 干塘暴晒

池塘需经干塘暴晒，可减少病虫害发生，并使土壤疏松，加速有机质的分解，改良底质(图3-4-2)。

图3-4-1　鳜鱼养殖池塘条件　　　　图3-4-2　池塘干塘暴晒

#### 2. 做好池塘加固工作

修好池堤和进水、排水口，填塞漏洞和裂缝，清除杂草和砖石等。

#### 3. 清除淤泥

鳜鱼喜水质清新，不喜肥水，因此，专养鳜鱼的池塘底部淤泥应尽量挖除，越少越好；如果在鳜鱼池中混养饵料鱼，可保持15～20 cm的淤泥层。

#### 4. 清塘

(1)干塘清塘。在鱼种放养前2～3个星期内的晴天用生石灰清塘消毒。在进行清塘时，池中必须有积水6～10 cm，使泼入的石灰浆能分散均匀。生石灰的用量一般为每亩100 kg，淤泥较少的池塘则用 60 kg 左右均匀遍洒清塘(图 3-4-3)。

方法：先在池底上挖掘若干小潭，小潭的多少及其间距以能泼洒遍及全池为度。然后将生石灰分放入小潭中，让其吸水溶化，不待冷却即向四周泼洒，务必使全池都能泼到(若不挖小潭，改用木盆、小缸也可)。第二天上午再用长柄泥耙将塘底淤泥与石灰浆调和，使石灰浆与塘泥均匀混合，加强其碱化，起到杀灭隐藏在其中的病原生物、清塘除野的作用。

(2)带水清塘。排灌不方便的池塘，可带水清塘。生石灰用量为每亩平均水深 1 m 用 25～150 kg；水深 2 m，则生石灰用量加倍，以此类推(图 3-4-4)。

图 3-4-3 池塘干塘清塘

图 3-4-4 池塘带水清塘

## 二、饲养与管理技术

### (一)苗种放养

#### 1. 放养前准备

在鳜鱼鱼种放养前 15 d，需做好池塘前期准备工作。先使用 40 目筛绢过滤，向池塘内灌水，使水位保持在 60～80 cm。每亩投放 80 万～100 万尾鲢鱼、鳙鱼水花鱼苗，采用豆浆饲养法来培育夏花鱼苗，从而为后续放养的鳜鱼提供充足且大小适宜的前期饵料鱼。

一般选择放养规格为 8～10 cm 的鳜鱼鱼种，此时饵料鱼的规格应控制在 3～4 cm。

鳜鱼主养池的饵料鱼，在正常情况下可供鳜鱼摄食 1 个月左右，为适时补充饵料鱼供应，需另行配备 3～4 倍于主养池面积的饵料鱼池，饲养饵料鱼。

#### 2. 苗种放养(图 3-4-5)

(1)鱼种质量。鱼种的质量应符合《鳜养殖技术规范苗种》(SC/T 1032.5—1999)的规定。

(2)放养密度。放养密度据池塘条件、饵料鱼供应量、饲养方式、产量指标和管理技术水平而定。以每亩放规格为 8～10 cm 的鳜鱼鱼种 800～1 200 尾为宜。

也可在鳜鱼鱼池中混养一些繁殖快的鱼类，以作为活饵料。

图 3-4-5 苗种放养

一般每亩放养 200～400 对罗非亲鱼或 600 尾 2 冬龄鲫鱼。用稀网将鱼池隔成两半，一边养鳜鱼，一边养其他鱼，使繁殖的饵料幼鱼穿过稀网成为鳜鱼食料，同时，鳜鱼的活动又不妨碍其他鱼类的安静繁殖。池中可投放适量水花生、水葫芦，创造适宜的生态环境。

(3)缓苗和消毒。将鱼种连同塑料充氧袋放入池中经 10 min 的缓苗处理，以避免温差过大，引起鳜鱼鱼种产生应激反应。

使用 100～200 mg/L 福尔马林浸泡鱼种，浸泡时间为 20～30 min；也可用 1％～3％食盐浸泡 5～10 min，具体时间视鱼体反应而定。

(4)试水和放养。投放鱼种入池前，放数尾小鱼试水，若小鱼活动正常，说明清塘药物的毒性已消失时，即可放鱼，否则要缓放。

鱼种宜在池塘的上风处多点投放。

### (二)饵料鱼培育

饵料鱼养殖面积为鳜鱼鱼池的 3～4 倍。从鳜鱼的适口性和经济角度考虑，饵料鱼一般选择罗非鱼、鲢鱼、鲫鱼、鳑鲏鱼等品种，放养密度为每亩放鱼苗 30 万～50 万尾。鱼苗放养后，不用立即投饲，待浮游动物数量减少、鱼苗在池塘四周觅食时，开始投喂豆浆或其他饲料。在培育前期，饲料吃光就添，而在后期应对饵料鱼规格予以控制，将饵料鱼长度控制在鳜鱼体长的 1/3～1/2，饵料鱼下塘前应用 1%～3% 的食盐进行消毒处理。

### (三)投饵技术

#### 1. 日投饵量标准

每次投饵量为鳜鱼鱼种放养量的 5～7 倍。根据池塘的实际接受能力，以 3～7 d 为一个饵料期，每一期的投量，首先预算该时期鳜鱼的成活率和生长速度，然后按照预定的饲料系数(4.5～5.0)，计算出该时期需要投喂的饵料重量。

#### 2. 投饵方法

采用间隔投饵料鱼的方法，可定 3 d、5 d、7 d 为一个投饵期，但以每 3 d 投一次为宜。并定期检查鳜鱼饲养池中饵料鱼的剩余量和鳜鱼的生长情况。当池中饵料鱼规格与鳜鱼相近时，应及时将饵料鱼捞出，补充投放符合规格的饵料鱼。

### (四)日常管理

#### 1. 水质管理

要经常加换新水，特别是 6—9 月，每 5～7 d 加换新水一次，每次 15～20 cm，使池水保持肥、活、爽、嫩，促进鳜鱼健康生长。可在池四周种植苦草、轮叶黑藻等沉水植物，为鱼提供隐蔽场所，同时起到净化水质的作用。每隔 15～20 d 泼洒生石灰水一次，每次 15～20 kg。生石灰调节水质使其符合 NY 5051—2001 的规定执行。及时合理打开增氧机，以增加池水溶氧量(图 3-4-6)。

**图 3-4-6　水质管理**

#### 2. 加强巡塘日常管理

坚持早、中、晚巡塘，不仅要对水质做一般的巡视检查，还要对鳜鱼的摄食强度、饵料鱼的反应、鳜鱼粪便等仔细观察，以确定鳜鱼摄食量、饵料鱼的存塘及水质状况。按《水产养殖质量安全管理规定》填写生产记录，建立养殖档案，严格管理投入品，建立鳜鱼从池塘到餐桌的全程质量控制。

# 任务二　成鱼池套养鳜鱼技术

## 一、池塘选择

套养鳜鱼成鱼的池塘，以利用饲养吃食性鱼为主的池塘特别是以草食性鱼为主的成鱼池更适合套养鳜鱼。因为草鱼、鳊鱼等草食性鱼类与鳜鱼一样喜欢生活在水质清新、溶氧丰富的水域环境中，同时用于投喂的水草大多从外河等自然水域中捞取，水草内附有大量的野杂鱼幼鱼与鱼卵，为鳜鱼生长提供了丰富的饵料来源。另外，在采用注换水、增氧等水质调控的措施时，这些鱼类的要求基本一致，管理上较为方便。池塘的面积一般为5～10亩，水深为2.0～2.5 m(图3-4-7)。

图3-4-7　池塘选择

## 二、鳜鱼鱼苗种的放养

应选择品质有保证的无公害鱼苗繁育场所生产的鳜鱼作为套养品种，放养有以下两种方式。

### 1. 成鱼池内套养鳜鱼夏花

放养时间为6月至7月上旬，一般亩产商品鳜鱼可达10 kg以上。值得注意的是，当鳜鱼长到300 g左右时，成活率约为40％，作一次野杂鱼数量分析，如果有较多的野杂鱼，且大小与鳜鱼夏花相近，则可以把鳜鱼夏花直接放入池中；如果野杂鱼数量较少，且规格又大，则应先在成鱼池内引进野杂鱼类或投放家鱼夏花，以便鳜鱼夏花放养后就有足够的饵料鱼可食。

课件：成鱼池套养鳜鱼技术

### 2. 套养1龄鳜鱼

放养时间和家鱼放养时间大致相同。放养水温在10 ℃左右为好，每亩套养量为150～200尾。在成鱼池中套养1龄鳜鱼鱼种，最好还得套养部分鲤、鲫鱼鱼种，既供鳜鱼摄食，又可在塘内繁殖仔鱼。4月后，可再放一些罗非鱼越冬鱼种，作为补充饵料鱼。6、7月以后，鳜鱼和其他养殖鱼类一样也进入摄食、生长旺季，因此要及时了解、掌握池中鳜鱼饵料鱼的大小、数量和增减趋势等，以便补充调整。

视频：成鱼池套养鳜鱼技术

成鱼池中套养1龄鳜鱼鱼种的成活率较高，一般都在80％以上，商品鳜鱼可与成鱼一起起捕上市，平均规格都在300～500 g/尾，一般亩产量可达25～35 kg。

## 三、适量配养

投放鳜鱼鱼种时，适量投放以草鱼、鲢鱼为主的常规鱼夏花，每亩约1万尾。这些夏花供鳜鱼捕食，可提高鳜鱼成活率，保证一段时间内鳜鱼有足量适口饵料，促进其生长。同时，部分未被捕食的夏花能长成健康优质的大规格鱼种。

## 四、日常管理

在吃食鱼常规管理的基础上，应加强以下两个方面的管理。

### 1. 加强水质管理

鳜鱼对水质条件要求较高，要求水质稳定、清新、溶氧充足，具体指标是池塘水深不低于 1.5 m，溶氧在 5 mg/L 以上，水体透明度在 35 cm 左右，水质偏碱性。高温季节每 10 d 加注新水或换水 1 次，每 20 d 使用适量生石灰 1 次。改善水质条件和环境，视具体情况适时打开增氧机增氧，尤其是阴雨天气更要及时增氧，保持溶氧充足。

### 2. 慎用渔药

套养池中鳜鱼发病率相对较低。但鳜鱼对渔药敏感度高，使用时需格外谨慎，确保剂量准确、泼洒均匀。切忌药物浓度过量，特别是高温季节尽量避免使用渔药，例如敌百虫等有机磷类杀虫剂，以此保障鳜鱼养殖的稳产高产。

## 🧰 项目实施

### 池塘主养鳜鱼的饲养与管理

强化训练商品鳜鱼饲养与管理的基本技能。

## 一、明确目的

1. 放养苗种。
2. 会培育饵料鱼。
3. 能规范投饵和日常管理。
4. 热爱劳动，崇尚技能。

## 二、工作准备

### (一) 引导问题

1. 食用鳜鱼生态养殖典型的技术有哪些?

_____

_____

2. 池塘主养鳜鱼饲养与管理的关键技术有哪些?

_____

_____

_____

3. 写出安全注意事项。

_____

_____

_____

### (二)确定实施方案

小组讨论，制订实施方案，确定人员分工(表 3-4-1)。

**表 3-4-1　方案设计表**

| 组长 | | | 组员 | |
|---|---|---|---|---|
| 学习项目 | | | | |
| 学习时间 | | 地点 | | 指导教师 | |
| 准备内容 | 样品 | | | | |
| | 工具 | | | | |
| | 器皿 | | | | |
| | 场地 | | | | |
| 具体步骤 | | | | | |
| 任务分工 | 姓名 | 工作分工 | | 完成效果 |
| | | | | |
| | | | | |
| | | | | |

### (三)所需样品、工具、器皿和场地的准备

请按表 3-4-2 列出本工作所需的样品、工具、器皿和场地。

**表 3-4-2　池塘主养鳜鱼的饲养与管理所需的样品、工具、器皿和场地**

| 样品 | 名称 | 规格 | 数量 | 已准备 | 未准备 | 备注 |
|---|---|---|---|---|---|---|
| | | | | | | |
| 工具 | 名称 | 规格 | 数量 | 已准备 | 未准备 | |
| | | | | | | |
| 器皿 | 名称 | 规格 | 数量 | 已准备 | 未准备 | |
| | | | | | | |
| 场地 | 名称 | 规格 | 数量 | 已准备 | 未准备 | |
| | | | | | | |
| 其他准备工作 | | | | | | |

## 三、实施过程

"池塘主养鳜鱼的饲养与管理"任务实施过程见表3-4-3。

**表 3-4-3 "池塘主养鳜鱼的饲养与管理"任务实施过程**

| 环节 | 操作及说明 | 注意事项及要求 |
|---|---|---|
| 1 | 苗种放养 | |
| 2 | 饵料鱼培育 | |
| 3 | 投饵 | 认真观察,组员们相互讨论,并确定 |
| 4 | 日常管理 | |
| 5 | 如实记录实施过程现象和实施结果,撰写实施报告 | |
| 6 | 整理现场 | 按规范要求,对实施场所进行整理清场后填写回收记录单 |

## 四、评价与总结

### (一)评价

根据项目实施情况,学生自评、学生互评和教师评价相结合,进行综合评价(3-4-4)。

**表 3-4-4 学生综合评价表**　　　　　　　　　年　月　日

| 评价标准及分值 | | 学生自评 | 学生互评 | 教师评价 |
|---|---|---|---|---|
| 学习与工作态度<br>(5分) | 态度端正,严谨、认真,遵守纪律和规章制度 | | | |
| 职业素养<br>(10分) | 程序规范;热爱劳动、崇尚技能;耐心细致、精益求精;团结合作、不断创新 | | | |
| 制订方案<br>(10分) | 按要求查阅资料,参与方案的制订,能协调解决实际问题 | | | |
| 工作准备<br>(5分) | 能选择适宜的场地,并准备好所需样品、工具和器皿等 | | | |
| 池塘主养鳜鱼的饲养与管理<br>(40分) | 会放养苗种,会培育饵料鱼,能规范投饵和日常管理 | | | |
| 原始记录和报告<br>(10分) | 真实、准确、无涂改,书写整洁,格式符合规范要求 | | | |
| 场地清整<br>(10分) | 将所用器具整理归位,场地清理干净 | | | |
| 工作汇报<br>(10分) | 如实准确,有总结、心得和不足及改进措施 | | | |
| 总分 | | | | |

### (二)总结汇报

1. 分小组制作 PPT、Word 工作总结，提交工作报告。
2. 小组成员互相讲解，并推荐一名成员向全班汇报。

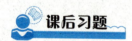**知识拓展**

【三下乡】研究生调研黄山特色鳜鱼养殖产业助力乡村振兴

## 课后习题

### 一、选择题

1. 主养鳜鱼的池塘面积以（　　）亩为宜。
　　A. 1～5　　　　　　　　　　　B. 5～10
　　C. 10～20　　　　　　　　　　D. 20～30

2. 主养鳜鱼池塘的形状一般为东西长、南北宽的长方形，长宽比以（　　）为宜。
　　A. 2∶1　　　　　　　　　　　B. 3∶2
　　C. 4∶3　　　　　　　　　　　D. 5∶4

3. 在修整池塘结束后，选择鳜鱼鱼种放养前（　　）个星期内的晴天进行生石灰清塘消毒。
　　A. 0.5～1　　　　　　　　　　B. 1～2
　　C. 2～3　　　　　　　　　　　D. 3～4

4. 池塘主养鳜鱼配套的饵料鱼养殖面积一般为鳜鱼池的（　　）倍。
　　A. 1～2　　　　　　　　　　　B. 2～3
　　C. 3～4　　　　　　　　　　　D. 4～5

5. 一般放养 8～10 cm 的鳜鱼鱼种，饵料鱼应控制在（　　）cm。
　　A. 2～3　　　　　　　　　　　B. 3～4
　　C. 4～5　　　　　　　　　　　D. 5～6

6. 池塘主养鳜鱼采用间隔投饵料鱼的方法，可定 3 d、5 d、7 d 为一个投饵期，但以每（　　）d 投一次为宜。
　　A. 3　　　　　　　　　　　　 B. 5
　　C. 7

7. 套养鳜鱼成鱼的池塘，以（　　）鱼为主的成鱼池更适合。
　　A. 草食性　　　　　　　　　　B. 肉食性
　　C. 滤食性　　　　　　　　　　D. 杂食性

8. 成鱼池内套养鳜鱼的主要方式为套养(　　)。

A. 鳜鱼水花 　　　　　　　　　　B. 鳜鱼夏花

C. 1 龄鳜鱼

9. 套养鳜鱼的成鱼池，其溶氧应保持在(　　)mg/L 以上。

A. 2 　　　　　　　　　　　　　　B. 3

C. 4 　　　　　　　　　　　　　　D. 5

## 二、判断题

1. 主养鳜鱼池塘的底质最好是黏土。　　　　　　　　　　　　　　　　　　　　(　　)

2. 饲养鳜鱼的池塘环境应符合《无公害农产品 淡水养殖产地环境条件》(NY/T 5361—2016)的
规定。　　　　　　　　　　　　　　　　　　　　　　　　　　　　　　　　　　　　(　　)

3. 带水清塘，生石灰用量为每亩平均水深 1 m 用 125～150 kg。　　　　　　　　　(　　)

4. 鳜鱼鱼种的质量应符合《鳜养殖技术规范苗种》(SC/T 1032.5—1999)的规定。　(　　)

5. 鳜鱼鱼种放养前需要进行缓苗和消毒。　　　　　　　　　　　　　　　　　　　(　　)

6. 鳜鱼鱼种放养密度应根据池塘条件、饵料鱼供应量、饲养方式而定。　　　　　(　　)

7. 在投放鳜鱼鱼种的同时，适量投放常规鱼夏花，将大大提高鳜鱼成活率。　　　(　　)

8. 成鱼池套养 1 龄鳜鱼，每亩套养量 50～100 尾。　　　　　　　　　　　　　　(　　)

9. 套养鳜鱼的成鱼池，以水体透明度 35 cm 左右，水质偏碱性为宜。　　　　　　(　　)

# 项目五　鳜鱼病害防治技术

## 项目导读

### 鳜鱼病害预防的重要性

由于鳜鱼特殊的食性，内服药物治病给药十分困难，疗效极低，而且鳜鱼对药物有严格的选择性，特别是对敌百虫、孔雀石绿等药物比较敏感，一旦患病，治疗效果往往不理想。因此，预防工作在鳜鱼病害防治中就显得十分重要。

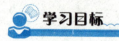

## 学习目标

**知识目标**

1. 熟悉鳜鱼典型病害的病原病症。
2. 掌握鳜鱼典型病害的防治技术。

**能力目标**

具有正确运用所掌握的知识技能在鳜鱼病害防治过程中发现问题、分析问题、解决问题的能力。

**素养目标**

1. 具有良好的职业道德和诚信品质。
2. 具有关注社会、关注民生、造福人类的社会责任感。
3. 具备发现问题、分析问题和解决问题的基本能力。

## 任务一　鳜鱼病害预防措施

鳜鱼疾病的防治重在通过健康养殖来实现。

### 一、把握放苗关和环境关

#### 1. 把握放苗关

选择优质的鳜鱼鱼苗种是预防鳜鱼病害的重要工作。应避免近亲交配，放养的优质苗种应该要规格一致，游动活泼，体色鲜亮，无伤无病害。放养密度适宜。

#### 2. 把握放环境关

在池塘中移植一些沉水植物，如轮叶黑藻等净化水质。在投喂饵料鱼时，适当增加鲢鱼、鳙鱼等在池塘中的剩余量，控制水质肥度。采用种植茭白、莲藕、水花生等经济水生植物改善水质，或进行池塘鱼、虾、蟹等主要品种的换养和轮养，以利于病害防治。

视频：鳜鱼病害
预防技术

课件：鳜鱼病害
预防技术

## 二、做好消毒工作

消毒工作包括池塘、鳜鱼鱼种工具和饵料鱼的消毒。池塘一般用生石灰彻底消毒；鳜鱼鱼种一般使用食盐水或福尔马林溶液进行消毒；工具、网具一般用 $10\ g/m^3$ 硫酸铜溶液浸泡 $10\ min$ 或用 5% 漂白粉溶液浸泡洗刷后，用清水冲洗净使用。对投喂的饵料鱼也必须加强检疫和药物消毒。

## 三、调节好水质

### 1. 培育良好水质，保持池塘适当肥度

在高密度池塘养殖时，保持池塘的适当肥度是鳜鱼疾病防治的关键点。一方面，塘水为绿色、褐绿色或暗绿色等水色，才有适量的藻类进行光合作用产生大量的氧来满足鳜鱼的需要（图 3-5-1）；另一方面，鳜鱼的代谢产物在池塘中不断增多，清水塘水体自净能力差，导致水中的氨、氮等有害物质超标，鳜鱼容易产生严重的应激反应，抗病力下降。因此，必须培育良好水质，保持池塘适当肥度。

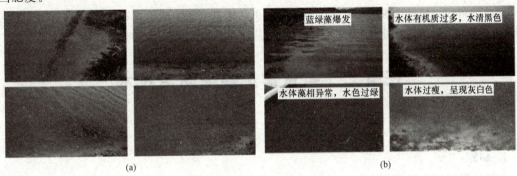

图 3-5-1　池塘水质
(a)良好水质；(b)不良水质

培育良好水质要注意以下事项。

(1)清塘灌水后，鳜鱼鱼苗下塘前应使用肥水类或含纤维少、易腐烂的青草料沤肥，将池水培育成嫩绿色。同时可适量施用利生素或光合菌以快速培肥水质。

(2)养殖中、后期为保持池塘的肥度，可使用有机肥转化素或芽孢杆菌复合制剂或水产有机酸肥等。

### 2. 适时改良水质与底质

水质与底质的改良是预防鳜鱼疾病的重要措施。

(1)关注氨氮、亚硝酸盐的日变化。氨氮、亚硝酸盐是水体中氮循环的中间产物，也是培养水体初级生产力必需的营养要素。如氨氮、亚硝酸盐含量在鳜鱼耐受范围内，且含量没有日变化，就必须使用水质改良制剂改良水质。如超过其耐受范围，则首先使用氨离子螯合剂降低其含量，然后使用芽孢杆菌复合制剂或 EM 菌改良水质。

(2)维持水体弱碱性，pH 值在 7.0～8.0，且日变化不超过 0.5。pH 值过低时可全池泼洒生石灰；若 pH 值过高，可全池泼洒腐殖酸钠等。

(3)保持池水溶氧量在 $4\ mg/L$ 以上。鳜鱼高密度精养池必须配备足够的增氧设备，并适时开动增氧机。一般情况下，晴天 15:00—17:00 开机 2～3 h，消除池塘氧债；阴雨天、低气压的闷热天气应及时开动增氧机，并注意通宵开机（图 3-5-2）。缺氧急救时应使用过碳酸钠干撒。

(4)高温养殖期定期强化水质和底质的改良。高温养殖期每隔 15～20 d 选用过氧化氢或二氧

化氯等改良水质。底泥是池塘的肥源库，应定期使用过硫酸盐复合物或芽孢杆菌复合制剂等，促进池塘有机质的转化与无机物的释放，并改善池底的氧债，维持池水的"肥、活、嫩、爽"。

图 3-5-2  增氧机增氧

### 四、做好药物预防

鳜鱼细菌性、病毒性疾病的发生大多与寄生虫病感染有关。应根据寄生虫的发病规律做到提前预防。可全池泼洒硫酸锌粉剂，防治锚首吸虫病时可全池泼洒甲苯咪唑或伊维菌素。

# 任务二  鳜鱼常见疾病防治技术

## 一、脾肾坏死病

### 1. 病原

传染性脾肾坏死病毒（ISKNV）。

### 2. 流行情况

（1）流行季节：6—10月高温季节，特别是水温超过25 ℃时，发病率显著增加。进入11月后，随着水温下降，发病情况明显改善。

（2）发病特点：此病发病迅速，病情发展迅速，死亡率极高。初期可能仅有少量死亡，但随后几天内会迅速增加，一周内每口塘每天的死亡量可能达到数百至数千尾，死亡率可超过90%。此外，该病的发病具有明显的季节性，水温低于20 ℃时较少发生。外部环境的突然变化，如季节转换、气候突变、温差大或持续阴雨低温等，都可能诱发疾病的暴发。

视频：鳜鱼病毒性和
细菌性疾病的防治

课件：鳜鱼病毒性
和细菌性疾病的防治

### 3. 主要症状

病鱼表现：

（1）鳃白，贫血状，鳃丝有出血点。

（2）上下颌、鳃盖、眼眶有出血点。

（3）脾肿大，呈紫黑色。

（4）肾脏贫血或紫黑色。

（5）肝白，有出血点，呈花肝状。

（6）病鱼厌食，部分病鱼可见头部发黑，体色发黄，眼睛凸起。

（7）鳃盖、下颌、胸鳍、腹鳍有不同程度的出血。

（8）解剖后腹腔内常伴有腹水，肝脏呈缺血状、土黄色或有点状出血，脾脏肿大、糜烂、充血。

(9)肠内充满黄色物质或黄色果冻状物质，如图3-5-3所示。

### 4. 防治方法

(1)预防措施。

严格检疫：保证水源及引入的鱼苗、鱼种不带病毒。

健康养殖：加强饲养管理，保持水质优良，提高鱼体抗病力。

水质管理：定期检测水质指标，如pH值、溶解氧、氨氮、亚硝酸盐等，确保水质符合鳜鱼的生长需求。

饵料管理：注重饵料鱼质量，定期使用消毒剂进行全塘消毒，并在饵料鱼饲料中添加五黄粉等提高抗病能力。饵料鱼投喂前应进行消毒处理，杀灭可能携带的病原体。

图3-5-3 鳜鱼脾肾坏死病

免疫预防：有条件的可注射鳜传染性脾肾坏死病灭活疫苗进行综合预防。

(2)治疗方法(注意：由于该病为病毒性疾病，尚无特效治疗药物，以下措施旨在减轻症状和控制病情发展)。

减少应激：尽量保持池塘原有水环境稳定，避免大幅度换水或用药。

温和治疗：发病后应立即停止使用刺激性大的药物，改用较为温和的中草药或免疫调节剂进行治疗。

水质改良：使用合规的水质改良剂调节水质。

病鱼处理：及时捞出病鱼进行无害化处理，防止疾病传播。

消毒处理：对池塘及工具等进行严格的消毒处理，防止交叉污染。

## 二、细菌性败血症

### 1. 病原

嗜水气单胞菌、温和气单胞菌、鲍氏不动杆菌等。

### 2. 流行情况

(1)流行季节：鳜鱼细菌性败血症的流行期主要集中在4—10月，其中6—9月是发病的高峰期。

(2)发病条件：水温在15～30 ℃范围内时，病原微生物的繁殖能力较强，发病流程率也相应提高。此外，水质恶化、池塘底质差、底泥多、底部溶氧低等因素也会增加发病风险。

### 3. 主要症状

鳜鱼细菌性败血症的主要症状包括：

(1)患病早期，病鱼的口腔、腹部、鳃盖、眼眶、鳍及鱼体两侧呈轻度充血症状。

(2)随着病情发展，肌肉呈现出血症状，眼眶周围充血，眼球凸出，腹部膨大、红肿。

(3)解剖后可见腹腔内积有黄色或红色腹水，肝、脾、肾肿大，肠壁充血，充气且无食物。

(4)鳃灰白显示贫血，有时呈紫色且肿胀，严重时鳃丝末端腐烂。

(5)病鱼离群独自游动，体表光滑，鳍条等部位出现充血出血现象。

(6)病情严重时，病鱼厌食或不吃食，静止不动或发生阵发性乱游、乱窜。

### 4. 治疗方法

治疗方法主要包括以下几个方面：

(1)水体消毒：可以使用苯扎溴铵＋戊二醛等消毒剂进行全池泼洒，以杀灭水体中的病原菌。

(2)杀虫灭菌：若发现病鱼伴有寄生虫感染，应首先使用阿维菌素等杀虫剂杀死寄生虫。鳜鱼对敌百虫、辛硫磷等杀虫剂较为敏感，应避免使用。

(3)调节水质：在流行季节定期使用生石灰化浆全池泼洒，以调节水质和杀灭病原菌。

### 三、车轮虫病

课件：鳜鱼寄生
虫病的防治

#### 1. 病原

车轮虫属（Trichodina）或小车轮属（Trichodinella）中种类。车轮虫运动时犹如车轮旋转，故称为车轮虫，虫体侧面观如毡帽状，反面观为圆碟形，如图 3-5-4 所示。

视频：鳜鱼寄生
虫病的防治

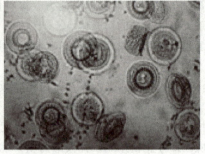

图 3-5-4　车轮虫

#### 2. 流行情况

危害各种规格鳜鱼，对鳜鱼鱼苗危害最大，常造成大批死亡。大量寄生时，可引起鳜鱼鱼苗和成鱼的大批死亡。在池塘面积过小、水位过浅、水质过肥、饵料鱼不足、放养密度过大、换水频繁，尤其是连续阴雨低温天气的情况下极易发生。车轮虫病的流行水温为20～28 ℃，一年四季均可发病，5—10 月为流行季节，6—9 月为发病高峰期。

#### 3. 主要症状

(1)体色变化：鱼体发黑，无光泽，体色暗黑无光泽。

(2)鳃部受损：检查鳃部可见大量黏液，严重时鳃部受损，容易引发细菌或真菌继发感染，如图 3-5-5 所示。

(3)呼吸困难：鱼鳃黏液过多，当车轮虫大量寄生时，会使鱼类呼吸困难，口张得很大，不能闭合，甚至窒息死亡。

(4)摄食下降：病鱼食欲减退或停食，体质瘦弱。

(5)行为异常：病鱼常表现为烦躁不安，游动时失去平衡，有时在水中翻滚打转，独游缓慢或围绕鱼塘边狂游。

图 3-5-5　车轮虫病

#### 4. 防治方法

(1)硫酸铜与硫酸亚铁合剂：将硫酸铜和硫酸亚铁按一定比例（如硫酸铜 0.5 g/m³，硫酸亚铁 0.2 g/m³）混合后，全池均匀泼洒。

(2)苯扎溴铵：表面活性剂类消毒剂，也可用于杀灭车轮虫。

(3)苦楝等中草药也具有一定的杀虫效果，且对鱼体和环境的副作用较小。

(4)使用微生物制剂、水质保护剂等改善水体环境，促进有益菌群的生长，抑制有害微生物的繁殖。

(5)避免鱼体受到过度捕捞、运输、换水等应激因素的刺激，以减少其感染车轮虫的风险。

### 四、斜管虫病

#### 1. 病原

由斜管虫寄生而引起。虫体有背腹之分，背部稍隆起。腹面观左边较直，右边稍弯，左面有9条纤毛线，右面有7条，每条纤毛线上长着一排纤毛。腹面中部有一条喇叭状口管。大核近圆形，小核球形，身体左右两边各有一个伸缩泡，一前一后，如图3-5-6所示。

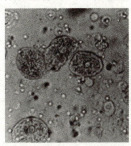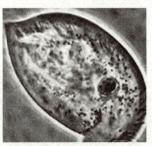

图 3-5-6　斜管虫病的病原—斜管虫

#### 2. 流行情况

(1)流行季节：斜管虫病主要流行于水温12～18 ℃，尤其是15 ℃时。但在恶劣环境或鱼体弱时，高温下也能繁殖。春秋转换期，如3—5月和11—12月是高发时段。

(2)流行因素：高密度养殖、水质恶化、有机质多、阴雨降温等条件均利于斜管虫繁殖，增加暴发风险。

#### 3. 主要症状

(1)行为异常：患病鱼常表现为靠近池边浮于水面上或侧卧于水面上，游动缓慢，有的甚至失去平衡。

(2)体表变化：病鱼体表和鳃部有大量黏液，体表形成苍白色或淡蓝色的一层黏液。鳃丝常挂脏，严重时鳃组织受到严重破坏。

(3)呼吸困难：由于鳃组织受损，病鱼呼吸困难，常出现浮头现象。

(4)食欲减退：患病鱼食欲减退，消瘦发黑，有的甚至停止摄食。

(5)死亡现象：病程较急，如不及时处理，能够造成鱼苗或鱼种的大量死亡。

#### 4. 防治方法

防治方法同"鳜鱼车轮虫病"。

### 🧰 项目实施

#### 鳜鱼细菌性败血症的防治

#### 一、明确目的

1. 能判断鳜鱼细菌性败血症的病原。

2. 会分析鳜鱼细菌性败血症的症状及病理变化。

3．能正确诊断鳜鱼细菌性败血症。

4．会防治鳜鱼细菌性败血症。

5．培养生态防治的意识和环保的观念。

## 二、工作准备

### (一)引导问题

1．鳜鱼的典型疾病有哪些？

_____

_____

_____

_____

2．鳜鱼细菌性败血症有哪些特点？

_____

_____

_____

_____

_____

3．怎样防治鳜鱼细菌性败血症？

_____

_____

_____

_____

_____

4．写出安全注意事项。

_____

_____

_____

_____

_____

## (二)确定实施方案

小组讨论，制订实施方案，确定人员分工(表 3-5-1)。

表 3-5-1　方案设计表

| 组长 | | | 组员 | |
|---|---|---|---|---|
| 学习项目 | | | | |
| 学习时间 | | 地点 | | 指导教师 |
| 准备内容 | 样品 | | | |
| | 工具 | | | |
| | 器皿 | | | |
| 具体步骤 | | | | |
| 任务分工 | 姓名 | 工作分工 | | 完成效果 |
| | | | | |
| | | | | |
| | | | | |
| | | | | |
| | | | | |

## (三)所需样品、工具和器皿的准备

请按表 3-5-2 列出本工作所需的样品、工具和器皿。

表 3-5-2　鳜鱼细菌性败血症的防治所需的样品、工具和器皿

| 样品 | 名称 | 规格 | 数量 | 已准备 | 未准备 | 备注 |
|---|---|---|---|---|---|---|
| | | | | | | |
| 工具 | 名称 | 规格 | 数量 | 已准备 | 未准备 | |
| | | | | | | |
| 器皿 | 名称 | 规格 | 数量 | 已准备 | 未准备 | |
| | | | | | | |
| 其他准备工作 | | | | | | |

## 三、实施过程

"鳜鱼细菌性败血症的防治"任务实施过程见表3-5-3。

**表3-5-3 "鳜鱼细菌性败血症的防治"任务实施过程**

| 环节 | 操作及说明 | 注意事项及要求 |
|---|---|---|
| 1 | 鳜鱼细菌性败血症病原的观察和判断 | 认真观察，组员们相互讨论，并确定 |
| 2 | 鳜鱼细菌性败血症的症状及病理变化的观察和分析 | |
| 3 | 鳜鱼细菌性败血症的诊断 | |
| 4 | 鳜鱼细菌性败血症的防治 | |
| 5 | 如实记录实施过程现象和实施结果，撰写实施报告 | |
| 6 | 整理现场 | 按规范要求，对实施场所进行整理清场后填写回收记录单 |

## 四、评价与总结

### (一)评价

根据项目实施情况，学生自评、学生互评和教师评价相结合，进行综合评价(表3-5-4)。

**表3-5-4 学生综合评价表**　　　　　　　　年　月　日

| 评价标准及分值 | | 学生自评 | 学生互评 | 教师评价 |
|---|---|---|---|---|
| 学习与工作态度 (5分) | 态度端正，严谨、认真，遵守纪律和规章制度 | | | |
| 职业素养 (10分) | 程序规范；热爱劳动、崇尚技能；耐心细致、精益求精；团结合作、不断创新 | | | |
| 制订方案 (10分) | 按要求查阅资料，参与方案的制订，能协调解决实际问题 | | | |
| 工作准备 (5分) | 能选择适宜的场地，并准备好所需样品、工具和器皿等 | | | |
| 鳜鱼细菌性败血症的防治 (40分) | 会观察和判断病原，会观察和分析症状及病理变化、能正确诊断鳜鱼细菌性败血症，能正确防治该病 | | | |
| 原始记录和报告 (10分) | 真实、准确、无涂改，书写整洁，格式符合规范要求 | | | |
| 场地清整 (10分) | 将所用器具整理归位，场地清理干净 | | | |
| 工作汇报 (10分) | 如实准确，有总结、心得和不足及改进措施 | | | |
| 总分 | | | | |

### (二)总结汇报

1. 分小组制作 PPT、Word 工作总结，提交工作报告。
2. 小组成员互相讲解，并推荐一名成员向全班汇报。

### 📋 知识拓展

**【让党旗在新征程上高高飘扬】**
守住水产疫控初心 践行绿色发展使命

课后习题

### 一、选择题

1. 鳜鱼病害预防要做好消毒工作，主要包括(    )等的消毒。
   A. 池塘          B. 鳜鱼鱼苗种          C. 工具          D. 饵料鱼的消毒
2. 塘水为(    )等水色，表示池塘水质良好。
   A. 绿色          B. 褐绿色          C. 暗绿色          D. 灰色
3. 高温养殖期每隔(    )d 选用过氧化氢或二氧化氯等改良水质。
   A. 5～10          B. 10～15          C. 15～20          D. 20～25
4. 车轮虫病的流行水温为(    )℃。
   A. 12～20          B. 20～28          C. 28～36
5. 患寄生虫的病鱼可用(    )食盐水浸浴 5 min 左右，根据气温、鱼体的耐受程度具体灵活掌握。
   A. 1%～2%          B. 2%～3%          C. 3%～4%          D. 4%～5%

### 二、判断题

1. 选择优质的鳜鱼鱼苗种是预防鳜鱼病害的重要工作。                    (    )
2. 池塘鱼、虾、蟹等进行换养和轮养，不利于鳜鱼病害防治。              (    )
3. 水质与底质的改良是预防鳜鱼疾病的重要措施。                        (    )
4. 发生鳜鱼细菌性败血症的鱼塘会出现"转水"或"倒藻"现象。              (    )
5. 患细菌性败血症的鱼离群漫游，呈明显的"黑头黄身"现象。              (    )
6. 鳜鱼细菌性败血症的流行水温为 30 ℃以上，发病呈急性型。            (    )
7. 车轮虫病对鳜鱼鱼苗种危害最大。                          (    )
8. 鳜鱼斜管虫病病原是鲤斜管虫。                            (    )
9. 车轮虫与斜管虫会同时以优势种群数量感染鳜鱼。              (    )

拓展项目：鳜鱼捕捞
和运输技术

# 模块四  加州鲈生态养殖技术

模块四导学视频

# 项目一  加州鲈的生物学特性

### 加州鲈的养殖前景

加州鲈有"淡水石斑"之称。其肉质细嫩、味道鲜美，营养丰富，脂肪含量低，具有健脾养胃、补脑健脑、增强免疫力等功能，备受养殖者和消费者青睐。

加州鲈是一种淡水广温性的肉食性鱼类，原产于北美洲的淡水水域。因其营养价值高，兼具药用价值，且抗病力强，生长迅速，已被世界各国广泛引种。20世纪80年代初引入我国内地，现已推广到全国许多省市，成为我国特种水产品之一。

加州鲈生长速度快，当年繁殖鱼苗能长到0.5 kg，达到上市规格，养殖户可以在较短时间内获得收益，且养殖周期较短，降低了养殖风险。加州鲈适应性广，既可在淡水中养殖，也可在海水中养殖，增加了养殖的灵活性。加州鲈市场需求大，价格相对较高，是中国市场上热销品种之一。加州鲈养殖技术相对成熟，养殖户可以通过科学的养殖方法，提高养殖效率，降低养殖成本。随着科技的发展和市场的需求，加州鲈的养殖规模有望进一步扩大，为养殖户带来更多的收益，养殖前景非常广阔。

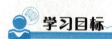

**知识目标**

1. 掌握加州鲈的习性和食性。

2. 熟悉加州鲈的繁殖特性。

3. 了解加州鲈的形态特征。

**能力目标**

1. 明确加州鲈的习性和食性。

2. 理解加州鲈的繁殖特性。

**素养目标**

1. 具有良好的职业道德。

2. 具备从事加州鲈无公害养殖所必备的基本职业素质。

3. 具备发现问题、分析问题和解决问题的基本能力。

# 任务一　加州鲈的分类地位和形态特征

## 一、加州鲈的分类地位

加州鲈又称为大口黑鲈、美洲大口鲈、大嘴鲈等，分类学上隶属于鱼纲，鲈形目，太阳鱼科，黑鲈属。加州鲈是一种抗病力强、生长迅速、肉质鲜美的名贵肉食性鱼类。

## 二、加州鲈的形态特征

加州鲈身体呈纺锤状，体侧扁，体高与体长比为 $1:3.5\sim1:4.2$，头长与体长比为 $1:3.2\sim1:3.4$。头中等大，眼大，眼珠凸出。吻长，口上位，口裂大而宽，口裂向后延达眼中部，斜裂。颌能伸缩，上、下颌具梳状齿，多而细小，大小一致。背鳍2个，硬棘与鳍条部之间有深缺刻；腹鳍胸位，起点位于背鳍起点下方；尾鳍叉形。鱼背颜色为青黑色，腹部为灰白色。从吻端至尾鳍基部有排列成带状的黑斑。鳃盖上有3条呈放射状的黑斑。体被细小栉鳞（图4-1-1）。

视频：加州鲈的分类地位和形态特征

图 4-1-1　加州鲈的形态特征

## 三、加州鲈雌雄形态特征差异

### 1. 雌性加州鲈

成熟雌鱼体型较粗短，体色较暗，鳃盖部光滑，胸鳍呈圆形，后腹部膨大、松软，卵巢轮廓明显，生殖孔红肿凸出，上下两孔，用手轻压有卵粒流出。

课件：加州鲈的分类地位和形态特征

### 2. 雄性加州鲈

成熟雄鱼体型较长，体色较鲜艳，鳃盖部略粗糙，胸鳍狭长，生殖孔凹陷，后腹部略微膨出，松软，精巢轮廓不明显，轻压腹部有乳白色精液流出。

# 任务二　加州鲈的生活习性和食性

## 一、加州鲈的生活习性

自然条件下，加州鲈主要栖息于水质清新，且有水生植物分布的水域中，尤喜在湖泊、水库1～3 m深的浅水区、池塘等地方生活。经人工养殖驯化，加州鲈能适应较肥沃的池塘水质，一般活动于中、下水层，常藏身于植物丛中。

课件：加州鲈的生活习性和食性

水温1～36 ℃范围内均能生存，10 ℃以上开始摄食，最适生长温度为20～30 ℃，溶解氧4 mg/L以上，pH值为6～8.5，盐度为10‰以下。

## 二、加州鲈的食性

### 1. 肉食性

加州鲈是凶猛的肉食性淡水鱼类，掠食性强，常单独觅食，摄食量大，食物包括小鱼、虾和水生昆虫等。水质良好，水温在25 ℃以上，幼鱼摄食量可达总体重的50%，商品鱼达总体重的20%（图4-1-2）。

图4-1-2　加州鲈的食性

### 2. 食物种类

加州鲈一般以新鲜的、含蛋白质高的动物性食物为食，如小杂鱼、虾、浮游动物等。食物种类因鱼体大小而异。鱼苗阶段以桡足类和枝角类幼体、轮虫为主要饵料。鱼苗体长为6～8 mm时，以浮游动物如轮虫、桡足类无节幼体为主。鱼苗体长为9～35 mm时，以丝蚯蚓、小型枝角类、轮虫为主。鱼苗体长35 mm以上转食虾苗。成鱼主要捕食小鱼苗、小虾、昆虫等。人工饲养时可投喂各种动物性饵料。

### 3. 摄食的季节变化

加州鲈在不同季节摄食量会有所变化。春、夏季，摄食量逐渐增加；秋、冬季，摄食量逐渐减少。

### 4. 投喂方式

加州鲈在养殖过程中，根据其摄食方式，通常采取定时和抛投方式投喂。每天投喂4～6次，每次投喂时间不少于1 h。投喂时，应遵循少量多次的原则，根据摄食鱼的数量抛出适量的饵料。此种投喂方式既可引起鱼苗抢食，增加食欲，还可保证每条鱼都能吃到饵料，避免自相残杀。

# 任务三　加州鲈的生长和繁殖特性

## 一、加州鲈的生长特性

加州鲈生长速度较快，养殖3～4个月即可达到上市标准。刚出膜仔鱼全长为0.3 cm，26日龄幼鱼全长达3.38 cm。我国南方地区，当年3—4月孵出的鱼苗，至春节期间体重可达500～750 g，第二年达1 500 g。1～2龄加州鲈生长速度最快，以后逐年减慢。

## 二、加州鲈的繁殖特性

课件：加州鲈的
生长和繁殖特性

### 1. 繁殖季节

加州鲈繁殖季节在春、夏季之间，即 3—6 月。繁殖期需适宜的水温、充足的营养、良好的水质条件、一定的光照时间和氧气含量。

### 2. 加州鲈性成熟年龄和体重

一般性成熟年龄为 1 年以上，但以第 2、3 年的繁殖效果较好，性腺每年成熟 1 次，成熟雄鱼和雌鱼体重均达 400 g 以上。

### 3. 加州鲈产卵特性

加州鲈繁殖适宜水温为 18～26 ℃，最适温度为 20～24 ℃。产卵期在 3—7 月，4 月为产卵盛期。体重 1 kg 雌鱼怀卵量为 4 万～10 万粒（图 4-1-3）。加州鲈有挖窝筑巢产卵习性，属多次产卵类型，一年内可多次产卵，每次产卵 0.2 万～1 万粒。卵为圆球状，淡黄色，黏性，但黏着力较弱。脱黏卵为沉性，卵径为 1.22～1.45 mm。

图 4-1-3 加州鲈的繁殖特性

### 4. 胚胎发育

加州鲈胚胎发育时间随水温升高，孵化时间缩短。孵化水温为 18～21 ℃，孵出仔鱼时间约需 45 h。水温为 24～26 ℃，孵化时间约需 30 h。

## 项目实施

### 加州鲈的雌雄鉴别

## 一、明确目的

1. 会观察加州鲈的雌雄特征。
2. 能鉴别加州鲈的雌雄。
3. 具备严谨认真的工作态度和精益求精的精神。

## 二、工作准备

### (一)引导问题

1. 加州鲈雌鱼具有哪些典型的性别特征？

2. 加州鲈雄鱼具有哪些典型的性别特征？

_____

_____

3. 写出安全注意事项。

_____

_____

## (二)确定实施方案

小组讨论，制订实施方案，确定人员分工(表 4-1-1)。

表 4-1-1　方案设计表

| 组长 | | | 组员 | | |
|---|---|---|---|---|---|
| 学习项目 | | | | | |
| 学习时间 | | 地点 | | 指导教师 | |
| 准备内容 | 样品 | | | | |
| | 工具 | | | | |
| | 器皿 | | | | |
| 具体步骤 | | | | | |
| 任务分工 | 姓名 | | 工作分工 | | 完成效果 |
| | | | | | |
| | | | | | |

## (三)所需样品、工具、器皿和场地准备

请按表 4-1-2 列出本工作所需的样品、工具、器皿和场地。

表 4-1-2　加州鲈的雌雄鉴别所需的样品、工具、器皿和场地

| 样品 | 名称 | 规格 | 数量 | 已准备 | 未准备 | 备注 |
|---|---|---|---|---|---|---|
| | | | | | | |
| 工具 | 名称 | 规格 | 数量 | 已准备 | 未准备 | |
| | | | | | | |
| 器皿 | 名称 | 规格 | 数量 | 已准备 | 未准备 | |
| | | | | | | |
| 场地 | 名称 | 规格 | 数量 | 已准备 | 未准备 | |
| | | | | | | |
| 其他准备工作 | | | | | | |

## 三、实施过程

"加州鲈的雌雄鉴别"任务实施过程见表4-1-3。

表 4-1-3 "加州鲈的雌雄鉴别"任务实施过程

| 环节 | 操作及说明 | 注意事项及要求 |
|---|---|---|
| 1 | 加州鲈雌鱼的典型性别特征观察和分析 | 认真观察，组员们相互讨论，并确定 |
| 2 | 加州鲈雄鱼的典型性别特征观察和分析 | |
| 3 | 加州鲈雌雄的鉴别 | |
| 4 | 整理现场 | 按规范要求，对实施场所进行整理清场后填写回收记录单 |

## 四、评价与总结

### (一)评价

根据项目实施情况，学生自评、学生互评和教师评价相结合，进行综合评价(表4-1-4)。

表 4-1-4　学生综合评价表　　　　　　　　　年　月　日

| 评价标准及分值 | | 学生自评 | 学生互评 | 教师评价 |
|---|---|---|---|---|
| 学习与工作态度<br>（5分） | 态度端正，严谨、认真，遵守纪律和规章制度 | | | |
| 职业素养<br>（10分） | 程序规范；热爱劳动、崇尚技能；耐心细致、精益求精；团结合作、不断创新 | | | |
| 制订方案<br>（10分） | 按要求查阅资料，参与方案的制订，能协调解决实际问题 | | | |
| 工作准备<br>（5分） | 能选择适宜的场地，并准备好所需样品、工具和器皿等 | | | |
| 加州鲈的雌雄鉴别<br>（40分） | 会观察和分析加州鲈的雌雄性别特征，能正确鉴别加州鲈的雌雄 | | | |
| 原始记录和报告<br>（10分） | 真实、准确、无涂改，书写整洁，格式符合规范要求 | | | |
| 场地清整<br>（10分） | 将所用器具整理归位，场地清理干净 | | | |
| 工作汇报<br>（10分） | 如实准确，有总结、心得和不足及改进措施 | | | |
| 总分 | | | | |

### (二)总结汇报

1. 分小组制作 PPT、Word 工作总结，提交工作报告。
2. 小组成员互相讲解，并推荐一名成员向全班汇报。

 **知识拓展**

**又双叒叕上央视啦！CCTV 17 聚焦南金村加州鲈**

### 课后习题

#### 一、选择题

1. 加州鲈的体长为体高的（　　）倍。
    A. 1　　　　　　B. 2　　　　　　C. 3　　　　　　D. 4

2. 加州鲈的开口饵料为（　　）。
    A. 配合饲料　　　B. 动物内脏　　　C. 浮游动物　　　D. 小鱼苗

3. 加州鲈性成熟年龄为（　　）龄。
    A. 1　　　　　　B. 2～3　　　　　C. 3～4　　　　　D. 5～6

4. 加州鲈繁殖最适温度为（　　）℃。
    A. 10～15　　　　B. 20～24　　　　C. 25～30　　　　D. 30～35

#### 二、判断题

1. 加州鲈属鲈形目，太阳鱼科，黑鲈属。　　　　　　　　　　　　　　　（　　）
2. 加州鲈头长与体长比为 1：3.2～1：3.4。　　　　　　　　　　　　　（　　）
3. 加州鲈成熟雄鱼体型较粗短。　　　　　　　　　　　　　　　　　　　（　　）
4. 加州鲈成熟雌鱼体型较长。　　　　　　　　　　　　　　　　　　　　（　　）
5. 加州鲈对溶解氧的要求为大于 4 mg/L。　　　　　　　　　　　　　　（　　）

# 项目二　加州鲈的人工繁殖技术

### 加州鲈人工繁殖的概况

加州鲈无肌间刺，肉质细嫩，味道鲜美，深受广大消费者的喜爱，是一种高档食用鱼类。20世纪70年代末，台湾地区从国外引进加州鲈，并于1983年获得人工繁殖成功，同年从台湾地区引入广东地区，并于1985年相继人工繁殖成功。由于加州鲈的上述优点，被广泛推广到全国各地养殖，目前已成为我国主要的淡水养殖品种之一。

学习目标

**知识目标**

1. 熟悉加州鲈亲鱼的选择方法。
2. 掌握加州鲈人工催产技术和人工孵化技术。

**能力目标**

1. 明确加州鲈的生物学特性。
2. 具备对加州鲈人工催产和人工孵化的能力。

**素养目标**

1. 具备从事加州鲈人工繁殖的基本职业素质。
2. 培养学生吃苦耐劳、独立思考、团结协作的精神。

## 任务一　加州鲈亲鱼的来源和培养

### 一、加州鲈亲鱼的来源

加州鲈亲鱼来源于池塘中经过精心投喂和饲养管理而发育成熟的亲鱼，如图4-2-1所示。

图4-2-1　加州鲈亲鱼

课件：加州鲈亲鱼的
来源和培养

### 二、加州鲈亲鱼的培育

#### 1. 亲鱼的选择

加州鲈1冬龄可达性成熟，但怀卵量较少。选择亲鱼，要选用2～4冬龄，体重为0.5～

2.0 kg 的鱼，且以大龄鱼较好。雌雄宜异地选配，要求选择体质健康、体色鲜艳、肥满度好的成鱼做后备亲鱼。雌雄比例为 1∶1，雌雄分养。

**2. 亲鱼的培育**

亲鱼培育可采用混养和单养两种模式。

（1）混养。亲鱼培育混养时，要选面积大、水质清新、溶氧高、鱼虾多的食用鱼塘，也能在家鱼亲鱼塘混养加州鲈亲鱼。这种方式无需投饵，每亩放养 10～20 尾，雌雄分开养。若雌雄同塘，应在产卵前一个月拉网分开，放入有流水或能冲新水的土池、水泥池中强化饲养，日投饵率为 3%～5%。只要饲料足、常冲新水，亲鱼成熟率可达 100%。

（2）单养。亲鱼池面积为 2～3 亩，水深为 2 m，有微流水或冲注新水，每亩可放养 75～150 尾。亲鱼池可套养约为 50 尾，6 cm 左右的鳙鱼，调节水质。饵料为 5～6 cm 的家鱼苗，也可投喂冰鲜小杂鱼的鱼肉块，或投喂 80% 的鱼肉浆加 20% 的鳗鱼饲料，另外，可加含 1% 维生素 E 的软颗粒配合饲料，日投饵率为 3%～5%。若饲料充足、注水换水，成熟率可达 80%～90%。

# 任务二　加州鲈的人工繁殖技术

## 一、加州鲈的人工催产

### （一）催产剂的种类和剂量

#### 1. PG（鲤、鲫鱼脑垂体）

每千克雌亲鱼 PG 用量为 5～6 mg，分两次注射，第 1 次注射剂量为全量的 15%～20%，12～14 h 后再将剩余量注射完全。雄亲鱼注射剂量减半，在雌鱼第 2 次注射时一次注射完成。

#### 2. HCG（绒毛膜促性腺激素）与 PG（鲤、鲫鱼脑垂体）混合使用

每千克雌亲鱼一次注射 HCG 剂量为 300 国际单位，PG 剂量为 3 mg，雄亲鱼注射剂量减半。

视频：加州鲈的
人工繁殖技术

### （二）注射方法

采用体腔注射或腹腔注射。在加州鲈胸鳍或腹鳍基部无鳞片的凹入部，将针头朝鱼的头部方向与体轴成 45°，刺入体腔，深度为 1～2 cm，缓缓注入液体。注射完成后，立即将亲鱼放回产卵池中，并适当制造微流水环境。

## 二、加州鲈产卵、受精和孵化

成熟亲鱼人工催产后，经过一定时间，就会发情产卵与排精，精、卵结合，即完成受精过程。

课件：加州鲈的
人工繁殖技术

### （一）效应时间

效应时间是指从注射激素到发情、产卵的这段时间。加州鲈催产效应时间较长，与水温有密切关系，水温为 16～18 ℃，效应时间为 48～52 h；水温为 22～26 ℃，注射激素后 18～30 h 发情产卵。

### (二)产卵与孵化

#### 1. 适宜的产卵温度

加州鲈适宜产卵温度为 20~24 ℃。

#### 2. 亲鱼发情产卵

在繁殖过程中,雄鱼会不断用头部顶撞雌鱼腹部。当发情至高潮时,雌雄鱼腹部紧贴进行产卵射精。产完卵后,亲鱼会在周围短暂停留,随后雄鱼再次靠近雌鱼,经过几番刺激,雌鱼会再次发情产卵。加州鲈属于多次产卵类型,在同一产卵池中,连续 1~2 d 能看到亲鱼产卵,直至第三天完成全部产卵过程。

#### 3. 孵化池

孵化池可选用水泥池和家鱼用的孵化设施,要求水质清新,有微流水或增氧设备,溶解氧含量在 5 mg/L 以上。

#### 4. 孵化

加州鲈鱼卵近球状,产入水中,卵膜迅速吸水膨胀,呈现弱黏性,常黏附在鱼巢水草上或池壁上。生产上受精卵可以保留在产卵池中孵化。受精卵孵化水温为 20~24 ℃,孵化时间为 32~34 h;水温为 17~19 ℃,孵化时间为 52 h。

## 🧰 项目实施

### 加州鲈人工催产催产剂的种类和剂量确定

### 一、明确目的

1. 会选择加州鲈人工催产催产剂的种类。
2. 能确定加州鲈人工催产催产剂的剂量。
3. 具备严谨认真的工作态度和精益求精的精神。

### 二、工作准备

### (一)引导问题

1. 加州鲈人工催产催产剂的剂量如何确定?

_____

_____

2. 加州鲈人工催产时如何注射催产剂?

_____

_____

3. 写出安全注意事项。

_____

_____

_____

## (二)确定实施方案

小组讨论，制订实施方案，确定人员分工(表 4-2-1)。

表 4-2-1　方案设计表

| 组长 | | | 组员 | | |
|---|---|---|---|---|---|
| 学习项目 | | | | | |
| 学习时间 | | 地点 | | 指导教师 | |
| 准备内容 | 样品 | | | | |
| | 工具 | | | | |
| | 器皿 | | | | |
| 具体步骤 | | | | | |
| 任务分工 | 姓名 | | 工作分工 | | 完成效果 |
| | | | | | |
| | | | | | |
| | | | | | |

## (三)所需样品、工具、器皿和场地准备

请按表 4-2-2 列出本工作所需的样品、工具、器皿和场地。

表 4-2-2　加州鲈人工催产催产剂的种类和剂量确定所需的样品、工具、器皿和场地

| 样品 | 名称 | 规格 | 数量 | 已准备 | 未准备 | 备注 |
|---|---|---|---|---|---|---|
| | | | | | | |
| 工具 | 名称 | 规格 | 数量 | 已准备 | 未准备 | |
| | | | | | | |
| 器皿 | 名称 | 规格 | 数量 | 已准备 | 未准备 | |
| | | | | | | |
| 场地 | 名称 | 规格 | 数量 | 已准备 | 未准备 | |
| | | | | | | |
| 其他准备工作 | | | | | | |

## 三、实施过程

"加州鲈人工催产催产剂的种类和剂量确定"任务实施过程见表 4-2-3。

**表 4-2-3 "加州鲈人工催产催产剂的种类和剂量确定"任务实施过程**

| 环节 | 操作及说明 | 注意事项及要求 |
|---|---|---|
| 1 | 加州鲈人工催产催产剂的种类选择分析 | 仔细认真分析，组员们相互讨论，并确定 |
| 2 | 加州鲈人工催产催产剂的剂量确定分析 | |
| 3 | 加州鲈人工催产时如何注射催产剂 | |
| 4 | 整理现场 | 按规范要求，对实施场所进行整理清场后填写回收记录单 |

## 四、评价与总结

### (一)评价

根据项目实施情况，学生自评、学生互评和教师评价相结合，进行综合评价(表 4-2-4)。

**表 4-2-4 学生综合评价表**　　　　　　　　年　月　日

| 评价标准及分值 | | 学生自评 | 学生互评 | 教师评价 |
|---|---|---|---|---|
| 学习与工作态度<br>(5分) | 态度端正，严谨、认真，遵守纪律和规章制度 | | | |
| 职业素养<br>(10分) | 程序规范；热爱劳动、崇尚技能；耐心细致、精益求精；团结合作、不断创新 | | | |
| 制订方案<br>(10分) | 按要求查阅资料，参与方案的制订，能协调解决实际问题 | | | |
| 工作准备<br>(5分) | 能选择适宜的场地，并准备好所需样品、工具和器皿等 | | | |
| 加州鲈人工催产催产剂的种类和剂量确定<br>(40分) | 会选择加州鲈人工催产催产剂的种类，能分析并确定加州鲈人工催产催产剂的剂量 | | | |
| 原始记录和报告<br>(10分) | 真实、准确、无涂改，书写整洁，格式符合规范要求 | | | |
| 场地清整<br>(10分) | 将所用器具整理归位，场地清理干净 | | | |
| 工作汇报<br>(10分) | 如实准确，有总结、心得和不足及改进措施 | | | |
| 总分 | | | | |

### (二)总结汇报

1. 分小组制作 PPT、Word 工作总结，提交工作报告。
2. 小组成员互相讲解，并推荐一名成员向全班汇报。

## 知识拓展

**加州鲈鱼苗是怎样繁殖孵化出来的？**

 课后习题

### 一、选择题

1. 加州鲈亲鱼来源一般是（　　）。
  A. 天然水域捕捞　　　　B. 池塘中培育　　　　C. 市场中购买
2. 家鱼亲鱼塘中混养加州鲈亲鱼，不投饵料，每亩可放养（　　）尾。
  A. 10～20　　　　B. 20～30　　　　C. 30～40　　　　D. 40～50
3. 加州鲈自然受精的雌雄比一般为（　　）。
  A. 1∶1　　　　B. 1∶1～1∶1.5　　　　C. 1∶1～1.5∶1　　　　D. 1∶2
4. 向加州鲈体腔注射催产剂，注射角度为（　　）。
  A. 25°　　　　B. 35°　　　　C. 45°　　　　D. 55°
5. 加州鲈受精卵人工孵化最适宜温度为（　　）℃。
  A. 20～24　　　　B. 24～26　　　　C. 26～28　　　　D. 29～31

### 二、判断题

1. 套养加州鲈亲鱼的亲鱼池，应按标准配备增氧机，适时增氧。（　　）
2. 选择亲鱼，应选用 2～4 冬龄，体重在 0.5～2.0 kg 的鱼做亲鱼，且以大龄鱼为好。（　　）

# 项目三　加州鲈的苗种培育技术

项目导读

**加州鲈苗种培育对成鱼养殖影响的重要性**

加州鲈鱼苗的培育阶段，是整个养殖中难度最大、技术性最强的阶段，其中关键环节是驯化，决定着养殖能否成功。驯化好，可提高苗种的成活率，加快苗种的生长速度，为后期养殖奠定良好的基础。

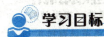学习目标

**知识目标**

1. 掌握加州鲈鱼苗培育关键技术。

2. 掌握加州鲈鱼种培育关键技术。

**能力目标**

1. 具备培育加州鲈鱼苗的能力。

2. 具备培育加州鲈鱼种的能力。

**素养目标**

1. 具备从事加州鲈苗种培育所必备的基本职业素质。

2. 培养学生吃苦耐劳、艰苦奋斗的精神。

## 任务一　加州鲈的鱼苗培育技术

### 一、鱼苗池的要求和放养

#### 1. 水泥池培育

（1）水泥池条件。水泥池面积为 100 m² 左右，水深为 0.6~1 m，也可利用原有产卵池作为鱼苗培育池，如图 4-3-1 所示。

**图 4-3-1　加州鲈鱼苗水泥池培育**

（2）放养密度。放养密度由培育池排水灌水的条件决定。若水源充足，可放养体长 2 cm 以下

的鱼苗 $400\sim600$ 尾/m²，体长 $2\sim3$ cm 的鱼苗 $200\sim300$ 尾/m²。

### 2. 池塘培育

（1）池塘条件。鱼苗培育池面积为 0.5 亩，水深为 $0.8\sim1$ m。鱼苗下塘前 $7\sim10$ d 用生石灰清塘消毒，每亩用量为 $100\sim125$ kg。清塘后注水，须用 40 目纱绢过滤进水水源后才能注入池中。注水完成后施放人畜粪或大草沤水，促进浮游生物繁殖，为苗种提供适口的饵料生物。

视频：加州鲈的
鱼苗培育技术

（2）池塘试水。当池塘中轮虫生物量达到高峰时放养鱼苗，鱼苗下塘前一天，须放养 17 cm 左右的鳙鱼鱼种数尾进行试水，检验池塘的肥度和有无毒性后，才能放养鱼苗。试水鳙鱼必须是健康的，放养鱼苗以前须将鳙鱼全部捞出。

（3）放养密度。一般每亩可放养开口摄食鱼苗 3 万～5 万尾，或规格为 $1.5\sim2.5$ cm 的鱼苗 1.5 万～2 万尾。

课件：加州鲈的
鱼苗培育技术

## 二、鱼苗的饲养

加州鲈鱼苗自相残杀比较严重，因此，投喂适口的饵料，让其吃饱，是提高培苗成活率的关键技术之一。

### 1. 饵料的投喂

鱼苗下池后大量摄食浮游动物，须每日捞取一定量的浮游动物，或施放粪肥、大草，培育浮游动物来补充产卵池鱼苗饵料的不足。鱼苗下塘数天后，若天然饵料不足，应及时投喂人工饵料。刚开始摄食的鱼苗，可投喂轮虫、水蚤、蛋黄等。3 cm 左右的鱼苗，应投喂孑孓、红虫和碎肉加鳗鱼饲料。稍大时还可投喂小鱼、虾。

### 2. 投喂次数管理

开始时每日投喂 $4\sim5$ 次为宜，逐渐减少至 3 次。每隔 $3\sim5$ d 应及时追施粪肥或大草培育池塘天然饵料。一般情况下，前期应投喂鱼体重的 $50\%\sim60\%$，后期根据鱼体的生长情况减到 $20\%$ 左右。

### 3. 分塘

当仔鱼长到 $3\sim4$ cm 时，若饵料不足，鱼苗会自相残杀，应及时分塘或出售。

## 三、培育期间的管理

### 1. 水质管理

要求水质清新，池水中溶氧量应大于 4 mg/L，pH 值为 $7\sim8.5$。应经常加注新水，透明度为 $25\sim35$ cm。后期水位在 $1\sim2$ m。

### 2. 及时分筛

为确保鱼苗规格一致，应及时分筛。加州鲈鱼苗长至 3 cm 左右，鳞片较完整时，就要拉网分筛，分池培育。此后，水泥池每隔 10 d，池塘每隔 $15\sim20$ d 分筛一次，按规格大小分池饲养，以提高鱼苗成活率。

### 3. 坚持巡塘制度

每日至少巡塘两次。清晨主要观察是否有鱼苗浮头现象，是否有蛙卵等敌害生物。下午巡塘观察鱼苗摄食情况。天气不好时巡塘，预测鱼苗夜间是否会出现浮头现象。

# 任务二　加州鲈的鱼种培育技术

## 一、鱼种池条件

### 1. 面积

鱼种阶段，培育池选择水泥池或池塘，面积为 1～2 亩、水深为 1.0～1.8 m。

### 2. 水质

水质清新，溶解氧含量大于 4 mg/L，pH 值为 7～8.5，透明度为 25～30 cm。

### 3. 清塘

鱼种入池前 7～10 d，每亩用生石灰 50～75 kg 清塘消毒。消毒后的池塘进水 30～50 cm，适当施肥，培肥水质。

## 二、放养密度与驯化

### 1. 放养密度

每亩放 3 cm 的夏花鱼种 2 万尾，投喂水蚯蚓、小杂鱼肉浆等，日投喂 2～3 次，日投饵率 5%～10%。保持鱼池水质清新，鱼种 15～20 d 体长可达 5～6 cm，此时要按规格分疏饲养。

### 2. 驯化

加州鲈经驯化，完全可以转食配合饲料。在鱼种规格达到 4～5 cm 时进行驯化最为理想，开始驯化时可用鲤科鱼类同期夏花鱼种、小杂鱼、条状鱼肉等。要求饵料新鲜适口。待鱼适应摄食死饵后，即可逐渐改喂配合饲料，如图 4-3-2 所示。

**图 4-3-2　加州鲈鱼种培育**

## 三、分级培育

### 1. 一级培育

第一阶段是鱼种经过 15～20 d 的饲养，由 3～4 cm 培育至 5～6 cm 的时期。水泥池一般可放养 3～4 cm 的鱼种 100～150 尾/m²，池塘放养 3～4 cm 的鱼种 0.7 万～1 万尾/亩。此阶段投喂料有水蚯蚓、乌仔大小的各种鱼苗及各种低值杂鱼浆。日投饵 2～3 次，日投饵量占全池鱼总质量的 5%～10%。

### 2. 二级培育

第二阶段是鱼种经过 20～30 d 的饲养，由 5～6 cm 培育至 14.5～16 cm 的时期。此阶段一般在池塘中进行，每亩按常规方法先放养鲢鱼、鳙鱼鱼苗 40 万～50 万尾，培育至 2～3 cm 时作为鱼种的饵料鱼。也可以投喂鱼肉浆和鱼肉块进行饲喂。每亩水面可放养 5～6 cm 鱼种 1 600～2 000 尾。

## 🧰 项目实施

### 加州鲈鱼苗培育期间的管理

## 一、明确目的

1. 会检测加州鲈鱼苗培育池的水质指标。
2. 能根据加州鲈鱼苗的生长情况及时分筛。

3. 会进行巡塘管理。

4. 具备严谨认真的工作态度和精益求精的精神。

## 二、工作准备

### (一)引导问题

1. 加州鲈鱼苗对水质指标的要求有哪些？

_____

_____

_____

_____

_____

_____

2. 怎样及时分筛加州鲈鱼苗？

_____

_____

_____

_____

_____

3. 写出安全注意事项。

_____

_____

_____

_____

_____

## (二)确定实施方案

小组讨论，制订实施方案，确定人员分工(表4-3-1)。

### 表4-3-1 方案设计表

| 组长 | | | 组员 | | |
|---|---|---|---|---|---|
| 学习项目 | | | | | |
| 学习时间 | | 地点 | | 指导教师 | |
| 准备内容 | 样品 | | | | |
| | 工具 | | | | |
| | 器皿 | | | | |
| | 场地 | | | | |
| 具体步骤 | | | | | |
| 任务分工 | 姓名 | 工作分工 | | | 完成效果 |
| | | | | | |
| | | | | | |
| | | | | | |
| | | | | | |

## (三)所需样品、工具、器皿和场地准备

请按表4-3-2列出本工作所需的样品、工具、器皿和场地。

### 表4-3-2 加州鲈鱼苗培育期间的管理所需的样品、工具、器皿和场地

| 样品 | 名称 | 规格 | 数量 | 已准备 | 未准备 | 备注 |
|---|---|---|---|---|---|---|
| | | | | | | |
| 工具 | 名称 | 规格 | 数量 | 已准备 | 未准备 | |
| | | | | | | |
| 器皿 | 名称 | 规格 | 数量 | 已准备 | 未准备 | |
| | | | | | | |
| 场地 | 名称 | 规格 | 数量 | 已准备 | 未准备 | |
| | | | | | | |
| 其他准备工作 | | | | | | |
| | | | | | | |

## 三、实施过程

"加州鲈鱼苗培育期间的管理"任务实施过程见表 4-3-3。

**表 4-3-3 "加州鲈鱼苗培育期间的管理"任务实施过程**

| 环节 | 操作及说明 | 注意事项及要求 |
|------|------------|----------------|
| 1 | 加州鲈鱼苗培育池水质的观察和检测 | 认真观察，组员们相互讨论，并确定 |
| 2 | 加州鲈鱼苗分筛的操作 | |
| 3 | 巡塘管理 | |
| 4 | 整理现场 | 按规范要求，对实施场所进行整理清场后填写回收记录单 |

## 四、评价与总结

### (一)评价

根据项目实施情况，学生自评、学生互评和教师评价相结合，进行综合评价(表 4-3-4)。

**表 4-3-4 学生综合评价表**　　　　年　月　日

| 评价标准及分值 | | 学生自评 | 学生互评 | 教师评价 |
|------|------|------|------|------|
| 学习与工作态度 (5分) | 态度端正，严谨、认真，遵守纪律和规章制度 | | | |
| 职业素养 (10分) | 程序规范；热爱劳动、崇尚技能；耐心细致、精益求精；团结合作、不断创新 | | | |
| 制订方案 (10分) | 按要求查阅资料，参与方案的制订，能协调解决实际问题 | | | |
| 工作准备 (5分) | 能选择适宜的场地，并准备好所需样品、工具和器皿等 | | | |
| 加州鲈鱼苗培育期间的管理 (40分) | 会检测和分析加州鲈鱼苗培育池水质情况，能正确分筛加州鲈的鱼苗，会巡塘管理 | | | |
| 原始记录和报告 (10分) | 真实、准确、无涂改，书写整洁，格式符合规范要求 | | | |
| 场地清整 (10分) | 将所用器具整理归位，场地清理干净 | | | |
| 工作汇报 (10分) | 如实准确，有总结、心得和不足及改进措施 | | | |
| 总分 | | | | |

### (二)总结汇报

1. 分小组制作 PPT、Word 工作总结，提交工作报告。
2. 小组成员互相讲解，并推荐一名成员向全班汇报。

## 知识拓展

**水上春耕，播撒春日希望，每年约 1 000 亿尾鱼苗从九江游往全国**

## 课后习题

### 一、选择题

1. 水泥池育加州鲈鱼苗适宜的面积为（　　　）m²。
　　A. 100　　　　　　B. 200　　　　　　C. 300　　　　　　D. 400

2. 加州鲈鱼苗下塘前（　　　）d，用生石灰清塘。
　　A. 1～3　　　　　B. 3～5　　　　　　C. 5～7　　　　　D. 7～10

3. 加州鲈仔鱼长到（　　　）cm 时，应及时分塘。
　　A. 1～2　　　　　B. 3～4　　　　　　C. 5～6　　　　　D. 7～8

4. 水泥池可放养 3～4 cm 的加州鲈鱼种（　　　）尾/m² 进行一级培育。
　　A. 50～100　　　B. 100～150　　　　C. 150～200　　　D. 200～250

### 二、判断题

1. 水泥池培育加州鲈鱼苗时，培育池应经常冲水。（　　　）
2. 鱼种池透明度应保持在 25～30 cm 较好。（　　　）
3. 加州鲈鱼种规格达到 4～5 cm 时进行驯化最为理想。（　　　）

# 项目四　食用加州鲈养殖技术

**我国加州鲈养殖产业发展概况**

我国加州鲈养殖产业近年来得到了快速发展，成为许多地方的支柱产业。据统计，2016 年我国淡水鲈鱼（主要为加州鲈）养殖产量为 37 万 t，主要集中分布在广东、江苏、浙江、江西、四川、福建 6 个省份。

我国加州鲈养殖产业发展的主要特点：规模化养殖逐渐增多；产业链条逐渐完善；环保意识日益增强；品牌化经营趋势明显。总体来说，我国加州鲈养殖产业发展迅速，但也面临一些挑战。未来，我们应继续推进规模化、集约化养殖，加强科技创新，提高产品质量和品牌影响力，以实现产业的持续健康发展。

**知识目标**

1. 掌握池塘主养加州鲈的关键技术。

2. 熟悉亲鱼池套养加州鲈的关键技术。

**能力目标**

具备按技术规程养殖加州鲈食用鱼的能力。

**素养目标**

1. 培养良好的职业道德。

2. 培养从事食用加州鲈养殖所必备的基本职业素质。

## 任务一　池塘主养加州鲈技术

### 一、池塘选择与清整

#### 1. 池塘条件

池塘面积为 2～3 亩，水深在 1.5 m 以上，淤泥不要超过 0.2 m，水源充足，水质清新，进水、排水方便。

#### 2. 前期准备

鱼种放养前须用生石灰 75～100 kg/亩清塘消毒，一周后使用经过发酵的有机肥 150～250 kg/亩，或鱼虾水产专用肥作为基肥肥水，繁殖天然生物饵料。

视频：池塘主养
加州鲈技术

### 二、饲养与管理技术

#### 1. 放养鱼种规格

放养鱼种为当年繁殖培育的鱼种，要求体质健康、规格一致的 7～10 cm 鱼种。

### 2. 放养密度

放养密度一般为 2 000 尾/亩。刚放养时，在池塘一边用密聚乙烯网片围栏一角，以方便吃食驯化，围栏面积占池塘面积的 1/10～1/5。可搭养少量的鲤鱼、鲫鱼和花白鲢，用以维持良好的水质条件。

### 3. 驯化与管理

（1）驯化。吃食驯化是池塘主养加州鲈成功的关键。放养鱼种后，在围栏区域内，每日上午、下午和晚上各投喂一次鲜活红虫、鱼浆等，投饲量为鱼体重的 8%～10%。待鱼体逐渐长大，便开始驯化它们吃冰鲜鱼。投喂时，用手将鱼块一点点投入塘中，让鱼块落水的动态造成在游动的假象，以此引诱加州鲈抢食。约 20 d 后，大部分加州鲈能够主动吃食，此时拆除围栏网，对鱼种进行筛选，保证同一池塘内的鱼种规格一致，将放养密度控制在 1 000～1 500 尾/亩（图 4-4-1）。

图 4-4-1　加州鲈的驯化

（2）管理。首先要防止缺氧，维持水质清新，保持透明度大于 35 cm。池塘应配备增氧机，做到早晚巡塘，在天气闷热、雷雨前，应事先开增氧机增氧。其次，饲养约 2 个月后应分塘养殖，以提高成活率。在进、出水口设拦逃设施，防止加州鲈外逃。发病季节，定期泼洒生石灰等消毒。

## 任务二　成鱼池套养加州鲈技术

### 一、池塘选择

常规鱼类成鱼养殖池、生态池、亲鱼池中野杂鱼和水生昆虫较多时，可搭配混养加州鲈，要求水体溶解氧含量相对较高，如图 4-4-2 所示。

图 4-4-2　成鱼池套养加州鲈

### 二、鱼种的放养

加州鲈鱼种 5—6 月放养较适宜。一般投放 6～8 cm 苗种 50～80 尾/亩。

### 三、日常管理

#### 1. 水质管理

保持水质清新，溶解氧含量充足。加强巡塘，至少每10 d注水1次，及时开增氧机。

#### 2. 鱼病的预防

鱼种阶段易患水霉病、车轮虫病等疾病，平时要加强预防工作。

## 📦 项目实施

加州鲈鱼种的驯化

### 一、明确目的

1. 会加州鲈鱼种的吃食驯化。
2. 能管理加州鲈鱼种。
3. 具备严谨认真的工作态度和精益求精的精神。

### 二、工作准备

#### (一)引导问题

1. 放养初期，加州鲈驯化成功的关键有哪些？

_____

_____

_____

2. 如何制订加州鲈鱼种驯化方案？

_____

_____

_____

_____

3. 写出安全注意事项。

_____

_____

_____

_____

## (二)确定实施方案

小组讨论，制订实施方案，确定人员分工(表4-4-1)。

**表4-4-1　方案设计表**

| 组长 | | | 组员 | |
|---|---|---|---|---|
| 学习项目 | | | | |
| 学习时间 | | 地点 | 指导教师 | |
| 准备内容 | 样品 | | | |
| | 工具 | | | |
| | 器皿 | | | |
| | 场地 | | | |
| 具体步骤 | | | | |
| 任务分工 | 姓名 | 工作分工 | | 完成效果 |
| | | | | |
| | | | | |
| | | | | |

## (三)所需样品、工具、器皿和场地准备

请按表4-4-2列出本工作所需的样品、工具、器皿和场地。

**表4-4-2　加州鲈鱼种的驯化所需的样品、工具、器皿和场地**

| 样品 | 名称 | 规格 | 数量 | 已准备 | 未准备 | 备注 |
|---|---|---|---|---|---|---|
| | | | | | | |
| 工具 | 名称 | 规格 | 数量 | 已准备 | 未准备 | |
| | | | | | | |
| 器皿 | 名称 | 规格 | 数量 | 已准备 | 未准备 | |
| | | | | | | |
| 场地 | 名称 | 规格 | 数量 | 已准备 | 未准备 | |
| | | | | | | |
| 其他准备工作 | | | | | | |

## 三、实施过程

"加州鲈鱼种的驯化"任务实施过程见表 4-4-3。

**表 4-4-3 "加州鲈鱼种的驯化"任务实施过程**

| 环节 | 操作及说明 | 注意事项及要求 |
|------|-----------|----------------|
| 1 | 加州鲈鱼种驯化的关键和分析 | 认真观察，组员们相互讨论，并确定 |
| 2 | 加州鲈鱼种驯化的注意事项分析 | |
| 3 | 加州鲈鱼种的驯化 | |
| 4 | 整理现场 | 按规范要求，对实施场所进行整理清场后填写回收记录单 |

## 四、评价与总结

## (一) 评价

根据项目实施情况，学生自评、学生互评和教师评价相结合，进行综合评价(表 4-4-4)。

**表 4-4-4 学生综合评价表**　　　　　　　　　年　月　日

| 评价标准及分值 | | 学生自评 | 学生互评 | 教师评价 |
|----------------|----|----------|----------|----------|
| 学习与工作态度<br>(5分) | 态度端正，严谨、认真，遵守纪律和规章制度 | | | |
| 职业素养<br>(10分) | 程序规范；热爱劳动、崇尚技能；耐心细致、精益求精；团结合作、不断创新 | | | |
| 制订方案<br>(10分) | 按要求查阅资料，参与方案的制订，能协调解决实际问题 | | | |
| 工作准备<br>(5分) | 能选择适宜的场地，并准备好所需样品、工具和器皿等 | | | |
| 加州鲈鱼种的驯化<br>(40分) | 会分析加州鲈鱼种驯化的关键，能正确驯化加州鲈鱼种 | | | |
| 原始记录和报告<br>(10分) | 真实、准确、无涂改，书写整洁，格式符合规范要求 | | | |
| 场地清整<br>(10分) | 将所用器具整理归位，场地清理干净 | | | |
| 工作汇报<br>(10分) | 如实准确，有总结、心得和不足及改进措施 | | | |
| 总分 | | | | |

### (二)总结汇报

1. 分小组制作 PPT、Word 工作总结，提交工作报告。
2. 小组成员互相讲解，并推荐一名成员向全班汇报。

知识拓展

**白俊杰：未来加州鲈选育方向，应关注更多优良性状**

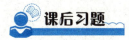课后习题

## 一、选择题

1. 主养加州鲈的池塘面积以（　　）亩为宜。
   A. 2～3         B. 3～4         C. 4～5         D. 5～6

2. 主养加州鲈的池塘要求淤泥较少，不要超过（　　）m。
   A. 0.1         B. 0.2         C. 0.3         D. 0.4

3. 池塘主养加州鲈驯化中投饲量为鱼体重的（　　）。
   A. 1%～3%         B. 3%～5%         C. 5%～7%         D. 8%～10%

4. 主养加州鲈池水透明度应大于（　　）cm。
   A. 15         B. 25         C. 35         D. 45

## 二、判断题

1. 主养加州鲈池塘放苗要求当年繁殖培育的夏花鱼种（规格 4～5 cm）。（　　）
2. 主养加州鲈池塘鱼种放养前必须用生石灰 75～100 kg/亩彻底清塘消毒。（　　）
3. 套养加州鲈的池塘要经常向池中注水，至少每 5 天注水 1 次。（　　）

# 项目五　加州鲈病害防治技术

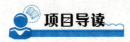

### 加州鲈病害预防的重要性及预防的主要方法

　　加州鲈在养殖过程中，会出现各种病害，严重影响其生长速度和产量。加州鲈病害预防极其重要，一是提高产量。通过有效的病害预防，可以有效提高加州鲈的产量。二是保证质量。通过病害预防，可以保证加州鲈的肉质，提高其销售价格。三是降低损失。通过病害预防，可以有效降低加州鲈大量死亡，给养殖户带来巨大的经济损失。加州鲈病害预防的主要方法有：选择健康种苗；加强水质管理；合理投喂；做好疾病监测；建立疾病防控体系。

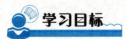

### 知识目标
1. 熟悉加州鲈典型病害的病原病症。
2. 掌握加州鲈典型病害的防治技术。

### 能力目标
　　具有正确运用所掌握的知识技能在加州鲈病害防治过程中发现问题、分析问题、解决问题的能力。

### 素养目标
1. 培养严谨、踏实的工作作风和实事求是的工作态度。
2. 培养学生吃苦耐劳、热爱劳动的精神。
3. 培养加州鲈病害防治技术的基本素质。

# 任务一　加州鲈病害预防措施

## 一、把好放苗关和环境关

### 1. 把好放苗关
　　购买加州鲈种苗时，应选择健康、活泼的种苗。放养的优质苗种应规格一致，游动活泼，体色鲜亮，无伤无病害。放养密度适宜。

### 2. 把好放养环境关
　　水源充足、水质清新，无污染、排灌方便。底质为壤土。池塘面积为 2～3 亩，配备增氧机。

课件：加州鲈
病害预防措施

## 二、做好消毒工作

### 1. 水体环境消毒
　　养殖过程中所有池塘在使用前，都必须用生石灰清塘消毒，每亩用生石灰 125～150 kg 或漂白粉 13.5 kg。

### 2. 鱼体消毒

鱼苗鱼种过筛分养时，用1‰食盐水溶液浸洗，预防疾病。

### 三、加强水质管理

保持水质清新、pH值为6～8.5、溶解氧含量高的江河湖库的自然水源。鱼卵孵化和驯饲时应有流动的水。成鱼养殖阶段，应隔15～20 d换水、注水一次，或开增氧机。

### 四、科学投喂饲料

鱼苗阶段饵料是浮游动物，鱼种及成鱼阶段饵料是鱼、虾。经过驯食后可转为摄食鱼肉浆、鱼肉片或配合颗粒饲料，如图4-5-1所示。投人工饲料要做到定时、定位、定质、定量、定人，注意投饲料的节奏和速度，保证所有鱼都能够吃到饲料，原则为多吃多投，少吃少投。

**图 4-5-1  加州鲈投喂饲料**

# 任务二  加州鲈常见疾病防治技术

### 一、细菌性烂鳃病

#### 1. 病原

病原为柱状黄杆菌。该菌在特定环境条件下能够大量繁殖并感染加州鲈的鳃部，导致烂鳃病的发生。

#### 2. 流行情况

加州鲈细菌性烂鳃病多见于水温低时，尤其是15 ℃以下。水温升至20 ℃以上时，流行广泛。4—6月和9—10月是加州鲈烂鳃病的主要发病时段。池塘和网箱养殖的加州鲈均易感，死亡率高，严重时可达60%。

视频：加州鲈典型
疾病防治技术

课件：加州鲈典型
疾病防治技术

#### 3. 主要症状

(1)行为异常：病鱼常表现为离群独游、反应迟钝、游边等。

(2)体色变化：病鱼体色发黑，与正常鱼体相比有明显区别。

(3)食欲减退：病鱼吃料少或不吃料，食欲减退明显。

(4)鳃部病变：检查鱼鳃时，可见鳃瓣发白、腐烂或带有淤泥，并分泌大量黏液，如图4-5-2所示。

**图 4-5-2  加州鲈烂鳃病**

### 4. 防治方法

(1)水质管理：保持水质清爽，避免浑浊，定期改底以稳定水质，减少病原菌滋生。

(2)消毒处理：定期使用聚维酮碘等消毒剂消毒水体，注意浓度和用量，避免刺激鱼体。

(3)药物治疗：轻度烂鳃可外泼聚维酮碘＋泼洒姜2～3次；重度则需内服氟苯尼考粉＋三黄散拌饲料5 d。

## 二、细菌性肠炎

### 1. 病原

病原为肠型点状气单胞菌。这是一种条件致病菌，在鱼体抵抗力较差或养殖环境不良的情况下容易引发肠炎。

### 2. 流行情况

(1)季节与水温：加州鲈细菌性肠炎夏季高发，水温18 ℃以上流行，高峰在25～30 ℃。

(2)养殖环境：该病在全国各地区均有发生，主要与水质恶化、饲料问题、鱼体体质等因素有关。

(3)发病特点：肠炎病发病后往往呈急性发病，死亡率较高，对养殖业造成较大威胁。

### 3. 主要症状

(1)鱼体表现：病鱼离群独游，游动缓慢，体色发黑，食欲减退以至完全拒食。

(2)腹部变化：腹部膨胀，肛门红肿外突，轻压腹部有淡黄色腹水从肛门流出。如图4-5-3所示。

图4-5-3 加州鲈肠炎病

(3)剖检症状：剖开腹腔可见内积腹水；肠壁充血发炎，肠腔无食物，严重时肠道呈紫红色，肠内一般有淡黄色黏液或脓状物。

### 4. 治疗方法

(1)减少投喂，减轻肠道负担。

(2)改善水质：定期改底，保持水质稳定，避免突变，监测水质指标。

(3)饲料管理：定时定量投喂高质量饲料，防霉变，优选膨化饲料，冰鲜需新鲜解冻消毒。

(4)药物治疗：硫酸新霉素内服，胆汁酸和杜仲叶提取物调理肠道，促进有益菌生长，抑制有害菌。

## 三、水霉病

### 1. 病原

主要是水霉菌，属藻菌类，菌体细长分枝。

### 2. 流行情况

(1)季节：水霉病在冬季和春季较为流行，尤其是当水温出现大幅度的下降，气温低的时候，加州鲈最容易发生水霉病。

(2)水温：水温13~18 ℃为水霉菌最适繁殖温度；水温高于27 ℃或低于4 ℃时，水霉病很少发病。

(3)感染途径：水霉菌主要感染受伤鱼体，如捕捞、运输或养殖中操作不当所致伤口。池塘水清瘦、鱼体饥饿、营养不良、免疫力低及寄生虫伤口也易引发加州鲈水霉病。

### 3. 主要症状

(1)体表变化：病鱼体表的伤口或鳞片脱落处会附着一团团灰白色棉絮状绒毛，这是水霉菌菌丝形成的特征性症状，如图4-5-4所示。

图 4-5-4　加州鲈水霉病

(2)行为异常：病鱼常表现为食欲不振，虚弱无力，漂浮于水面，最终死亡。

### 4. 防治方法

由于水霉病的治疗难度相对较大，因此最好是在越冬前期做好防控措施，减少感染发生的概率。一旦发病，可以尝试以下治疗方法：

(1)全池泼洒聚维酮碘、五倍子、水杨酸、硫醚沙星等药物，对抑制水霉生长具有一定效果。

(2)加强水质管理，调理好水质，做好消毒工作，防止有害菌感染。同时，注意合理放养密度，避免鱼体发生碰撞导致受伤。

## 四、弹状病毒病

### 1. 病原

病原为加州鲈弹状病毒。该病毒具有感染宿主广、毒株种类多、毒力强的特点，严重危害各种淡水和海水鱼类。

### 2. 流行情况

(1)季节与水温：该病春(3—4月)秋(10—11月)季高发，水温20~30 ℃易感，最适水温约为24 ℃，水温骤变也易诱发。

(2)感染对象：该病主要危害加州鲈的苗种，尤其是规格较小的个体(2~4 cm)，规格越小死亡率越高，严重时可达到90 %以上。

(3)传播方式：病毒主要通过水体为媒介进行水平传播，也可由亲鱼通过垂直传播给苗种。

### 3. 主要症状

(1)行为：病鱼体色发黑，反应迟钝，呼吸困难，漫游打转。

(2)体表：烂身、烂鳍，褪色发白（"熟身"），腹鳍基部等充血。

(3)解剖：肝脏肿大充血（"花肝"），脾肾肿大充血，胃肠空虚，肌肉出血，眼球突出。如图 4-5-5 所示。

图 4-5-5　加州鲈弹状病毒病

### 4. 防治方法

目前，尚无对抗加州鲈弹状病毒的特效药。在养殖过程中，应坚持预防为主的原则，做好病害的预防工作。具体预防措施包括：

(1)加强检测：杜绝放养携带弹状病毒的加州鲈鱼苗。

(2)改善水质：保持水质清洁，定期使用水质及底质改良剂进行调水改底，减少病原菌的滋生。

(3)合理投喂：加强饲养管理，避免投喂过多导致鱼苗消化负担重、抵抗力下降。

(4)控制密度：放养密度不宜过大，以减少鱼体间的相互摩擦和受伤机会。

(5)及时处理：发现病鱼及时捞出并深埋，防止交叉传染。同时，对养殖工具定期消毒。

## 五、虹彩病毒病

### 1. 病原

加州鲈虹彩病毒病的病原主要包括两种类型的虹彩病毒：蛙属虹彩病毒和细胞肿大属虹彩病毒。其中，蛙属虹彩病毒在养殖过程中更为常见，感染比例较高。

### 2. 流行情况

(1)流行季节：虹彩病毒病全年可发，高温期更流行，3—5 月检出率升高，5 月后暴发，8 月达到高峰。

(2)感染对象：虹彩病毒可感染各规格加州鲈，苗种阶段尤为严重。

(3)传播方式：水体传播为主，也可间接通过病鱼、饵料等传播。

### 3. 主要症状

(1)体表：体色发黑，溃烂出血，尾柄红肿，严重时尾脱落。

(2)内脏：以脾脏、肾脏为靶器官，肝淡黄，脾肿大发黑，鱼鳔膨大有黄色蜡样物，如图 4-5-6 所示。

(3)行为：反应迟钝，游动慢，常漫游打转或上浮。

### 4. 防治方法

目前，市场上尚无针对加州鲈虹彩病毒病的特效药物，在养殖过程中，应坚持预防为主的原则，采取综合防控措施。具体方法同"加州鲈弹状病毒病"。

图 4-5-6　加州鲈虹彩病毒病

## 六、指环虫病

### 1. 病原
指环虫是一种主要寄生在鱼类鳃部的寄生虫。

### 2. 流行情况
(1)季节与水温：指环虫病的高发期主要在春末夏初，此时气温适宜，寄生虫的繁殖速度加快。此外，频繁的天气变化和水体波动也容易导致指环虫病的暴发。

(2)感染对象：指环虫主要寄生在加州鲈的鳃片上，对加州鲈的苗种和成鱼均有危害，尤其是体质虚弱的鱼体更容易感染。

(3)传播方式：指环虫病主要通过虫卵及幼虫传播。

### 3. 主要症状
(1)体表：感染指环虫加州鲈体表或无明显症状，但鳃部受损。

(2)鳃部：鳃丝肿胀、黏液多，严重时腐烂，呼吸困难、浮头。

(3)行为：狂游或活力减弱，易碰撞致伤，引发继发性感染。

(4)并发症：可诱发细菌性烂鳃病、贫血等，危害严重。

### 4. 防治方法
(1)鱼苗放养前用 20 mg/L 高锰酸钾溶液药浴 15～20 min。

(2)保持水质清洁，定期换水、调水、改良底质。

(3)投喂优质饲料，可适当添加免疫增强剂，提高鱼体免疫力。

(4)新型生物防治如桉树精油，安全绿色无毒。

(5)常用甲苯达唑类杀指环虫，避免使用敌百虫等有机磷类药剂。

## 📦 项目实施

### 加州鲈指环虫病的诊断与防治

### 一、明确目的

1. 会观察和分析加州鲈指环虫病的症状。

2. 能制订合适的防治加州鲈指环虫病的方法。

3. 具备严谨认真的工作态度和精益求精的精神。

## 二、工作准备

### (一)引导问题

1. 加州鲈指环虫病的流行与危害有哪些?

_____

_____

2. 根据生产实际制订合适的防治加州鲈指环虫病的方案。

_____

_____

_____

3. 写出安全注意事项。

_____

_____

### (二)确定实施方案

小组讨论,制订实施方案,确定人员分工(表 4-5-1)。

**表 4-5-1　方案设计表**

| 组长 | | | 组员 | | |
|---|---|---|---|---|---|
| 学习项目 | | | | | |
| 学习时间 | | 地点 | | 指导教师 | |
| 准备内容 | 样品 | | | | |
| | 工具 | | | | |
| | 器皿 | | | | |
| | 场地 | | | | |
| 具体步骤 | | | | | |
| 任务分工 | 姓名 | | 工作分工 | | 完成效果 |
| | | | | | |
| | | | | | |
| | | | | | |

### (三)所需样品、工具、器皿和场地准备

请按表4-5-2列出本工作所需的样品、工具、器皿和场地。

表 4-5-2　加州鲈指环虫病的诊断与防治所需的样品、工具、器皿和场地

| 样品 | 名称 | 规格 | 数量 | 已准备 | 未准备 | 备注 |
|------|------|------|------|--------|--------|------|
|  |  |  |  |  |  |  |
| 工具 | 名称 | 规格 | 数量 | 已准备 | 未准备 |  |
|  |  |  |  |  |  |  |
| 器皿 | 名称 | 规格 | 数量 | 已准备 | 未准备 |  |
|  |  |  |  |  |  |  |
| 场地 | 名称 | 规格 | 数量 | 已准备 | 未准备 |  |
|  |  |  |  |  |  |  |
| 其他准备工作 |  |  |  |  |  |  |

## 三、实施过程

"加州鲈指环虫病的诊断与防治"任务实施过程见表4-5-3。

表 4-5-3　"加州鲈指环虫病的诊断与防治"任务实施过程

| 环节 | 操作及说明 | 注意事项及要求 |
|------|-----------|---------------|
| 1 | 加州鲈指环虫病的症状观察和分析 | 认真观察，组员们相互讨论，并确定 |
| 2 | 加州鲈指环虫病的流行与危害分析 |  |
| 3 | 根据生产实际制订合适的防治加州鲈指环虫病的方案 |  |
| 4 | 整理现场 | 按规范要求，对实施场所进行整理清场后填写回收记录单 |

## 四、评价与总结

### (一)评价

根据项目实施情况，学生自评、学生互评和教师评价相结合，进行综合评价(表4-5-4)。

表4-5-4  学生综合评价表　　　　　　　　　年　月　日

| 评价标准及分值 | | 学生自评 | 学生互评 | 教师评价 |
| --- | --- | --- | --- | --- |
| 学习与工作态度<br>(5分) | 态度端正，严谨、认真，遵守纪律和规章制度 | | | |
| 职业素养<br>(10分) | 程序规范；热爱劳动、崇尚技能；耐心细致、精益求精；团结合作、不断创新 | | | |
| 制订方案<br>(10分) | 按要求查阅资料，参与方案的制订，能协调解决实际问题 | | | |
| 工作准备<br>(5分) | 能选择适宜的场地，并准备好所需样品、工具和器皿等 | | | |
| 加州鲈指环虫病的<br>诊断与防治<br>(40分) | 会分析加州鲈指环虫病的症状、流行与危害，能制订合适的防治加州鲈指环虫病的方案 | | | |
| 原始记录和报告<br>(10分) | 真实、准确、无涂改，书写整洁，格式符合规范要求 | | | |
| 场地清整<br>(10分) | 将所用器具整理归位，场地清理干净 | | | |
| 工作汇报<br>(10分) | 如实准确，有总结、心得和不足及改进措施 | | | |
| 总分 | | | | |

### (二)总结汇报

1. 分小组制作 PPT、Word 工作总结，提交工作报告。
2. 小组成员互相讲解，并推荐一名成员向全班汇报。

## 知识拓展

**常见加州鲈病害的防治技术**

## 一、选择题

1. 池塘在使用前，都必须用生石灰清塘消毒，每亩用生石灰(　　)kg。
　　A. 75～100　　　　　B. 100～125　　　　　C. 125～150　　　　　D. 150～170

2. 加州鲈烂鳃病的病原为(　　)。
　　A. 柱状黄杆菌　　　B. 粒状黄杆菌　　　C. 黏细菌　　　D. 霉菌

3. 加州鲈细菌性肠炎在(　　)高发。
　　A. 春季　　　　　B. 夏季　　　　　C. 秋季　　　　　D. 冬季

4. 鱼苗放养前用(　　)mg/L高锰酸钾溶液药浴15～20 min，可预防指环虫产生。
　　A. 10　　　　　B. 20　　　　　C. 30　　　　　D. 40

## 二、判断题

1. 弹状病毒危害的主要对象是苗种。(　　)
2. 加州鲈出现弹状病毒发病的症状时，应立即停料或减料。(　　)
3. 水霉病在温度较低的春、冬季易发生，流行水温为15～20 ℃。(　　)
4. 感染水霉病的病鱼，在感染部位会形成白色棉絮状覆盖物。(　　)

拓展项目：加州鲈捕捞
和运输技术

课件：加州鲈捕捞技术

视频：加州鲈运输技术

课件：加州鲈运输技术

知识拓展：高温季节加州
鲈鱼苗种运输注意事项

# 模块五　黄颡鱼生态养殖技术

模块五导学视频

# 项目一　黄颡鱼的生物学特性

## 项目导读

### 黄颡鱼的养殖前景

　　黄颡鱼是一种重要的淡水养殖鱼类，现如今我国已经有成熟的养殖技术和市场需求。目前，黄颡鱼的养殖主要集中在江苏、浙江、安徽、湖南、广东等地区。养殖规模从小型家庭养殖到大规模工业化养殖都有。同时，随着消费者对健康食品的需求增加，黄颡鱼越来越受人们的青睐。需要注意的是，随着养殖规模的扩大，也会带来一些问题，如养殖池塘污染、病害防治等。因此，发展绿色养殖、科学管理、加强技术培训等措施也十分必要。

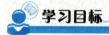

## 学习目标

**知识目标**

1. 掌握黄颡鱼的习性和食性。

2. 熟悉黄颡鱼的繁殖特性。

3. 了解黄颡鱼的形态特征。

**能力目标**

1. 明确黄颡鱼的习性和食性。

2. 理解黄颡鱼的繁殖特性。

**素养目标**

1. 培养学生对水生生物及其生态环境的尊重与保护意识。

2. 培养学生具备从事渔业、生态保护等职业所需的基本素养和职业道德。

3. 引导学生认识到自身在保护水生生物多样性、促进渔业可持续发展等方面的社会责任。

# 任务一　黄颡鱼的分类地位和形态特征

## 一、黄颡鱼的分类地位

黄颡鱼俗名嘎牙子、昂刺等，是动物界、脊索动物门、硬骨鱼纲、鲇形目、鲿科、黄颡鱼属淡水鱼类的统称。它有多个种类，如瓦氏黄颡鱼、岔尾黄颡鱼、江黄颡鱼、光泽黄颡鱼等（图 5-1-1）。

(a) (b)

**图 5-1-1　常见的拟鲿属鱼类**

（a）黄颡鱼；（b）瓦氏黄颡鱼

## 二、黄颡鱼的形态特征

如图 5-1-2 所示，黄颡鱼是鲿科黄颡鱼属的小型淡水鱼类。个体质量一般在 0.5～2 kg，三年可达到性成熟，是鲿科鱼类中生长较快的经济鱼类之一。其身体呈圆筒状，成年个体体长为 10～15 cm。其最显著的特征是宽阔的嘴巴和上颌上的黄色斑点，背部为棕绿色，腹部为白色或灰白色，成熟个体的雄鱼背部有深色条纹。

课件：黄颡鱼分类与形态特征

**图 5-1-2　黄颡鱼的形态特征**

黄颡鱼和瓦氏黄颡鱼形态特征十分相似，胸鳍棘前缘、上颚须后延、体长/体高、体长/头长、体色等方面存在一定的区别，见表 5-1-1。

**表 5-1-1　黄颡鱼与瓦氏黄颡鱼形态特征比较**

| 部位 | 黄颡鱼 | 瓦氏黄颡鱼 |
|---|---|---|
| 胸鳍棘前缘 | 有弱锯齿，常包于皮内 | 光滑无齿 |
| 上颚须后延 | 达或超过胸鳍基部 | 超过胸鳍基部 |
| 体长/体高 | 3.5～4.0 | 3.9～5.1 |
| 体长/头长 | 3.5～4.8 | 4.0～5.2 |
| 体色 | 体为黄绿色，有的个体侧部有黑色斑块，尾鳍上有黑色纵纹 | 背侧灰黄色，腹部及各鳍为黄色 |

# 任务二　黄颡鱼的生活习性和食性

### 一、分布范围

黄颡鱼分布范围广泛。在地理分布上，南至广东、广西等省份，北至黑龙江水系，包括俄罗斯远东地区和朝鲜，都有其踪迹。黄颡鱼主要见于长江流域、珠江流域，多生活在水库、江河、湖泊、池塘静水或缓流处。

黄颡鱼对环境的适应能力较强，多生活在静水或江河的缓流中，白天通常栖息于湖水的底层，到了夜间，它们会游到水上层觅食。

课件：黄颡鱼的
生活习性和食性

### 二、摄食习性

黄颡鱼是以肉食性为主的杂食性鱼类，觅食活动一般在夜间进行。黄颡鱼的食物包括小虾、各种陆生和水生昆虫（特别是摇蚊幼虫）、小型软体动物及其他水生无脊椎动物，有时也捕食小型鱼类。其食性随环境和季节变化而有所差异，在春、夏季节常吞食其他鱼的鱼卵。

黄颡鱼的规格不同，食性也不同。体长为 2～4 cm 时主要摄食桡足类和枝角类；体长为 5～8 cm 时主要摄食浮游动物及水生昆虫；体长超过 8 cm 时主要摄食软体动物（特别喜食蚯蚓）和小型鱼类。

### 三、环境要求

黄颡鱼属于温水性鱼类，在江河湖泊、水库及水塘等水体中，黄颡鱼常栖息于水面和中层。它们偏好水质清澈、溶氧丰富且浮游生物众多的水域。生存温度范围为 0～38 ℃，最佳生长温度为 25～28 ℃。pH 值范围为 6.0～9.0，最适 pH 值为 7.0～8.4。耐低氧能力一般，水中溶氧在 3 mg/L 以上时生长正常，低于 2 mg/L 时出现浮头，低于 1 mg/L 时会窒息死亡。

# 任务三　黄颡鱼的生长和繁殖特性

### 一、黄颡鱼的生长特性

黄颡鱼是一种生长速度相对较慢的鱼类，在自然环境下，需要较长时间才能成熟。这种生长速度可能与它们的摄食习性和生活环境有关。黄颡鱼的生长过程可分为不同的阶段。一般来说，$0^+$ 至 $2^+$ 岁是它们性成熟前的旺盛生长阶段，其中 $1^+$ 岁阶段生长最快。大多数黄颡鱼在 $2^+$ 岁时会达到性成熟，之后生长速度会逐渐放缓。

视频：黄颡鱼的
生长和繁殖特性

雌性黄颡鱼生长缓慢，和性腺发育关系密切。生物为维持正常生理生长，会通过摄食获取能量。雌性黄颡鱼性腺发达，需要消耗更多能量来保证性腺正常发育，导致用于身体生长的能量大幅减少，所以相比雄鱼，雌鱼生长较慢。雄鱼生长优势明显，因此养殖户为实现经济利益最大化，在市场上多选择全雄黄颡鱼进行养殖。

### 二、黄颡鱼的繁殖特性

黄颡鱼为一年一次性产卵型鱼类，在自然条件下有集群繁殖习性。黄颡鱼产卵季节为每年

5—7月，水温变化幅度为25～30.5 ℃。黄颡鱼一般在2龄时性成熟，澄湖黄颡鱼在1冬龄时也达性成熟，在测定的标本中，最小成熟个体中雌鱼体长为11.5 cm，雄鱼体长为13.5 cm，雌鱼的性成熟较雄鱼早。黄颡鱼绝对怀卵量为2 500～16 500粒，平均为4 000粒，相对怀卵量为58.33～77.77粒/g，平均为65.71粒/g。

课件：黄颡鱼的生长和繁殖特性

雌、雄鱼的性腺发育节律基本一致：成熟系数从4月下旬开始急速上升，到5月中旬达最高峰，雌鱼为26.8%，雄鱼为0.98%。4月中旬以后，繁殖群体中多数黄颡鱼的性腺达Ⅳ期，卵子内卵黄大量沉积，大、中、小卵子群明显可见，精巢乳白色，多分枝，饱满而亮泽。

在繁殖时期，雄黄颡鱼游至沿岸浅水区，选择水草茂密和有黏土淤泥处，旋转身体，利用胸鳍于泥地掘坑，作为雌鱼产卵的鱼巢。黄颡鱼鱼巢的形状有圆形和椭圆形，巢直径为16～37 cm，巢深为9～15 cm。雄黄颡鱼做巢完成后，则待在巢内等候雌鱼的到来，雌鱼则在此产卵受精。黄颡鱼卵质柔软，黏性较强，采用脱黏孵化易损伤卵子，因此，如果想要大批量进行人工繁殖，可利用适宜黄颡鱼孵化的附着物作为鱼巢，使亲本产卵，而后采取流水孵化的方式即可获得较高的孵化率。

## 📦 项目实施

### 黄颡鱼的雌雄鉴别

#### 一、明确目的

1. 了解黄颡鱼雌雄鉴别的基本知识和技术要求。
2. 会观察和分析黄颡鱼的外部形态特征。
3. 能够准确鉴别黄颡鱼的雌雄。
4. 培养严谨认真的工作态度，提高实践操作能力和解决实际问题的能力。

#### 二、工作准备

##### （一）引导问题

1. 黄颡鱼的雌鱼具有哪些典型的性别特征？

_____

_____

_____

2. 黄颡鱼的雄鱼具有哪些典型的性别特征？

_____

_____

_____

3. 写出安全注意事项。

_____

_____

_____

_____

### (二)确定实施方案

小组讨论，制订实施方案，确定人员分工(表5-1-2)。

**表 5-1-2　方案设计表**

| 组长 | | 组员 | | |
|---|---|---|---|---|
| 学习项目 | | | | |
| 学习时间 | | 地点 | 指导教师 | |
| 准备内容 | 样品 | | | |
| | 工具 | | | |
| | 器皿 | | | |
| 具体步骤 | | | | |
| 任务分工 | 姓名 | 工作分工 | | 完成效果 |
| | | | | |
| | | | | |
| | | | | |

### (三)所需样品、工具、器皿和场地准备

请按表 5-1-3 列出本工作所需的样品、工具和器皿。

**表 5-1-3　黄颡鱼的雌雄鉴别所需的样品、工具和器皿**

| 样品 | 名称 | 规格 | 数量 | 已准备 | 未准备 | 备注 |
|---|---|---|---|---|---|---|
| | | | | | | |
| 工具 | 名称 | 规格 | 数量 | 已准备 | 未准备 | |
| | | | | | | |
| 器皿 | 名称 | 规格 | 数量 | 已准备 | 未准备 | |
| | | | | | | |
| 其他准备工作 | | | | | | |

## 三、实施过程

"黄颡鱼的雌雄鉴别"任务实施过程见表5-1-4。

**表 5-1-4　"黄颡鱼的雌雄鉴别"任务实施过程**

| 环节 | 操作及说明 | 注意事项及要求 |
|------|-----------|----------------|
| 1 | 黄颡鱼雌鱼的典型性别特征观察和分析 | 认真观察，组员们相互讨论，并确定 |
| 2 | 黄颡鱼雄鱼的典型性别特征观察和分析 | |
| 3 | 黄颡鱼雌雄的鉴别 | |
| 4 | 整理现场 | 按规范要求，对实施场所进行整理清场后填写回收记录单 |

## 四、评价与总结

### (一)评价

根据项目实施情况，学生自评、学生互评和教师评价相结合，进行综合评价(表5-1-5)。

**表 5-1-5　学生综合评价表**　　　　　年　月　日

| 评价标准及分值 | | 学生自评 | 学生互评 | 教师评价 |
|----------------|---|----------|----------|----------|
| 学习与工作态度<br>(5分) | 态度端正，严谨、认真，遵守纪律和规章制度 | | | |
| 职业素养<br>(10分) | 程序规范；热爱劳动、崇尚技能；耐心细致、精益求精；团结合作、不断创新 | | | |
| 制订方案<br>(10分) | 按要求查阅资料，参与方案的制订，能协调解决实际问题 | | | |
| 工作准备<br>(5分) | 能选择适宜的场地，并准备好所需样品、工具和器皿等 | | | |
| 黄颡鱼的雌雄鉴别<br>(40分) | 会观察和分析黄颡鱼的性别特征，能正确鉴别黄颡鱼的雌雄 | | | |
| 原始记录和报告<br>(10分) | 真实、准确、无涂改，书写整洁，格式符合规范要求 | | | |
| 场地清整<br>(10分) | 将所用器具整理归位，场地清理干净 | | | |
| 工作汇报<br>(10分) | 如实准确，有总结、心得和不足及改进措施 | | | |
| 总分 | | | | |

### (二)总结汇报

1. 分小组制作 PPT、Word 工作总结，提交工作报告。

2. 小组成员互相讲解，并推荐一名成员向全班汇报。

## 知识拓展

黄颡鱼养殖促收入，助力乡村经济稳增长

## 课后习题

### 一、选择题

1. 黄颡鱼的体长为体高的（　　）倍左右。

    A. 1             B. 2             C. 3             D. 4

2. （　　）因其生长快、肉味鲜美、养殖综合效益高而成为养殖的主要品种。

    A. 瓦氏黄颡鱼    B. 杂交黄颡鱼    C. 黄颡鱼

3. （　　）体色为背侧灰黄色，腹部及各鳍黄色。

    A. 瓦氏黄颡鱼    B. 杂交黄颡鱼    C. 黄颡鱼

4. 黄颡鱼一般生活在静水或缓急水体中的（　　）。

    A. 上层         B. 中上层         C. 中层         D. 中下层         E. 底层

5. 黄颡鱼是典型的（　　）。

    A. 植物食性        B. 杂食性        B. 肉食性        D. 滤食性

6. 黄颡鱼的开口饵料为（　　）。

    A. 配合饲料        B. 动物内脏        C. 小鱼苗

7. 人工养殖黄颡鱼当年个体一般为（　　）g。

    A. 50～100        B. 100～500        C. 200～600        D. 300～700

8. 通常雌性黄颡鱼性成熟年龄为（　　）龄。

    A. 1～2        B. 2～3        C. 3～4        D. 5～6

### 二、判断题

1. 瓦氏黄颡鱼和黄颡鱼都属鲈形目、鲿科，鳠亚科，鲿属。　　　　　　　　　（　　）

2. 雌性黄颡鱼下颌前端呈圆弧形，超过上颌不多，即下颌长而尖。　　　　　　（　　）

3. 雄性黄颡鱼的生殖孔和泄尿孔重合为泄殖孔，开口于生殖凸起的顶端，呈圆形。（　　）

4. 雄鱼体型细长，而雌鱼体型粗短，从腹部来看，雄鱼腹部较瘦，而雌鱼腹部较柔软且胀大。　　　　　　　　　　　　　　　　　　　　　　　　　　　　　　　　（　　）

5. 在天然水域中，黄颡鱼幼鱼阶段主要以虾类、鳑鲏等小型鱼类为食。　　　　（　　）

6. 黄颡鱼捕食的方式为猛扑式。　　　　　　　　　　　　　　　　　　　　　　（　　）

7. 黄颡鱼幼鱼喜欢在水体中央活动、觅食。　　　　　　　　　　　　　　　　　（　　）

8. 黄颡鱼属于洄游性的鱼类。　　　　　　　　　　　　　　　　　　　　　　　（　　）

9. 雌性黄颡鱼的生长速度比雄性黄颡鱼快。　　　　　　　　　　　　　　　　　（　　）

10. 黄颡鱼卵为半漂浮性卵。　　　　　　　　　　　　　　　　　　　　　　　　（　　）

11. 黄颡鱼产卵的最适合水温为 23～25 ℃。　　　　　　　　　　　　　　　　　（　　）

# 项目二  黄颡鱼的人工繁殖技术

 **项目导读**

### 黄颡鱼人工繁殖的概况

近年来，随着科技的不断进步和养殖业的持续发展，黄颡鱼的人工繁殖技术逐渐成熟，并且已经实现了规模化生产，形成了较为完善的产业链。在人工繁殖技术方面，现代生物技术如基因编辑、遗传育种等被应用于黄颡鱼的人工繁殖中，黄颡鱼的繁殖调控、孵化管理及苗种培育等方面都取得了显著进展。然而，黄颡鱼的人工繁殖和养殖业仍面临一些挑战。例如，种质资源的保护和利用、疾病的防控、环境保护等问题都需要进一步研究和解决，以满足市场需求和促进养殖业的可持续发展。

 **学习目标**

#### 知识目标

1. 熟悉黄颡鱼亲鱼的选择方法。
2. 掌握黄颡鱼人工催产技术和人工孵化技术。

#### 能力目标

1. 具备正确选择黄颡鱼亲鱼的能力。
2. 具备对黄颡鱼人工催产和人工孵化的能力。

#### 素养目标

1. 具有高度的社会责任感、良好的职业道德和诚信品质。
2. 具备从事人工繁殖所必备的基本职业素质。
3. 具有吃苦耐劳、独立思考、团结协作、勇于创新的精神和诚实守信的优良品质，具有创新能力、竞争与承受的能力。

## 任务一  黄颡鱼亲鱼的来源和培养

### 一、黄颡鱼亲鱼的来源

黄颡鱼亲鱼的来源主要有以下两个途径。

#### 1. 从天然水域捕捞

为保证亲鱼优良性状，防止近亲繁殖，一般会从不同水域捕捞雌、雄黄颡鱼作为亲鱼。挑选时，亲鱼需体质健壮、体色鲜明、鳍条完整、无病无伤且无寄生虫。其中，雌鱼要求 3 冬龄以上，体重 0.2 kg 以上；雄鱼要求 4 冬龄以上，体重 0.3～0.5 kg。

课件：黄颡鱼亲鱼的
来源和培养

#### 2. 池塘中培育亲鱼

如图 5-2-1 所示，黄颡鱼亲鱼经过捕捞、挑选和运输后，或多或少要受损伤，在下塘前要用 3‰～4‰ 的食盐水浸泡 15～20 min，以防止感染疾病。消毒后放养的雌雄比例为 4∶1～5∶1。

图 5-2-1　黄颡鱼亲鱼

## 二、黄颡鱼亲鱼的培养

### 1. 池塘准备

选择面积为 2 亩以上的池塘，水深控制在 1.5 m 左右。池塘底部要平坦，水质要有一定的肥度，透明度保持在 30 cm 左右。池塘内可种植一些菹草、轮叶黑藻等植物，为亲鱼提供饵料生物和栖息场所。同时，也可套养部分青虾，以充分利用水体和为黄颡鱼提供饵料生物。

### 2. 亲鱼选择

挑选体质健壮、体色鲜明、鳍条完整无损、无病无伤、无寄生虫的亲鱼。雌鱼年龄要求为 3 冬龄以上，体重在 0.2 kg 以上；雄鱼年龄要求为 4 冬龄以上，体重为 0.3~0.5 kg。在挑选时，最好解剖几尾具有代表性的鱼，检查其性腺发育情况，选择性腺发育良好的亲鱼。

### 3. 亲鱼放养

将挑选好的亲鱼放入已准备好的池塘中，注意控制放养密度，避免过度密集。

### 4. 饲养管理

在亲鱼培育期间，可投喂小鱼、小虾或磨碎的螺、蚌等，也可投喂鳗鱼饲料，搭配螺、蚌等动物性饵料。每隔 2~3 d 冲水 1 次，以促进亲鱼性腺发育。同时，要注意池塘水质的调节和管理，定期更换部分池水，保持水质的清新和稳定。

定期检查亲鱼的生长和性腺发育情况，及时调整饲养管理措施。同时，要做好池塘的防逃、防盗和防病工作，确保亲鱼的安全和健康。

## 任务二　黄颡鱼的人工繁殖技术

### 一、黄颡鱼的人工催产

当水温稳定在 24 ℃以上，便可对黄颡鱼亲本进行催产。常用的催产剂有鲤鱼脑垂体（PG）、绒毛膜促性腺激素（HCG）、鱼用促排卵素（LRH）、地欧酮（DOM）等，建议采用 2 种或 3 种药物混合注射。

视频：黄颡鱼的人工繁殖技术

注射剂量根据鱼体重量计算，雌鱼推荐催产剂种类与剂量如下：2 种药物混合时，LRH－A2(30 $\mu$g/kg)＋HCG(1 200 IU/kg)；或者 LRH－A2(30 $\mu$g/kg)＋DOM(5 mg/kg)。3 种药物混合时，LRH－A2(20 $\mu$g/kg)＋HCG(1 000 IU/kg)＋DOM(2 mg/kg)。雄鱼剂量减半。催产剂具体剂量随水温、亲鱼成熟度可适当增减。

### 二、黄颡鱼产卵与受精

雌鱼取卵时，左手抓住黄颡鱼，鱼头向内，鱼腹向上，右手大拇指用力挤压雌鱼的腹部，使鱼卵从生殖孔挤出，放在瓷盆中。雄鱼取精时，直接杀死雄鱼取出精巢，剪碎精巢研磨即可。

放在瓷盆内的鱼卵按预定雌雄 20∶1 的配比向瓷盆中倾倒精液，加适量生理盐水稀释后不断晃动，搅动 2 min，待精卵充分混合后将受精卵均匀地倒入网箱的筛子，进行后期孵化。

课件：黄颡鱼的
人工繁殖技术

### 三、黄颡鱼受精卵的人工孵化

#### (一)受精卵消毒

黄颡鱼卵膜较厚，微黏性，孵化期较家鱼略长，更易受到水霉菌的侵袭，孵化期水霉菌的滋生是造成黄颡鱼孵化率降低的主要原因之一，为了防止水霉，一般在孵化前用药物浸洗鱼卵。其方法有：在 3‰的福尔马林溶液中浸洗 20 min；在 5‰～7‰的食盐水浸洗 5 min。

#### (二)孵化水温

黄颡鱼孵化时，需避免阳光直射，水温应保持在 20～30 ℃，25～28 ℃为最佳。条件允许时，可采用加温手段调控水温。在静水孵化 24～30 h 后，需进行抖卵操作，清除鱼巢上的死卵和霉卵，并重新换池孵化，换池时池水温差要小于 1.5 ℃。鱼卵脱膜后，静水孵化池应及时取出鱼巢；若使用孵化缸孵化，脱膜后需及时虹吸出鱼苗，转移至静水水池培育。

#### (三)孵化水质与水流

孵化用水要过滤，水质清新、无泥沙，含氧量充足，溶氧量不低于 6 mg/L，pH 值以 7.5 左右为宜。孵化时需有一定的水流，孵化缸中的水的流速不低于 20 cm/s，比孵化家鱼卵时要大，以保证充足的溶氧量，且受精卵漂浮水中，一般经 3～4 d 可孵出鱼苗。

## 🧰 项目实施

### 黄颡鱼催产注射

#### 一、明确目的

1. 掌握黄颡鱼催产注射技术。
2. 能挑选黄颡鱼亲鱼。
3. 培养严谨认真的工作态度，提高实践操作能力，为将来的黄颡鱼养殖生产实践打下坚实基础。

#### 二、工作准备

#### (一)引导问题

1. 如何挑选黄颡鱼亲鱼？

2. 黄颡鱼催产注射有哪些方法？

_____

_____

## (二)确定实施方案

小组讨论，制订实施方案，确定人员分工(表 5-2-1)。

表 5-2-1　方案设计表

| 组长 | | | 组员 | | |
|---|---|---|---|---|---|
| 学习项目 | | | | | |
| 学习时间 | | 地点 | | 指导教师 | |
| 准备内容 | 样品 | | | | |
| | 工具 | | | | |
| | 器皿 | | | | |
| 具体步骤 | | | | | |
| 任务分工 | 姓名 | | 工作分工 | | 完成效果 |
| | | | | | |
| | | | | | |
| | | | | | |

## (三)所需样品、工具、器皿和场地准备

请按表 5-2-2 列出本工作所需的样品、工具和器皿。

表 5-2-2　黄颡鱼催产注射所需的样品、工具和器皿

| 样品 | 名称 | 规格 | 数量 | 已准备 | 未准备 | 备注 |
|---|---|---|---|---|---|---|
| | | | | | | |
| 工具 | 名称 | 规格 | 数量 | 已准备 | 未准备 | |
| | | | | | | |
| 器皿 | 名称 | 规格 | 数量 | 已准备 | 未准备 | |
| | | | | | | |
| 其他准备工作 | | | | | | |

## 三、实施过程

"黄颡鱼催产注射"的任务实施过程见表 5-2-3。

**表 5-2-3 "黄颡鱼催产注射"的任务实施过程**

| 环节 | 操作及说明 | 注意事项及要求 |
|---|---|---|
| 1 | 黄颡鱼亲鱼的选择 | 仔细认真观察，组员们相互讨论，并确定 |
| 2 | 黄颡鱼催产注射 | |
| 3 | 黄颡鱼注射后处理 | |
| 4 | 整理现场 | 按规范要求，对实施场所进行整理清场后填写回收记录单 |

## 四、评价与总结

### (一)评价

根据项目实施情况，学生自评、学生互评和教师评价相结合，进行综合评价(表 5-2-4)。

**表 5-2-4 学生综合评价表**                     年 月 日

| 评价标准及分值 | | 学生自评 | 学生互评 | 教师评价 |
|---|---|---|---|---|
| 学习与工作态度 (5分) | 态度端正，严谨、认真，遵守纪律和规章制度 | | | |
| 职业素养 (10分) | 程序规范；热爱劳动、崇尚技能；耐心细致、精益求精；团结合作、不断创新 | | | |
| 制订方案 (10分) | 按要求查阅资料，参与方案的制订，能协调解决实际问题 | | | |
| 工作准备 (5分) | 能选择适宜的场地，并准备好所需样品、工具和器皿等 | | | |
| 黄颡鱼的催产注射 (40分) | 会挑选黄颡鱼亲鱼，会对黄颡鱼亲鱼进行催产注射；能妥善进行黄颡鱼注射后处理 | | | |
| 原始记录和报告 (10分) | 真实、准确、无涂改，书写整洁，格式符合规范要求 | | | |
| 场地清整 (10分) | 将所用器具整理归位，场地清理干净 | | | |
| 工作汇报 (10分) | 如实准确，有总结、心得和不足及改进措施 | | | |
| 总分 | | | | |

### (二)总结汇报

1. 分小组制作 PPT、Word 工作总结，提交工作报告。
2. 小组成员互相讲解，并推荐一名成员向全班汇报。

 知识拓展

黄颡鱼"全雄 1 号"养殖技术

### 课后习题

#### 一、选择题

1. 黄颡鱼亲鱼一般不从（　　）途径获得。
   A. 从天然水域捕捞　　B. 池塘中培育　　　　C. 市场中购买

2. 在黄颡鱼卵巢迅速生长发育的季节，每日要冲水（　　）h 左右，以刺激黄颡鱼的性腺发育。
   A. 0.5　　　　　　　B. 1　　　　　　　　C. 2　　　　　　　　D. 3

3. 在家鱼亲鱼塘中每亩可套养（　　）尾黄颡鱼进行黄颡鱼亲鱼的培养。
   A. 20～30　　　　　B. 30～40　　　　　C. 40～50　　　　　D. 50～60

4. 黄颡鱼性腺发育到（　　）时期进行催产可获得较高的催率。
   A. Ⅱ期中至Ⅱ期末　B. Ⅲ期中至Ⅲ期末　C. Ⅳ期中至Ⅳ期末　D. Ⅴ期

5. 黄颡鱼自然受精的雌雄比一般为（　　）。
   A. 1∶1　　　　　　B. 1∶1～1∶1.5　　C. 1∶1～1.5∶1　　D. 1∶2

6. 向黄颡鱼体腔注射催产剂，注射角度一般为（　　）。
   A. 25°　　　　　　　B. 35°　　　　　　　C. 45°　　　　　　　D. 55°

7. 容水量为 200 kg 的孵化桶，放入（　　）万粒受精卵进行人工孵化较为适宜。
   A. 10～15　　　　　B. 15～20　　　　　C. 20～30　　　　　D. 30～40

8. 黄颡鱼受精卵人工孵化最适宜温度为（　　）℃。
   A. 20～23　　　　　B. 24～26　　　　　C. 26～28　　　　　D. 29～31

9. 黄颡鱼鱼苗转桶前孵化桶间隔停水的时间一般为（　　）min。
   A. 1～3　　　　　　B. 3～5　　　　　　C. 5～7　　　　　　D. 7～9

#### 二、判断题

1. 套养黄颡鱼亲鱼的亲鱼池，应按标准配备增氧机，适时增氧。　　　　　　　　（　　）
2. 黄颡鱼亲鱼专池培育是黄颡鱼亲鱼培育行之有效的方法。　　　　　　　　　（　　）
3. 在繁殖季节前三个月最好将黄颡鱼雌雄亲鱼分开进行强化培育。　　　　　　（　　）

# 项目三　黄颡鱼的苗种培育技术

 **项目导读**

### 黄颡鱼苗种培育对成鱼养殖影响的重要性

随着黄颡鱼养殖业的快速发展，苗种培育技术也得到了不断提高和完善。一些先进的育苗技术和设备被应用于黄颡鱼苗种培育中，如循环水养殖系统、智能化监控设备等，提高了育苗效率和成活率。同时，一些优质的苗种培育基地和育苗企业也逐渐兴起，为黄颡鱼养殖业提供了更加可靠和优质的苗种来源。然而，黄颡鱼苗种培育也存在一些问题和挑战。一方面，渔民养殖经验和技术水平不同，导致生产出的苗种质量差异较大，优质苗种缺乏，以次充好的现象仍然存在；另一方面，苗种在培育过程中存在一些技术和管理上的不足，如饲料品质不稳定、水质管理不到位等，影响了苗种的质量和成活率。对此，只有通过加强技术研发和推广、提高质量管理及加强市场监管等措施，才可以推动黄颡鱼苗种培育业的持续健康发展。

**学习目标**

**知识目标**

1. 熟悉黄颡鱼苗种的适口饵料规格及日摄食量。

2. 掌握黄颡鱼苗种培育的关键技术。

**能力目标**

1. 能根据黄颡鱼苗种的规格选择适口饵料和日摄食量。

2. 具备培育黄颡鱼苗种的能力。

**素养目标**

1. 培养良好的学习能力，包括学习方法、学习动力、自主学习等，以能够持续学习和适应不断变化的环境。

2. 培养从事黄颡鱼苗种培育所必备的基本职业素质。

## 任务一　苗种的适口饵料及日摄食量

### 一、苗种各个阶段与其对应的食物组成

根据对各个阶段黄颡鱼苗种生长发育状态的数据，对黄颡鱼苗种适口饵料进行配比与设计，见表5-3-1。

课件：苗种的适口
饵料及日摄食量

表5-3-1　幼鱼各阶段情况

| 发育阶段 | 发育分期 | 日龄/d | 全长/mm | 肛后长/mm | 主要食物组成 |
|---|---|---|---|---|---|
| 仔鱼前阶段<br>（1～3 d） | 附着期 | 3 | 7.61～7.89 | 3.84～3.98 | 附着期：卵黄 |
| | 平游期 | 4 | 7.96～8.75 | 4.09～4.52 | 平游期：卵黄 |
| | 开口期 | 5 | 8.79～9.52 | 4.68～5.23 | 开口期：轮虫、小型枝角类 |

| 发育阶段 | 发育分期 | 日龄/d | 全长/mm | 肛后长/mm | 主要食物组成 |
|---|---|---|---|---|---|
| 仔鱼阶段<br>(4~5 d) | 小型枝角类期 | 6 | 9.55~9.96 | 5.24~5.44 | 全阶段：卵黄、小型枝角类、轮虫、无节幼体、大型枝角类、桡足类、藻类等 |
| | 混合营养期 | 8 | 10.6~11.5 | 5.83~6.24 | |
| | 外源营养期 | 9 | 11.1~12.2 | 6.18~6.49 | |
| 稚鱼前阶段<br>(7~8 d) | 大型枝角类期 | 10 | 11.8~12.9 | 6.37~6.63 | 全阶段：大型枝角类、小型枝角类、桡足类，轮虫、摇蚊幼虫，水蚯蚓等底栖动物 |
| | 第1次转食期 | 13 | 14.2~15.4 | 6.98~7.56 | |
| | 底栖动物期 | 16 | 16.6~18.3 | 8.24~8.97 | |
| 稚鱼阶段<br>(13~14 d) | 第2次转食期 | 20 | 19.8~2.22 | 9.73~10.7 | 全阶段：摇蚊幼虫、水蚯蚓、寡毛类等底栖动物、大型枝角类、有机碎屑和人工饲料 |
| | 杂食期 | 24 | 23.5~26.1 | 11.3~12.8 | |
| | 夏花期 | 30 | 29.8~34.2 | 14.4~16.7 | |

(1)仔鱼前阶段：主要依靠卵黄提供营养，待其平游开口后，可摄入轮虫和小型枝角类。

(2)仔鱼阶段：主要摄食轮虫、小型枝角类、无节幼体等。这些生物饵料富含蛋白质，是鱼苗生长的理想食物。在人工培育过程中，也可使用鸭蛋黄、豆浆全池泼洒。

(3)稚鱼前阶段：随着鱼苗的生长，它们开始需要更大型的饵料。此时，枝角类、桡足类、摇蚊幼虫、水蚯蚓等成为主要的饵料。

(4)稚鱼阶段：当鱼苗体长达到一定程度时，可以逐渐引入配合饲料。这些饲料通常含有多种营养成分，可以满足鱼苗的生长需求。

### 二、日投喂量

黄颡鱼鱼苗的日摄食量会随其体重、水温、天气等因素而变化。一般来说，在鱼苗较小的时候，日摄食量占其体重的比例较大，随着鱼苗的生长，这个比例会逐渐降低。例如，在鱼苗体长达到1 cm左右时，日摄食量可能占其体重的5%~8%。当鱼苗体长达到2 cm左右时，日摄食量可能降低到占其体重的3%~5%。当鱼苗体长达到3 cm以上时，日摄食量可能稳定在占其体重的1%~2%。

### 三、注意事项

黄颡鱼贪食，投喂时要遵循"尽早开食、少量多次"的原则，并且每次投喂要坚持八成饱原则，避免造成水质负担。同时，日常管理也非常重要，需要定期巡塘，观察池水变化和池鱼的活动情况，并根据实际情况调整投喂量和投喂策略。

# 任务二　黄颡鱼的鱼苗培育技术

### 一、池塘准备

#### 1. 池塘选址

选择避风向阳、环境安静、水源充足且水质良好的地方建池。

#### 2. 池塘建设

池塘面积以10~20 m² 为宜，池深为1.0~1.2 m，设有进水、排水口，并配备溢水孔。进水口设置过滤网，防止敌害生物进入。

### 3. 池塘消毒

在放养前 7～10 d，使用生石灰或漂白粉对池塘进行消毒，杀灭病原体和敌害生物。

## 二、鱼苗放养

课件：黄颡鱼的
鱼苗培育技术

### 1. 鱼苗选择

选择体质健壮、游动活泼、规格整齐的鱼苗进行放养。

### 2. 放养密度

根据池塘条件、饲料来源和养殖技术水平等因素，确定合理的放养密度，一般为 5 000～8 000 尾/m²。

### 3. 放养时间

一般在春季水温稳定在 18 ℃以上时进行放养。

视频：黄颡鱼的
鱼苗培育技术

## 三、饵料投喂

### 1. 前期饵料

鱼苗刚下塘时，主要摄食轮虫、小型枝角类等天然饵料。这些饵料可以通过人工培育或从池塘中捞取。

### 2. 后期饵料

随着鱼苗的生长，逐渐引入配合饲料。饲料应富含蛋白质、维生素和矿物质等营养成分。

### 3. 投喂方法

采用少量多次的投喂方式，每次投喂量以鱼苗能在半小时内吃完为宜。同时，要注意饲料的品质和新鲜度，避免投喂变质饲料。

## 四、日常管理

### 1. 水质管理

保持水质清新和稳定，定期换水，一般每 7～10 d 换一次水，换水量为池塘水量的1/3～1/2。同时，要定期使用生物制剂调节水质，防止水质恶化。

### 2. 巡塘观察

每天早晚巡塘一次，观察鱼苗的活动情况和摄食情况，及时发现并处理异常情况。

### 3. 疾病防治

定期使用消毒剂对池塘进行消毒，预防疾病的发生。同时，要注意饲料的质量和安全性，避免饲料中携带病原体。

### 4. 其他注意事项

(1)避免高温养殖：黄颡鱼对高温的耐受性较差，因此要避免在高温季节进行养殖。

(2)合理投喂：根据鱼苗的生长阶段和摄食情况，合理调整投喂量和投喂策略，避免浪费和污染。

(3)加强日常管理：定期清理池塘底部的残饵和粪便，保持池塘的清洁卫生。同时，要做好池塘的防盗和防逃工作，确保鱼苗的安全。

# 任务三  黄颡鱼的鱼种培育技术

夏花经过上述 20～30 d 培养后，全长达到 2.5～3.5 cm，应进行分散饲养，进行大规格鱼种培育，使其全长达到 8～10 cm。

## 一、池塘条件

培育黄颡鱼的池塘，面积 1～2 亩为佳。面积过大，鱼种摄食易不均，捕捞也困难。水深保持在 1.5 m 左右，池底需平整，排水口约 20% 的面积要降低 20 cm 左右。池塘要求淤泥少、保水性好、进水排水便利，周边环境安静，最好有少量遮光物。放养鱼苗前，要先对池塘除野消毒，待培育出浮游动物后，再投放苗种。

课件：黄颡鱼的鱼种培育技术

## 二、苗种放养

每亩放体长 3 cm 左右的夏花苗种 8 000～10 000 尾。要求苗种规格整齐，体质健壮，无伤病，苗种放养前严格进行药浴消毒。

## 三、饲料投喂

投放苗种后池塘中浮游动物量可以满足苗种几天的摄食需求量。随着苗种个体增大，池塘中天然饲料减少，必须投喂人工混合饲料。在池塘中搭 1 个饲料台，每亩池塘饲料台面积为 6～8 m² 即可。饲料投放在饲料台上。

饲料配制方法有以下 3 种：一是将小杂鱼绞碎后掺拌部分鱼粉、蚕蛹粉、豆粉、麦麸、三等面粉等揉成团状饲料投喂，也可将小杂鱼绞碎打成浆后用三等面粉黏合直接投喂；二是将粉状原料混合均匀后加一定量的水揉成团状投喂；三是将人工配合颗粒饲料破碎成微型颗粒饲料投喂。后两种配合饲料的配制方法为鱼粉 23%、蚕蛹粉 8%、肉骨粉 8%、血粉 8%、酵母粉 6%、大豆粉 17%、标准面粉 23%、植物油 3%、维生素合剂 1%、无机盐合剂 1.5%、胶粘剂 1.5%。一般苗种开始转化食性时投饲率为 10%，以后逐渐下降到 5%～6%。每天投喂 2～3 次，苗种体长为 3～5 cm 时每天投喂 2～3 次，以后每天投喂 2 次即可。

## 四、日常管理

（1）饲料投喂要定时、定位、定量、定质。

（2）每 3～5 d 清整食场 1 次，每半个月消毒 1 次。投喂颗粒饲料的，消毒次数可适当减少。经常清除池边杂草和池中腐败污物。

（3）每天清晨巡塘 1 次，观察水色和鱼的活动情况。下午结合投喂或检查吃食情况巡塘，发现问题及时解决。

（4）苗种培育期间随时捞出池塘中的蝌蚪，发现水蛇、水蜈蚣、龟鳖等敌害生物时及时处理。水鸟较多的地区要采取有效措施进行驱赶。

（5）适时注水，改善水质。一般每 10～15 d 加水 1 次。

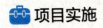 **项目实施**

**黄颡鱼的苗种投喂**

## 一、明确目的

1. 了解苗种的适口饵料及日摄食量。

2. 掌握黄颡鱼苗种投喂方法。

3. 培养良好的学习能力，具备敏锐的观察能力。

## 二、工作准备

### (一)引导问题

1. 黄颡鱼苗种适口饵料的特点有哪些？

_____

_____

_____

_____

_____

_____

2. 怎样进行黄颡鱼鱼苗投喂？

_____

_____

_____

_____

_____

_____

_____

## (二)确定实施方案

小组讨论，制订实施方案，确定人员分工(表 5-3-2)。

**表 5-3-2　方案设计表**

| 组长 | | | 组员 | |
|---|---|---|---|---|
| 学习项目 | | | | |
| 学习时间 | | 地点 | | 指导教师 |
| 准备内容 | 样品 | | | |
| | 工具 | | | |
| | 器皿 | | | |
| 具体步骤 | | | | |
| 任务分工 | 姓名 | 工作分工 | | 完成效果 |
| | | | | |
| | | | | |
| | | | | |
| | | | | |

## (三)所需样品、工具、器皿和场地准备

请按表 5-3-3 列出本工作所需的样品、工具和器皿。

**表 5-3-3　黄颡鱼鱼苗投喂所需的样品、工具和器皿**

| 样品 | 名称 | 规格 | 数量 | 已准备 | 未准备 | 备注 |
|---|---|---|---|---|---|---|
| | | | | | | |
| 工具 | 名称 | 规格 | 数量 | 已准备 | 未准备 | |
| | | | | | | |
| 器皿 | 名称 | 规格 | 数量 | 已准备 | 未准备 | |
| | | | | | | |
| 其他准备工作 | | | | | | |

### 三、实施过程

"黄颡鱼的苗种投喂"任务实施过程见表5-3-4。

**表 5-3-4  "黄颡鱼的苗种投喂"任务实施过程**

| 环节 | 操作及说明 | 注意事项及要求 |
|---|---|---|
| 1 | 了解黄颡鱼适口饵料及日摄食量 | 认真观察，组员们相互讨论，并确定 |
| 2 | 设计黄颡鱼的日摄食量与饵料 | |
| 3 | 对黄颡鱼进行投喂 | |
| 4 | 整理现场 | 按规范要求，对实施场所进行整理清场后填写回收记录单 |

### 五、评价与总结

### （一）评价

根据项目实施情况，学生自评、学生互评和教师评价相结合，进行综合评价（表5-3-5）。

**表 5-3-5  学生综合评价表**　　　　　　　　　　年　月　日

| 评价标准及分值 | | 学生自评 | 学生互评 | 教师评价 |
|---|---|---|---|---|
| 学习与工作态度<br>（5分） | 态度端正，严谨、认真，遵守纪律和规章制度 | | | |
| 职业素养<br>（10分） | 程序规范；热爱劳动、崇尚技能；耐心细致、精益求精；团结合作、不断创新 | | | |
| 制订方案<br>（10分） | 按要求查阅资料，参与方案的制订，能协调解决实际问题 | | | |
| 工作准备<br>（5分） | 能选择适宜的场地，并准备好所需样品、工具和器皿等 | | | |
| 黄颡鱼的苗种投喂<br>（40分） | 能确定黄颡鱼的适口饵料及日摄食量；会正确投喂黄颡鱼苗种 | | | |
| 原始记录和报告<br>（10分） | 真实、准确、无涂改，书写整洁，格式符合规范要求 | | | |
| 场地清整<br>（10分） | 将所用器具整理归位，场地清理干净 | | | |
| 工作汇报<br>（10分） | 如实准确、有总结、心得和不足及改进措施 | | | |
| 总分 | | | | |

### (二)总结汇报

1. 分小组制作 PPT、Word 工作总结，提交工作报告。
2. 小组成员互相讲解，并推荐一名成员向全班汇报。

##  知识拓展

黄颡鱼人工繁育

## 课后习题

### 一、选择题

1. 黄颡鱼的开口饵料鱼以出膜后 1~3 d 的(　　)鱼苗最为理想。
  A. 蛋黄      B. 鲫鱼      C. 河虾      D. 黄鳝

2. 池水来源水质符合渔业用水标准，池塘面积以(　　)亩为宜。
  A. 2~4      B. 3~5      C. 6~8      D. 8~10

3. 苗种放养密度控制在(　　)尾/亩。
  A. 20 000~25 000       B. 25 000~30 000
  C. 35 000~40 000       D. 45 000~50 000

4. 仔鱼开食后，每天进行吸污，日换水(　　)。
  A. 1/6      B. 1/7      C. 1/8      D. 1/4

5. 一般容量为 200 kg 的孵化桶，宜放养黄颡鱼鱼苗(　　)尾进行一级培育。
  A. 4 000~60 000       B. 6 000~8 000
  C. 8 000~10 000       D. 10 000~12 000

6. 黄颡鱼鱼苗的培育可在(　　)中进行。
  A. 孵化桶      B. 网箱      C. 水泥池      D. 池塘

### 二、判断题

1. 黄颡鱼鱼苗培育的中心技术问题是如何提高成活率和鱼苗规格的问题。  (　　)
2. 黄颡鱼夏花培育前期宜在静水中进行。  (　　)
3. 应坚持每天早、晚巡箱(池)，观察黄颡鱼鱼苗摄食情况及活动情况。  (　　)
4. 黄颡鱼鱼种培育池透明度应保持在 20 cm 以上。  (　　)
5. 饵料鱼的体高应为黄颡鱼鱼种口裂张开高度的 1/2 较适宜。  (　　)
6. 一般在黄颡鱼夏花鱼种下塘 1 周后冲水 1 次。  (　　)

# 项目四　食用黄颡鱼养殖技术

## 项目导读

### 我国黄颡鱼养殖产业发展概况

近年来，黄颡鱼的市场认可度不断提高，产量也逐步增加，成为增长最稳定的养殖品种之一。根据《2024中国渔业统计年鉴》数据显示，2023年我国黄颡鱼产量达到622 651 t，比2022年增长3.81%。黄颡鱼的养殖区域主要集中在湖北、浙江、广东、江西等省份，这些地区凭借其优越的自然条件和养殖技术，成为黄颡鱼的主要产区。黄颡鱼的主要国内市场在东南地区，特别是上海、南京、杭州等城市，这些地区的消费量较大且稳步增长。消费以鲜活产品为主导。随着消费者对健康、美味食品的追求，黄颡鱼的市场需求将进一步增长。

## 学习目标

**知识目标**

1. 掌握池塘养殖食用黄颡鱼的关键技术。
2. 熟悉养殖池塘的选择与清整的方法。

**能力目标**

具备按技术规程养殖黄颡鱼食用鱼的能力。

**素养目标**

1. 培养和提高创新思维与创新能力，以能够在解决问题和提供创新解决方案方面具有竞争力。
2. 培养从事食用黄颡鱼养殖所必备的基本职业素质。
3. 培养终身学习的意识，不断关注行业动态，及时更新知识和技能，以适应不断变化的市场需求。

## 任务一　黄颡鱼成鱼养殖池塘的准备

池塘养殖前准备是养殖过程中至关重要的一环，它直接关系到养殖环境的质量、鱼类的生长健康及最终的养殖效益。

### 一、池塘选择

#### 1. 面积和水深

课件：黄颡鱼成鱼养殖池塘的清整

（1）面积。主养黄颡鱼的池塘不宜过大或过小，以5~10亩为宜。过小，水质变化快，难以控制；过大，饵料鱼相对分散，不利于黄颡鱼的摄食。

（2）水深。一般水深在2 m左右，面积大的池塘可以适当深些。这是因为越深的池塘容积越大，水温波动也越小，水质容易稳定，可以增加放养量，提高产量。但是池水也不宜过深，深层水中光照度很弱，光合作用产生的溶氧量很少；夏季保持在2.5 m左右比较合适。

### 2. 底质

最好为沙质壤土、腐殖质较少(不厚于 20 cm)或没有淤泥的新开池塘,有较好的保水、保肥、保温能力,池底平坦,略向排水口倾斜。

### 3. 水源和水质

如图 5-4-1 所示,水源充足、灌水排水系统完善;水质清新、不宜过肥,无污染,酸碱度中性或微偏碱性,pH 值为 7~8,溶氧量为 5 mg/L 以上,透明度保持在 40 cm 以上,能经常保持微流水为最好。

图 5-4-1 黄颡鱼养殖池塘条件

### 4. 池塘形状与周围环境

池塘的形状一般为东西长、南北宽的长方形,长宽比以 3∶2 为宜,背风向阳,池塘周围应没有高大建筑和树木遮挡阳光及影响风的吹动。饲养环境应符合《无公害农产品 淡水养殖产地环境条件》(NY/T 5361—2016)的规定。

## 二、池塘清整

### 1. 干塘暴晒

如图 5-4-2 所示,池塘需经干塘暴晒,可减少病虫害发生,并使土壤疏松,加速有机质的分解,改良底质。

图 5-4-2 池塘暴晒

### 2. 做好池塘加固工作

修好池堤和进、排水口,填塞漏洞和裂缝、清除杂草和砖石等。

### 3. 清塘

(1)干塘清塘。在修整池塘结束后,选择鱼种放养前 2~3 个星期内的晴天进行生石灰清塘消毒,过早或过晚对苗、种成长都是不利的。在进行清塘时,池中必须有积水 6~10 cm,使泼入的石灰浆能分散均匀。如图5-4-3所示，生石灰的用量一般为每亩100 kg，淤泥较少的池塘则用60 kg左右均匀遍洒清塘，碱化塘泥，并杀灭隐藏在其中的病原生物。

（2）带水清塘。对于不靠近河、湖的池塘，清塘存在难题。这类池塘排水困难，排水后补水也不易，若从邻池蓄水交替灌注，还会加大传播病原的风险，难以实现清塘防病。为解决这些问题，可采用带水清塘法。参照图5-4-4，使用生石灰带水清塘时，若平均水深为1 m，每亩用量为125～150 kg；水深每增加1 m，生石灰用量相应加倍。

图5-4-3　生石灰干塘清塘

图5-4-4　生石灰带水清塘

### 三、培水培肥

池塘消毒5～7 d后注入新水，每亩施腐熟的粪肥200 kg培水，7～10 d后，当池中出现大量浮游生物时即可放苗。

## 任务二　黄颡鱼成鱼池塘养殖技术

黄颡鱼成鱼的池塘养殖可由放养隔年鱼种改为放养当年夏花，这种方式既能缩短养殖周期，降低生产成本，又能取得高产高效。实践表明，放养规格为2～5 cm的黄颡鱼夏花鱼种，经6～8个月饲养，商品鱼个体重可达80～150 g，每667 m² 产量为300 kg，利润为3 000元左右。

课件：黄颡鱼成池塘
养殖技术

### 一、鱼种放养

一般在6月放养黄颡鱼夏花鱼种，每亩放养全长2～3 cm苗种3 000～4 000尾，全长4～5 cm苗种2 000～2 500尾。待鱼种长到7～8 cm时，水质已变肥，这时每亩再投放规格为8～10 cm的鲢、鳙鱼鱼种200尾左右，以调节水质。鱼种放养时，用3%食盐水浸洗15 min左右。

## 二、饲料投喂

视频：饲料投喂和水质管理

黄颡鱼是偏动物性的杂食性鱼类，鱼体越小"荤"的含量要求越高。鱼种放养后，体长 8 cm 以前阶段，要在通过施肥培养浮游生物，保持池水适当肥度的同时，投喂鱼糜等动物性饲料，投饲前轻敲料桶，让鱼形成条件反射，诱鱼集中到食台摄食。1 周后用鱼糜和鳗鱼、中华鳖或青蛙料等配合饲料混合成面团状投喂，每天早、中、晚各投喂 1 次，每次给饵量以 1～2 h 吃完为度。当黄颡鱼长至 8 cm 后，驯化摄食人工配合饲料，驯食期间，在投喂的饲料中逐渐减少鱼糜量增加配合饲料比重，一般经 10 d 左右便能形成摄食人工配合饲料的习惯。饲料应选用全价配方：粗蛋白质含量为 38%～40%，粗脂肪为 7%～9%，碳水化合物为 20%～30%，纤维素为 5%～6%。投饲要坚持"四定"原则，并根据鱼体大小及时调整饲料粒径。6—9 月一般日投喂 3 次，时间大致为早上 7 时、下午 4 时、晚上 8 时；10 月以后日投 2 次，时间为早上 7 时、下午 4 时，投喂量视水温、水质、天气和鱼摄食情况灵活掌握。一般水温在 10～15 ℃时，日投喂量为鱼体重的 1.5%～1.8%；水温在 15～20 ℃时为 2%～3%；水温在 20～32 ℃时为 4%～5%。

## 三、水质管理

### 1. 掌握适宜水位

视频：黄颡鱼饲料投喂和水质管理

鱼种刚下池时保持池水深 70～80 cm，以利于水温提高和浮游生物繁殖，以后随着水温的提高逐渐加深到 1.5～1.8 m。

### 2. 控制池水肥度

黄颡鱼体长 8 cm 前，主要摄食浮游生物，此时要适当施肥，将池水透明度保持在 20～30 cm，维持适宜肥度。当体长超 8 cm，食性改变，需改为以投喂饲料为主，控制池水肥度，使透明度稳定在 30 cm 左右，溶氧量保持在 4 mg/L 以上。

### 3. 定期加注新水

一般每 10～15 d 注水 1 次，高温季节每 7～10 d 换水 1 次，每次注换水量 15～30 cm。调节池塘水质：每半月每立方米水体用生石灰 20 g 化水全池泼洒 1 次，保持池水 pH 值在 7～8.4；每 10 d 左右在食场和增氧机处用 2 kg 漂白粉或 5 kg 生石灰化水泼洒 1 次，进行局部水体消毒；每池配 1.5 kW 增氧机 1 台，根据天气和水质变化情况，科学合理开机增氧。

## 💼 项目实施

### 黄颡鱼养殖水质检测与调控技术

#### 一、明确目的

1. 掌握水质检测的基本方法、指标及其意义，从而能够对养殖水体进行全面的评估。

2. 能观察水色、透明度、异味等外部表现，以及通过化验分析了解水体中的溶氧量、pH 值、氨氮、亚硝酸盐等关键指标的变化，从而判断水质的优劣。

3. 会根据水质检测结果，采取相应的调控措施，如调节 pH 值、增加溶氧量、减少有害物质等，以确保养殖水质的稳定与适宜。

4. 培养学生科学、严谨的养殖态度，提高在养殖水质检测与调控方面的问题解决能力。

## 二、工作准备

### (一)引导问题

1. 池塘主养黄颡鱼应该怎样设计?

_____

_____

2. 怎样判断黄颡鱼养殖水质的优劣?

_____

_____

3. 如何对黄颡鱼养殖水质进行调控?

_____

_____

### (二)确定实施方案

小组讨论,制订实施方案,确定人员分工(表5-4-1)。

表 5-4-1　方案设计表

| 组长 | | | 组员 | |
|---|---|---|---|---|
| 学习项目 | | | | |
| 学习时间 | | 地点 | 指导教师 | |
| 准备内容 | 样品 | | | |
| | 工具 | | | |
| | 器皿 | | | |
| 具体步骤 | | | | |
| 任务分工 | 姓名 | 工作分工 | | 完成效果 |
| | | | | |
| | | | | |
| | | | | |

### (三)所需样品、工具、器皿和场地准备

请按表 5-4-2 列出本工作所需的样品、工具和器皿。

**表 5-4-2 黄颡鱼养殖水质检测与调控技术所需的样品、工具和器皿**

| 样品 | 名称 | 规格 | 数量 | 已准备 | 未准备 | 备注 |
|---|---|---|---|---|---|---|
| | | | | | | |
| 工具 | 名称 | 规格 | 数量 | 已准备 | 未准备 | |
| | | | | | | |
| 器皿 | 名称 | 规格 | 数量 | 已准备 | 未准备 | |
| | | | | | | |
| 其他准备工作 | | | | | | |

## 三、实施过程

"黄颡鱼养殖水质检测与调控技术"任务实施过程见表 5-4-3。

**表 5-4-3 "黄颡鱼养殖水质检测与调控技术"任务实施过程**

| 环节 | 操作及说明 | 注意事项及要求 |
|---|---|---|
| 1 | 黄颡鱼养殖水质的观察 | |
| 2 | 黄颡鱼养殖水质的理化检测 | 认真观察,组员们相互讨论,并确定 |
| 3 | 黄颡鱼养殖水质的调控 | |
| 4 | 整理现场 | 按规范要求,对实施场所进行整理清场后填写回收记录单 |

## 六、评价与总结

### (一)评价

根据项目实施情况,学生自评、学生互评和教师评价相结合,进行综合评价(表5-4-4)。

表5-4-4　学生综合评价表

年　月　日

| 评价标准及分值 | | 学生自评 | 学生互评 | 教师评价 |
|---|---|---|---|---|
| 学习与工作态度<br>(5分) | 态度端正,严谨、认真,遵守纪律和规章制度 | | | |
| 职业素养<br>(10分) | 程序规范;热爱劳动、崇尚技能;耐心细致、精益求精;团结合作、不断创新 | | | |
| 制订方案<br>(10分) | 按要求查阅资料,参与方案的制订,能协调解决实际问题 | | | |
| 工作准备<br>(5分) | 能选择适宜的场地,并准备好所需样品、工具和器皿等 | | | |
| 黄颡鱼养殖水质检测与调控技术<br>(40分) | 会观察黄颡鱼养殖水体的水质;会检测黄颡鱼养殖水体的水质;能调控黄颡鱼养殖水体的水质 | | | |
| 原始记录和报告<br>(10分) | 真实、准确、无涂改,书写整洁,格式符合规范要求 | | | |
| 场地清整<br>(10分) | 将所用器具整理归位,场地清理干净 | | | |
| 工作汇报<br>(10分) | 如实准确,有总结、心得和不足及改进措施 | | | |
| 总分 | | | | |

### (二)总结汇报

1. 分小组制作 PPT、Word 工作总结,提交工作报告。
2. 小组成员互相讲解,并推荐一名成员向全班汇报。

### 📠知识拓展

黄颡鱼养殖场地选择、育种技术、饲料搭配、管理措施全面解析

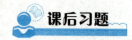 **课后习题**

### 一、选择题

1. 主养黄颡鱼的池塘面积以(　　)亩为宜。
　　A. 1～5　　　　　　　B. 5～10　　　　　　C. 10～20　　　　　D. 20～30

2. 主养黄颡鱼池塘的形状一般为东西长、南北宽的长方形,长宽比以(　　)为宜。
　　A. 2∶1　　　　　　　B. 3∶2　　　　　　　C. 4∶3　　　　　　D. 5∶4

3. 在修整池塘结束后,选择黄颡鱼鱼种放养前(　　)个星期内的晴天进行生石灰清塘消毒。
　　A. 0.5～1　　　　　　B. 1～2　　　　　　　C. 2～3　　　　　　D. 3～4

4. 池塘主养黄颡鱼配套的饵料鱼养殖面积一般为黄颡鱼池的(　　)倍。
　　A. 1～2　　　　　　　B. 2～3　　　　　　　C. 3～4　　　　　　D. 4～5

5. 一般放养8～10 cm的黄颡鱼鱼种,饵料鱼应控制在(　　)cm。
　　A. 2～3　　　　　　　B. 3～4　　　　　　　C. 4～5　　　　　　D. 5～6

6. 池塘主养黄颡鱼采用间隔投饵料鱼的方法,可定3 d、5 d、7 d为一个投饵期,但以每(　　)d投一次为宜。
　　A. 3　　　　　　　　　B. 5　　　　　　　　　C. 7

7. 套养黄颡鱼成鱼的池塘,以(　　)鱼为主的成鱼池更适合。
　　A. 草食性　　　　　　B. 肉食性　　　　　　C. 滤食性　　　　　D. 杂食性

8. 成鱼池内套养黄颡鱼的主要方式为套养(　　)。
　　A. 黄颡鱼水花　　　　B. 黄颡鱼夏花　　　　C. 1龄黄颡鱼

9. 套养黄颡鱼的成鱼池,其溶氧应保持在(　　)mg/L以上。
　　A. 2　　　　　　　　　B. 3　　　　　　　　　C. 4　　　　　　　　D. 5

### 二、判断题

1. 主养黄颡鱼池塘的底质最好是黏土。　　　　　　　　　　　　　　　　　(　　)

2. 饲养黄颡鱼的池塘环境应符合《无公害农产品 淡水养殖产地环境条件》(NY/T 5361—2016)的规定。　　　　　　　　　　　　　　　　　　　　　　　　　　　　　(　　)

3. 带水清塘,生石灰用量为每亩平均水深1 m用25～150 kg。　　　　　　　(　　)

4. 黄颡鱼鱼种的质量应符合《鳜养殖技术规范苗种》(SC/T 1032.5—1999)的规定。　(　　)

5. 黄颡鱼鱼种放养前需要进行缓苗和消毒。　　　　　　　　　　　　　　　(　　)

6. 黄颡鱼鱼种放养密度应根据池塘条件、饵料鱼供应量、饲养方式而定。　　(　　)

7. 在投放黄颡鱼鱼种的同时,适量投放常规鱼夏花,将大大提高黄颡鱼成活率。(　　)

8. 成鱼池套养1龄黄颡鱼,每亩套养量50～100尾。　　　　　　　　　　　(　　)

9. 套养黄颡鱼的成鱼池,以水体透明度35 cm左右,水质偏碱性为宜。　　　(　　)

# 项目五　黄颡鱼病害防治技术

## 项目导读

### 黄颡鱼病害预防的重要性

随着市场需求不断增大，黄颡鱼的养殖面积和密度也在不断地扩大，但同时带来了病害的高发和多发，严重影响养殖产量和养殖户经济收益；黄颡鱼是无鳞鱼，在早春时节，受持续低温及气温大幅波动影响，也导致其较易发病。因此，如何有效预防黄颡鱼的病害十分重要。

## 学习目标

**知识目标**

1. 熟悉黄颡鱼典型病害的病原病症。
2. 掌握黄颡鱼典型病害的防治技术。

**能力目标**

具有正确运用所掌握的知识技能在黄颡鱼病害防治过程中发现问题、分析问题、解决问题的能力。

**素养目标**

1. 培养良好的职业道德和诚信品质。
2. 培养关注社会、关注民生、造福人类的社会责任感。
3. 培养发现问题、分析问题和解决问题的基本能力。
4. 培养严谨科学的工作态度和精益求精的工匠精神。

# 任务一　黄颡鱼常见细菌性疾病

## 一、腹水病

### (一)病原

黄颡鱼腹水病俗称"大肚子病"，又称为出血性腹水病，由迟钝爱德华氏菌感染引起。

### (二)流行情况

黄颡鱼腹水病在苗种和成鱼饲养期间危害最大，尤其在苗种培育过程中较为流行，死亡率高达80%，在高温季节易爆发，特别是在强降温天气时来势猛、蔓延快，其发病原因主要有以下几个方面。

(1)放养密度过大，池塘底质差、水质恶化、溶氧长期处于低水平。

(2)突然大幅度加量或长期过量投喂，或投喂的饲料变质，又不注重肝肠保健，肝肠损伤严重，鱼体免疫力下降，容易诱发细菌感染。

(3)鱼发病后治疗不彻底或不对症，死鱼现象长期存在。

视频：黄颡鱼常见
细菌性疾病

### (三)主要症状

发生腹水病的黄颡鱼外观表现：吃食减少或不吃食、离群独游或悬浮于水面，体色泛黄、黏液增多、咽部皮肤破损充血呈圆形孔洞，腹部膨大、肛门红肿外翻、头部充血，背鳍肿大、胸鳍与腹鳍基部充血、鳍条溃烂。解剖腹水病的黄颡鱼可见：胆汁外渗，腹腔淤积大量血水或黄色冻胶状物，胃肠无食，胃苍白，肝脏为土黄色，脾坏死，肾脏有霉黑点（图5-5-1）。

**图5-5-1　黄颡鱼"腹水病"症状**

### (四)防治方法

(1)水质调控是养殖的必备条件，在好的水质条件下，有害菌难以大量滋生，只要做好定期的调水改底即可，定期改善水环境。

(2)保障饲料的品质、适度加料，在饲料中添加保肝护胆、促进脂肪消化吸收的胆汁酸，做好肝肠保健，增强黄颡鱼抗病力，防患于未然。

(3)当黄颡鱼发生腹水病时，应外用消毒剂对水体进行杀菌消毒，内服恩诺沙星＋硫酸新霉素或氟苯尼考＋盐酸多西环素。

## 二、爱德华氏菌病(裂头病)

### (一)病原

鲶爱德华氏菌，革兰氏阴性，以周生鞭毛运动，兼性厌氧。

### (二)流行情况

爱德华氏菌病常爆发于养殖密度大的池塘。因黄颡鱼活动空间减少，刮伤、抢食、机械损伤都可能使其活动力减弱，使寄生虫、细菌等病原更易感染寄生。另外，池塘残饵、排泄物较多，水体污染严重。水质较差，氨氮、亚硝酸盐高。溶氧低，鱼类长期处于缺氧胁迫状态，当池塘水环境突变（如倒藻、水体浑浊等），或遇到天气骤变极易暴发此病，大量死亡。

### (三)主要症状

致病菌经由黄颡鱼嗅叶神经慢性感染进入脑部，病灶向上发展，由顶骨裂隙中冒出，头顶病变发红，严重时表皮溃烂，顶骨受损，出现裂头的症状（图5-5-2）。

**图5-5-2　黄颡鱼"裂头病"症状**

### (四)防治方法

鲶爱德华氏菌为细胞内寄生菌,较其他病原菌治疗困难,且治疗周期较长。同时,一般内服药物很难突破鱼体的血脑屏障到达病灶,造成用药难以见效。关于治疗,主要在于穿透血脑屏障,使药物能更好地起到抗菌作用。内服上建议使用盐酸多西环素、氟苯尼考这些能够透过血脑屏障的抗菌药物。

## 任务二 黄颡鱼常见寄生虫类疾病

### 一、车轮虫病

#### (一)病原

以车轮虫和小车轮虫较为常见(图5-5-3)。

#### (二)流行情况

车轮虫主要危害黄颡鱼鱼苗和鱼种,严重感染时可引起病鱼大批死亡。一年四季均有发生,引起大批死亡主要在4—7月。水浅、水质不良、食料不足、放养过密、连续阴雨天气等均容易引起车轮虫病的暴发。

#### (三)主要症状

车轮虫少量寄生时没有明显症状;严重感染时,车轮虫在鱼的鳃及体表各处不断爬动,损伤上皮细胞,上皮细胞及黏液细胞增生、分泌亢进,鳃上的毛细血管充血、渗出,病鱼沿池边狂游,呈"跑马"状,有时病鱼体表出现一层白翳,病鱼受虫体寄生的刺激,引起组织发炎,分泌大量黏液,鱼体消瘦、发黑、游动缓慢、呼吸困难而死(图5-5-4)。

图5-5-3 车轮虫镜下观　　　　图5-5-4 黄颡鱼"车轮虫病"症状

#### (四)防治方法

常使用硫酸铜和硫酸亚铁合剂(5:2)0.7 mg/L全池遍洒。但要注意黄颡鱼为无鳞鱼,对硫酸铜这类重金属药物敏感性高,使用时务必谨慎。

### 二、钩介幼虫病

#### (一)病原

河蚌的受精卵在母蚌外鳃腔中发育成钩介幼虫后,离开母体漂浮于水中。在与黄颡鱼鱼体接触后，寄生于鳃部。钩介幼虫靠吸收鱼体营养进行变态，发育成幼蚌（图5-5-5）。

图 5-5-5　钩介幼虫镜下观

### (二)流行情况

钩介幼虫病主要流行于春末夏初，此时正是钩介幼虫离开母体悬浮于水中的时候，黄颡鱼是钩介幼虫最为理想的宿主。少量幼虫对较大的成鱼一般影响不大，但对鱼苗及夏花鱼种则影响较大。钩介幼虫寄生到黄颡鱼鱼种的鳃、口腔等部位后，使鱼种失去摄食能力而饿死，或因妨碍呼吸导致鱼窒息而死。

### (三)主要症状

钩介幼虫用足丝黏附在黄颡鱼鱼体，用壳钩在鱼的鳃部，使鱼体受到刺激而引起组织发炎、增生，逐渐将幼虫包在里面，形成胞囊。

### (四)防治方法

(1)放苗前，用生石灰彻底清塘。
(2)鱼苗及夏花培育池内不能混养蚌，进水应用网过滤，以避免钩介幼虫随水入池。
(3)在发病初期，将病鱼转移至没有蚌及钩介幼虫的池中，可控制病情发展并逐步好转。

## 🧰 项目实施

**黄颡鱼的车轮虫病的诊断与防治**

### 一、明确目的

1. 会观察黄颡鱼的车轮虫病的病原。
2. 会观察黄颡鱼的车轮虫病的病症。
3. 能准确判断黄颡鱼车轮虫病。
4. 能合理制订黄颡鱼车轮虫病的防治方案并实施。
5. 培养严谨认真的工作态度和较强的实践操作能力。

### 二、工作准备

### (一)引导问题

1. 黄颡鱼有哪些常见的寄生虫类疾病？

_____

_____

2. 黄颡鱼的车轮虫病有哪些主要的病症？

_____

_____

## (二)确定实施方案

小组讨论,制订实施方案,确定人员分工(表5-5-1)。

表5-5-1 方案设计表

| 组长 | | | 组员 | | |
|---|---|---|---|---|---|
| 学习项目 | | | | | |
| 学习时间 | | 地点 | | 指导教师 | |
| 准备内容 | 样品 | | | | |
| | 工具 | | | | |
| | 器皿 | | | | |
| 具体步骤 | | | | | |
| 任务分工 | 姓名 | | 工作分工 | | 完成效果 |
| | | | | | |
| | | | | | |

## (三)所需样品、工具、器皿和场地准备

请按表5-5-2列出本工作所需的样品、工具和器皿。

表5-5-2 黄颡鱼的车轮虫病的诊断与防治所需的样品、工具和器皿

| 样品 | 名称 | 规格 | 数量 | 已准备 | 未准备 | 备注 |
|---|---|---|---|---|---|---|
| | | | | | | |
| 工具 | 名称 | 规格 | 数量 | 已准备 | 未准备 | |
| | | | | | | |
| 器皿 | 名称 | 规格 | 数量 | 已准备 | 未准备 | |
| | | | | | | |
| 其他准备工作 | | | | | | |

## 三、实施过程

"黄颡鱼的车轮虫病的诊断与防治"任务实施过程见表5-5-3。

表5-5-3 "黄颡鱼的车轮虫病的诊断与防治"任务实施过程

| 环节 | 操作及说明 | 注意事项及要求 |
|---|---|---|
| 1 | 观察车轮虫病的病原 | |
| 2 | 观察车轮虫病的病症 | 认真观察,组员们相互讨论,并确定 |
| 3 | 诊断车轮虫病 | |
| 4 | 制订防治车轮虫病的方案并实施 | |
| 5 | 整理现场 | 按规范要求,对实施场所进行整理清场后填写回收记录单 |

### 四、评价与总结

#### (一)评价

根据项目实施情况，学生自评、学生互评和教师评价相结合，进行综合评价(表5-5-4)。

表5-5-4　学生综合评价表　　　　　年　月　日

| 评价标准及分值 | | 学生自评 | 学生互评 | 教师评价 |
|---|---|---|---|---|
| 学习与工作态度<br>(5分) | 态度端正、严谨、认真，遵守纪律和规章制度 | | | |
| 职业素养<br>(10分) | 程序规范；热爱劳动、崇尚技能；耐心细致、精益求精；团结合作、不断创新 | | | |
| 制订方案<br>(10分) | 按要求查阅资料，参与方案的制订，能协调解决实际问题 | | | |
| 工作准备<br>(5分) | 能选择适宜的场地，并准备好所需样品、工具和器皿等 | | | |
| 黄颡鱼的车轮虫病的诊断与防治<br>(40分) | 会观察黄颡鱼的车轮虫病的病原；会观察黄颡鱼的车轮虫病的病症；能准确判断黄颡鱼车轮虫病；能制订防治车轮虫病的方案并实施 | | | |
| 原始记录和报告<br>(10分) | 真实、准确、无涂改，书写整洁，格式符合规范要求 | | | |
| 场地清整<br>(10分) | 将所用器具整理归位，场地清理干净 | | | |
| 工作汇报<br>(10分) | 如实准确，有总结、心得和不足及改进措施 | | | |
| 总分 | | | | |

#### (二)总结汇报

1. 分小组制作 PPT、Word 工作总结，提交工作报告。
2. 小组成员互相讲解，并推荐一名成员向全班汇报。

### 📖 知识拓展

黄颡鱼运输，新品种与普通黄颡鱼对比

### 一、选择题

1. 黄颡鱼病害预防要做好消毒工作，主要包括(　　)等的消毒。

　　A. 池塘　　　　　　　B. 黄颡鱼苗种　　　　　C. 工具　　　　　　　D. 饵料的消毒

2. 塘水为（　　）等水色，表示池塘水质良好。

　　A. 绿色　　　　　　　　B. 褐绿色　　　　　　　C. 暗绿色　　　　　　　D. 灰色

3. 高温养殖期每隔（　　）d选用过氧化氢或二氧化氯等改良水质。

　　A. 5～10　　　　　　　B. 10～15　　　　　　　C. 15～20　　　　　　　D. 20～25

4. 裂头病主要危害（　　）cm以上黄颡鱼。

　　A. 4　　　　　　　　　B. 6　　　　　　　　　C. 8　　　　　　　　　D. 10

5.（　　）℃是裂头病最适流行水温。

　　A. 20～25　　　　　　　B. 25～30　　　　　　　C. 28～30　　　　　　　D. 30～32

6. 黄颡鱼腹水病情稳定后需用（　　）和矿物质肥料改良水质，以防病情反复。

　　A. 大肠杆菌　　　　　　B. 芽孢杆菌　　　　　　C. 螺旋杆菌

7. 车轮虫病的流行水温为（　　）℃。

　　A. 12～20　　　　　　　B. 20～28　　　　　　　C. 28～36

8. 对于黄颡鱼苗种，可采用每立方米水体（　　）g硫酸铜全池泼洒预防车轮虫病。

　　A. 0.3　　　　　　　　B. 0.5　　　　　　　　C. 0.7　　　　　　　　D. 0.10

9. 患寄生虫的病鱼可用（　　）食盐水浸浴5 min左右，根据气温、鱼体的耐受程度具体灵活掌握。

　　A. 1‰～2‰　　　　　　B. 2‰～3‰　　　　　　C. 3‰～4‰　　　　　　D. 4‰～5‰

## 二、判断题

1. 选择优质的黄颡鱼苗种是预防黄颡鱼病害的重要工作。　　　　　　　　　　（　　）

2. 池塘鱼、虾、蟹等进行换养和轮养，不利于黄颡鱼病害防治。　　　　　　（　　）

3. 水质与底质的改良是预防黄颡鱼疾病的重要措施。　　　　　　　　　　　（　　）

4. 发生黄颡鱼腹水病的鱼塘会出现"转水"或"倒藻"现象。　　　　　　　　（　　）

5. 患裂头病的黄颡鱼离群漫游，呈明显的"黑头黄身"现象。　　　　　　　　（　　）

6. 黄颡鱼腹水病的流行水温为30 ℃以上，发病呈急性型。　　　　　　　　　（　　）

7. 车轮虫病对黄颡鱼苗种危害最大。　　　　　　　　　　　　　　　　　　（　　）

8. 腹水病由迟钝爱德华氏菌感染引起。　　　　　　　　　　　　　　　　　（　　）

拓展项目：黄颡鱼捕捞和运输技术　　　　课件：黄颡鱼捕捞技术

课件：黄颡鱼运输技术　　　　视频：黄颡鱼运输技术

# 模块六　中华鳖生态养殖技术

模块六导学视频

# 项目一　中华鳖的生物学特性

### 中华鳖的价值

中华鳖（甲鱼）是龟鳖目鳖科软壳水生龟中最为常见的一种，是古老的次生水生爬行动物，在古生代晚期就已经出现，大约 2.5 亿年的进化历程。早在 7 000 多年前的新石器时代，河姆渡人就已开始食用甲鱼。它是一种名贵的、经济价值很高的水陆两栖爬行动物，是我国重要的出口创汇水产品。

中华鳖是全球性食用和药用功能很强的良种，它早已成为我国历史悠久的传统美食补品，它肉味鲜美，营养价值极高，是餐桌上的美味佳肴，上等筵席的优质材料。中华鳖不仅具有很高的食用价值，而且其文化价值、药用价值、观赏价值和研究价值都很高。中华鳖也是我国传统的中药材，具有滋阴清热、平肝益肾、破结软坚及消淤等功能。鳖的全身各部分均可入药。甲鱼肉含有多量磷脂与多不饱和脂肪酸，有利于脂肪代谢，对高血压、冠心病、癌症患者极为有益；甲鱼壳含有的多种维生素和微量元素，能"补劳伤、壮阳气、大补阴之不足"，对肺结核、贫血、体质虚弱等病患有一定辅助疗效；甲鱼裙边则含有较高的胶原蛋白，具有较好的美容作用。据《本草纲目》记载：鳖肉可治久痢、虚劳、脚气等病；鳖甲主治骨蒸劳热、阴虚风动、肝脾肿大和肝硬化等；鳖血外敷可治颜面神经麻痹、小儿疳积潮热，兑酒可治妇女血瘕；鳖卵能治久泻久痢，鳖胆汁有治痔瘘等功效。

中华鳖是我国经久不衰的名特养殖品种。从 20 世纪 80 年代改革开放以来，随着人民生活水平的提高，民众养生热的兴起和大众对健康食材的迫切需求，以及基于自然保护的野生鳖的禁捕，生态养殖中华鳖的市场需求日渐增长，中华鳖生态养殖产业发展前景相当好。中华鳖养殖已成为我国浙江、广东、湖南、湖北、安徽、江苏、辽宁、陕西、江西等 20 多个省份农民致富的重要途径，全国年产量超过 30 多万吨，涉及产业相关几百万人，综合产值过千亿元。可见中华鳖在我国已经是长期发展、规模巨大的富民产业。

生态养殖是根据中华鳖的生物学特性，模拟自然界中华鳖的生态环境和生活方式，以投喂鲜活饵料为主，采用科学的饲养管理方式，生产出接近野生的、高品质的商品鳖来满足市场的需求，达到提高养殖经济效益的目的。

**知识目标**

1. 熟悉中华鳖的形态特征。
2. 掌握中华鳖的习性。
3. 掌握中华鳖的生长规律和繁殖特性。

**能力目标**

1. 明确中华鳖的生物学特性。
2. 具备按技术规程生态养殖中华鳖的能力。

**素养目标**

1. 培养高度的社会责任感、良好的职业道德和诚信品质及实事求是的工作作风。
2. 培养从事中华鳖生态养殖所必备的基本职业素质。
3. 培养发现问题、分析问题和解决问题的基本能力。
4. 培养严谨、踏实的工作作风和实事求是的工作态度，以及创新思维和创新创业能力。
5. 培养学生吃苦耐劳、独立思考、团结协作、勇于创新的精神。

# 任务一　中华鳖的形态特征

## 一、中华鳖的分类地位

中华鳖，别名鳖、甲鱼、团鱼、脚鱼、水鱼，属爬行纲、龟鳖目、鳖科、鳖属。中华鳖没有有效的亚种分化，却存在着地理变异。

## 二、中华鳖的地理分布

野生中华鳖在我国广泛分布于除宁夏、新疆、青海和西藏外的大部分地区，尤以湖南、湖北、江西、安徽、江苏等省产量较高。另外，在日本、朝鲜、越南北部、韩国、俄罗斯东部均可见。

视频：中华鳖的分类
地位和形态特征

## 三、中华鳖的形态特征

中华鳖的体躯呈椭圆形，背腹扁平状。通体被柔软的革质皮肤，无角质盾片。体色基本一致，无鲜明的淡色斑点。外部形态可分为头、颈、躯干、四肢和尾五个部分。

### 1. 头部

中华鳖头粗大，背观略呈三角形，头的后部与近似圆筒形的颈相接。吻尖而凸出，吻端有一对鼻孔与后部短管相通。眼小，位于头的背面两侧，稍微凸出，视觉敏锐。口较大，位于头的腹面，口裂延至眼的后缘，两颌无齿，但颌缘有角质硬鞘，行使牙齿功能，可咬碎食物(图6-1-1)。

课件：中华鳖的分类
地位和形态特征

### 2. 颈部

中华鳖颈长而有力，伸缩肌发达，伸缩、转动极为灵活。一旦受惊，头和颈均可全部暂时缩回壳内保护起来。在喉管部的黏膜上有绒毛状的增生物——鳃状组织，其上布满毛细血管，它是鳖的辅呼吸器官，具有较弱的呼吸功能(图6-1-2)。

图 6-1-1 中华鳖的头部特征

图 6-1-2 中华鳖的颈部特征

### 3. 躯干部

中华鳖躯体宽短、略扁，背面近圆形或椭圆形，鳖的主要内脏器官都集中在此部位，并有背腹两块骨板形成保护。背甲稍稍凸起，腹甲则呈平板状，二甲的侧面由韧带组织相连。背腹甲外层无角质盾片，而是披以柔软的革质皮肤。背面通常为暗绿色或黄褐色，上有纵行排列不甚明显的疣粒，背面周边为肥厚的结缔组织，俗称"裙边"，腹面为灰白色或黄白色，如图 6-1-3 所示。

图 6-1-3 中华鳖的躯干部特征

### 4. 四肢

中华鳖的四肢扁平粗短，位于躯体两侧，能缩入壳内。前肢五指，后肢五趾。四肢的指和趾间生有发达的蹼膜，第 1～3 指、趾端生有钩状利爪，凸出在蹼膜之外。因为鳖有粗壮的四肢和宽大的蹼膜，所以既能在陆地上爬行，又适于在水中自由游泳，拥有有力的前肢和利爪，在捕到食物时还能协助口将大块食物撕碎，便于吞咽。

### 5. 尾部

中华鳖尾较短，一般雄体的尾较雌体的尾长。利用这一特征，雌、雄鳖易于识别。

## 任务二　中华鳖的生活习性

中华鳖是一种以肺呼吸，以水栖为主的典型的变温爬行动物，喜栖息在江河、湖泊、池塘、水库和山间溪流中。

### 一、栖息习性

中华鳖是卵生水陆两栖爬行动物，用肺呼吸，能在陆地上爬行、攀登，也能在水中自由游泳，但以水体生活为主。中华鳖为变温动物，其生活规律和外界温度的变化有着密切的关系。民间谚语形容鳖的活动是"春天发水走上滩，夏日炎炎柳荫栖，秋天凉了入水底，冬季严寒钻泥潭"（图 6-1-4）。

视频：中华鳖的
生活习性

课件：中华鳖的
生活习性

图 6-1-4　中华鳖的栖息习性

## 二、"三喜三怕"

### 1. 喜静怕惊

中华鳖很胆小，听觉灵敏，对周围环境的声响反应灵敏，只要周围稍有动静，中华鳖即可迅速潜入水底淤泥中；中华鳖多在傍晚时分出穴活动，在夜间环境安静之后活动频繁，常爬到离岸不远的稻田、菜园中或山地上寻找食物，黎明前再原路返回穴中潜伏起来。

"瓮中捉鳖"或"瓮中之鳖"就是指利用鳖的这一习性，将缸埋于水边地下，缸口平于地面成一陷阱，鳖觅食爬行时跌入缸内被捕获。

### 2. 喜阳怕风

在晴暖无风天气，特别是中午太阳光线强烈时，常趴在向阳的岸边或露出水面的岩石上晒太阳（俗称晒背），夏天，通常每天要晒 2～3 h。利用阳光中的紫外线杀死体表的致病菌，促进受伤体表的愈合，通过晒背提高体温，促进食物消化（图 6-1-5）。

图 6-1-5　中华鳖的喜阳性

### 3. 喜洁怕脏

中华鳖喜欢栖息于水质清洁的江河、湖泊、水库、池塘等水域。

## 三、变温、冬眠

中华鳖是典型的变温动物，对周围温度的变化非常敏感，体温与环境温度差异不超过 0.5～1.0 ℃。其适宜生活的水温是 20～35 ℃，最适水温为 27～33 ℃，人工控温养鳖的最佳温度是30 ℃。当水温降至 20 ℃以下时，其采食量逐渐减少，降至 15 ℃时就完全停食，降到 12 ℃时则潜入泥沙中开始冬眠（一般为 10 月至翌年 4 月），冬眠期长达半年之久，因此，在自然条件下养鳖，生长缓慢，一般一年只长 100 g 左右。4 ℃是中华鳖的临界低温，38 ℃是其临界高温。

## 四、肺呼吸、残忍好斗

### 1. 肺呼吸

中华鳖无鳃，出水爬行用肺呼吸，有鼻孔、气管、支气管和肺等完善的呼吸系统。肺大而多泡，海绵状，对水中生活十分适应，正常情况下，鳖每隔 3～5 min 以吻端鼻孔和头上方凸出的眼部露出水面呼吸一次空气，并对外界观察，隐蔽性很强（图 6-1-6）。

鳖的咽壁黏膜上也布满了用于水中气体交换的毛细血管，随着水流

图 6-1-6　中华鳖的肺呼吸

从口中的吞吐，也可进行水中气体交换。所以，鳖在冬眠期潜栖在水底泥沙中，只把嘴尖和管状鼻孔伸到贴近水底的泥沙表面，即可吸收水中的溶氧以维持冬眠期低微的生命活动。因为鳖具有以上特殊器官，所以它能较长时间潜栖水底。

在温暖季节，每到气压低的阴雨天，鳖也纷纷游到水面呼吸，有时全身露出水面。

## 2. 残忍好斗

中华鳖性残忍好争斗，大鳖残食小鳖、强鳖残食弱鳖的现象屡见不鲜，因此，在鳖的饲养过程中，要特别注意同池里鳖的规格大小应一致。

# 任务三 中华鳖的食性和生长特性

## 一、中华鳖的食性

### 1. 杂食性

中华鳖的食性杂而广，但以食动物性饵料为主。稚鳖喜欢食小鱼、小虾、水生昆虫、蚯蚓、水蚤等。幼鳖与成鳖喜欢摄食螺蛳、蚬、蚌、泥鳅、鱼、虾、动物尸体等。中华鳖平时潜栖在水底泥沙上，头颈藏在体内，双目炯炯窥视水底世界，当鱼、虾等游到它的身边时，则突然伸颈袭击，一口咬住不放。当动物性饵料来源不足时，鳖也能食取腐败的植物及幼嫩的

视频：中华鳖的
食性和生长特性

水草、瓜菜、谷类等植物作为饵料，并特别嗜食臭鱼、烂虾等腐败变质饵料，人工饲养时，除投喂上述的饲料外，还可投喂新鲜的蚕蛹、蝇蛆、动物的内脏及豆类、饼类等饲料。

### 2. 耐饥饿能力较强

中华鳖既贪食又耐饥饿，可依靠自身积蓄的营养来维持生命活动，一次进食后几天甚至1～2个月不吃东西也可安然无恙，但体重会减轻。

### 3. 相互残食

中华鳖有自相攻击、残食的天性。在食物不足时，同类互相残食。所以在饲养时一定要按鳖的大小来分池，并按照"四定"法则投喂饲料。

课件：中华鳖的
食性和生长特性

## 二、中华鳖的生长特性

### 1. 生长规律

中华鳖的生长速度较慢，通常养殖3～4年，体重才能达到500 g左右的商品规格。一般情况下，室外自然温度养鳖时，其生长速度见表6-1-1。

表6-1-1　自然温度下鳖的生长速度

| 时间 | 刚孵化时 | 第一年年末 | 第二年年末 | 第三年年末 | 第四年年末 |
|---|---|---|---|---|---|
| 鳖长/cm | 2～3 | 3～5 | 8～10 | 12～15 | 15以上 |
| 鳖重/g | 3～5 | 5～15 | 50～100 | 130～250 | 500左右 |

在自然条件下，甲鱼的生长速度极慢，从其内因来看，它是不完全的双循环动物，从心室流出的血只是半新鲜的血液，含氧量低，因而代谢率低。另外，它的整个身体由背、腹甲所包裹，背、腹甲的生长速度就决定了它整个身体的生长速度，而动物骨骼的生长速度要比身体的其他组织的生长速度慢得多，这样中华鳖就很难生长得快。

从其外因来看，在自然条件下适宜它生长的时间不长，冬眠期长和在生长期内快速生长的时间（强度生长期）较短，在华中地区，一年当中几乎有一半的时间是在冬眠中度过的，剩余的半年是适宜它生长的时间，北方地区其生长时间更短。因此，我国不同地区，鳖的生长速度大不相同，

我国台湾省的南部养殖两年可达 600 g 左右，在中部和北部则需 2～3.5 年的时间；而长江流域，在良好的饲养条件下，鳖在第四年年末才能达到 500 g 左右的商品规格。

### 2. 雌雄鳖的生长差异

雌雄鳖的生长速度也有差异。当个体体重为 100～300 g 时，雌性快于雄性；300～400 g 时，两性的生长速度相近；400～500 g 时，雄性快于雌性；500～700 g 时，雄鳖的生长几乎比雌鳖快 1 倍；700～1 000 g 时雄性的长速才开始减慢，当然，雌性则更慢。

## 任务四　中华鳖的繁殖特性

中华鳖雌雄异体，卵生。由于在自然条件下，其生长较慢，性成熟也比较迟，成熟的亲鳖繁殖能力强，一年可多次产卵，但在自然条件下，受精卵孵化率不高。

### 一、性成熟年龄和体重

中华鳖雌雄异体，体内受精，卵生且体外孵化。在自然条件下，其性成熟年龄因地区而异：华南和台湾地区为 2～3 年，长江流域为 4～5 年，华北地区为 5～7 年，东北地区则是 6～7 年。在人工控温养殖条件下，2～3 年便可性成熟，性成熟的鳖个体质量约 500 g。

课件：中华鳖的繁殖特性

### 二、交配产卵

当水温超过 20 ℃以上时，鳖开始发情和交配，雌雄亲鳖交配后体内受精（图 6-1-7）。交配的最佳水温为 25～28 ℃，主要活动多在凌晨水中进行。交配后 20 d 左右就开始产受精卵。中华鳖属于一次交配多批（次）产卵动物，雌鳖在繁殖季节一般可产卵 3～4 批（次）。前后两批产卵的时间间距一般为 15～25 d，最短的为 10 d，多的可达 30 d。卵的质量以第一批最好，孵出的稚鳖当年生长期也最长。

产卵期通常从 5 月开始，持续到 8 月结束，最佳产卵期为每年 6 月中上旬至 7 月底，最佳产卵温度为 25～30 ℃，通常在夜间 10 点以后产卵，雌鳖爬出水面，选择环境安静、地势高、阳光充足、没有积水、土质松软的树荫或草丛下产卵，其特别喜欢在松软潮湿的沙子上挖洞产卵（图 6-1-8）。

视频：中华鳖的繁殖特性

图 6-1-7　中华鳖交配产卵

图 6-1-8　中华鳖产卵

雌鳖通常首次产卵仅 4～6 枚。体重在 500 g 左右的雌性可产卵 24～30 枚。每批成熟卵一次产完，如果受到干扰，立即停止产卵。

雌鳖在一年中的产卵批（窝）数、每批（窝）产卵个数、卵的大小与亲鳖年龄、个体大小、营养条件有直接关系。一般来说，年龄大、个体大、营养条件好的雌鳖怀卵量多，产卵批数、产卵个数也多，反之则少，但年龄太大，产卵量反而会减少。一只雌鳖通常每年可产30～50枚卵，5龄以上雌鳖一年可产50～100枚；每批的产卵数少则4～7枚，多则40枚，平均为15～20枚（图6-1-9）。

图 6-1-9　中华鳖卵

雌鳖的规格大小不仅影响到产卵数量，而且也影响卵的质量，规格大的雌鳖产的卵多，卵的个体也大，而且大小较均匀。鳖受精卵为球状，淡黄色或乳白色，有较硬的钙质硬壳，卵的直径一般为1.5～2.1 cm，质量为3～6 g。鳖第一次产的卵较小，卵直径为1.2～1.3 cm，质量为2～3 g，再次产的卵，逐年增大。

### 三、自然孵化

雌鳖选好产卵点后，掘坑10 cm深，将卵产于其中，产卵完毕后，立即用后肢扒沙子或土将洞掩盖好，用腹部将盖沙压实、磨平，不留痕迹。然后开始自然孵化。鳖卵的孵化期一般为50～60 d，时间的长短与孵化温度有关。当孵化温度为30 ℃时，需要孵化的时间为50 d左右，如果温度低，则孵化的时间相对较长。在自然条件下，由于昼夜温度变化较大，湿度、通气等条件不恒定，加上易受敌害侵袭，因此中华鳖受精卵孵化时间长，孵化率低。

## 📦 项目实施

### 中华鳖的形态特征观察

#### 一、明确目的

1. 会观察中华鳖的形态特征。
2. 能根据中华鳖的外部形态，将其外形分区。
3. 具备严谨科学的工作态度和精益求精的精神。

#### 二、工作准备

#### (一) 引导问题

1. 中华鳖体躯的基本特征是什么？

_____

_____

_____

2. 根据中华鳖的外部形态，可将其外形分为哪几个部分？

_____

_____

_____

_____

3. 写出安全注意事项。

_____

_____

_____

_____

## (二)确定实施方案

小组讨论，制订实施方案，确定人员分工(表 6-1-2)。

表 6-1-2　方案设计表

| 组长 | | | 组员 | |
|---|---|---|---|---|
| 学习项目 | | | | |
| 学习时间 | | 地点 | | 指导教师 |
| 准备内容 | 样品 | | | |
| | 工具 | | | |
| | 器皿 | | | |
| 具体步骤 | | | | |
| 任务分工 | 姓名 | 工作分工 | | 完成效果 |
| | | | | |
| | | | | |
| | | | | |
| | | | | |
| | | | | |
| | | | | |

### （三）所需样品、工具和器皿的准备

请按表 6-1-3 列出本工作所需的样品、工具和器皿。

**表 6-1-3　中华鳖的形态特征观察所需的样品、工具和器皿**

| 样品 | 名称 | 规格 | 数量 | 已准备 | 未准备 | 备注 |
|---|---|---|---|---|---|---|
| | | | | | | |
| 工具 | 名称 | 规格 | 数量 | 已准备 | 未准备 | |
| | | | | | | |
| 器皿 | 名称 | 规格 | 数量 | 已准备 | 未准备 | |
| | | | | | | |
| 其他准备工作 | | | | | | |

## 三、实施过程

"中华鳖的形态特征观察"任务实施过程见表 6-1-4。

**表 6-1-4　"中华鳖的形态特征观察"任务实施过程**

| 环节 | 操作及说明 | 注意事项及要求 |
|---|---|---|
| 1 | 中华鳖体躯的基本特征观察和分析 | |
| 2 | 中华鳖外形分区 | 认真观察，组员们相互讨论，并确定 |
| 3 | 中华鳖各个外形区域的特征观察和分析 | |
| 4 | 整理现场 | 按规范要求，对实施场所进行整理清场后填写回收记录单 |

## 四、评价与总结

### （一）评价

根据项目实施情况，学生自评、学生互评和教师评价相结合，进行综合评价（表 6-1-5）。

表 6-1-5　学生综合评价表　　　　　　　年　月　日

| 评价标准及分值 | | 学生自评 | 学生互评 | 教师评价 |
| --- | --- | --- | --- | --- |
| 学习与工作态度<br>（5分） | 态度端正，严谨、认真，遵守纪律和规章制度 | | | |
| 职业素养<br>（10分） | 程序规范；热爱劳动、崇尚技能；耐心细致、精益求精；团结合作、不断创新 | | | |
| 制订方案<br>（10分） | 按要求查阅资料，参与方案的制订，能协调解决实际问题 | | | |
| 工作准备<br>（5分） | 能选择适宜的场地，并准备好所需样品、工具和器皿等 | | | |
| 中华鳖的形态特征观察<br>（40分） | 会观察和分析中华鳖体躯的基本特征，能正确地将中华鳖外形进行分区，会观察和分析中华鳖外形各分区的特征 | | | |
| 原始记录和报告<br>（10分） | 真实、准确、无涂改，书写整洁，格式符合规范要求 | | | |
| 场地清整<br>（10分） | 将所用器具整理归位，场地清理干净 | | | |
| 工作汇报<br>（10分） | 如实准确，有总结、心得和不足及改进措施 | | | |
| 总分 | | | | |

### （二）总结汇报

1. 分小组制作 PPT、Word 工作总结，提交工作报告。

2. 小组成员互相讲解，并推荐一名成员向全班汇报。

📖 **知识拓展**

"养殖能人"带全村养甲鱼致富

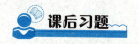 

## 一、选择题

1. 中华鳖的体躯呈( )形，背腹扁平状。
   A. 圆　　　　　　　 B. 椭圆　　　　　　 C. 长方　　　　　　 D. 倒三角

2. 中华鳖外部形态可分为( )五个部分。
   A. 头　　　　　　　 B. 眼　　　　　　　 C. 颈
   D. 躯干　　　　　　 E. 四肢　　　　　　 F. 尾

3. 中华鳖前后肢的第( )指、趾端生有钩状利爪，凸出在蹼膜之外。
   A. 1~2　　　　　　 B. 1~3　　　　　　 C. 1~4　　　　　　 D. 1~5

4. 中华鳖是卵生水陆两栖爬行动物，用( )呼吸。
   A. 鳃　　　　　　　 B. 口腔　　　　　　 C. 肺

5. 中华鳖适宜生活的水温是( )℃，最适水温为27~33 ℃。
   A. 15~30　　　　　 B. 20~35　　　　　 C. 25~35　　　　　 D. 30~35

6. 当水温降到( )℃时，中华鳖潜入泥沙中开始冬眠。
   A. 5　　　　　　　 B. 10　　　　　　　 C. 12　　　　　　　 D. 15

7. 中华鳖为( )食性。
   A. 杂　　　　　　　 B. 动物　　　　　　 C. 植物　　　　　　 D. 滤

8. 长江流域，在良好的常温饲养条件下，中华鳖在第( )年年末才能达到500 g左右的商品规格。
   A. 二　　　　　　　 B. 三　　　　　　　 C. 四　　　　　　　 D. 五

9. 在长江流域，中华鳖的性成熟年龄为( )年。
   A. 2~3　　　　　　 B. 4~5　　　　　　 C. 5~7　　　　　　 D. 6~7

10. 中华鳖最佳产卵温度为( )℃。
    A. 15~20　　　　　 B. 20~25　　　　　 C. 25~30　　　　　 D. 30~35

11. 雌鳖选好产卵点后，掘坑( )cm左右深，将卵产于其中。
    A. 5　　　　　　　 B. 10　　　　　　　 C. 15　　　　　　　 D. 20

## 二、判断题

1. 野生中华鳖在我国广泛分布于除宁夏、新疆、青海和西藏外的大部分地区。　( )
2. 中华鳖有尖锐的牙齿，可咬碎食物。　( )
3. 中华鳖的背腹甲外层披暗绿色或黄褐色角质盾片。　( )
4. 中华鳖为恒温动物。　( )
5. 中华鳖喜欢栖息于水质清洁的水域。　( )
6. 中华鳖有自相攻击、残食的天性。　( )
7. 中华鳖的耐饥饿能力较差。　( )
8. 雌鳖的生长速度大于雄鳖。　( )
9. 在自然条件下，中华鳖的生长速度极慢。　( )
10. 中华鳖的背、腹甲的生长速度决定了它整个身体的生长速度。　( )
11. 中华鳖属于一年一次交配，多批(次)产卵的动物。　( )
12. 中华鳖通常在23点以后产卵。　( )
13. 中华鳖雌雄异体，在体外受精和孵化。　( )

# 项目二 中华鳖鳖池的建造

**项目导读**

### 中华鳖鳖池建造的基本要求

　　鳖池是中华鳖生活、生长和繁殖的场所，养鳖池场地的好坏，将关系到养鳖生产的经济效益和发展前景。中华鳖是水陆两栖爬行动物，大部分时间生活在水中，但主要是用肺呼吸，养鳖场和养鳖池的设计应符合鳖的生态习性，以保证鳖能健康、快速生长。养鳖池一般应具有栖息、晒背、冬眠和觅食的场所，以及防逃和防敌害设施。亲鳖池还应该具备亲卵场所。

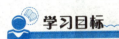

**学习目标**

**知识目标**

1. 掌握鳖池的类型与配比。

2. 熟悉鳖池场地的选择条件。

**能力目标**

1. 学会鳖池场地的选择技术。

2. 能够确定鳖池的类型与配比。

**素养目标**

1. 培养高度的社会责任感，爱党爱国，关注社会、关注民生。

2. 培养从事中华鳖池设计与建造所必备的基本职业素质。

3. 培养严谨、踏实的工作作风和实事求是的工作态度，以及创新思维和创新创业能力；树立正确的劳动观念，培养劳动精神，提高劳动能力，养成劳动习惯。

## 任务一　鳖池场地的选择和鳖池类型与配比

### 一、鳖池场地的选择

#### 1. 水源

　　池址应选择近水源，水质清新无污染，水源良好，偏中碱性且排灌方便，水源水质应符合GB 11607—1989 的规定。水量充沛，进水、排水方便。水源一般以江河、湖泊、水库、池塘等地表水为好。井水和地下泉水水温较低，对鳖生长不利。如果有温泉和工厂余热水源条件也可利用，这对延长鳖的生长期，缩短养殖周期有利。

#### 2. 饵料

　　鳖是以动物性为主的杂食性动物，所以，动物性的饵料须来源可靠、数量足、质量好且供应方便。例如，利用肉类加工厂、缫丝厂的下脚料、江河、湖泊水域中丰富的螺、蚌、蚬及低值鱼虾等。

课件：鳖池场地的选择
和鳖池类型与配比

### 3. 底质

宜选择壤土或黏土作为鳖池底质。这样的底质所建的池塘池埂不易坍塌，可防止池水渗漏，还能保持池塘形状和水位稳定。因鳖有在池底栖息和钻泥沙的习性，池底的淤泥和人工铺入的细沙形成松软层，适于鳖的栖息和冬眠潜居，但沙粒不宜太粗，否则易使鳖的皮肤受伤而染病(图 6-2-1)。

视频：鳖池场地的选择和鳖池类型与配比

### 4. 环境

鳖生性胆小，稍有惊动即潜入水底，钻进泥沙中躲藏起来。若鳖池周围环境中经常出现各种声音和形体，使其受到惊吓，就会干扰鳖的正常生活，长此以往必然影响鳖的生长发育。因此，养鳖池应尽量远离工厂、矿山、公路，建在环境安静、噪声和其他干扰源少的地方，如条件允许，鳖池建在背风向阳的温暖处更好(图 6-2-2)。

图 6-2-1　中华鳖池底质条件

图 6-2-2　中华鳖池环境条件

## 二、鳖池类型与配比

### (一)鳖池类型

#### 1. 根据施工建造用材分

根据施工建造用材，鳖池可分为以下三种。

(1)土池。适宜养亲鳖和常温下养商品鳖。

(2)水泥池壁、土质池底的池塘。各种规格的鳖均宜养殖。

(3)水泥池。适宜室内或室外稚、幼鳖的培育。

无论哪种结构的鳖池都必须加设防逃生和防敌害设施。养鳖池的形状不限，可以根据地形而建，但最好使用背风向阳、东西走向的长方形为宜。原则是节约用地，布局合理，设施使用方便，有利于生产管理。

#### 2. 根据养殖的对象分

根据养殖的对象分，可将鳖池分为亲鳖池(兼产卵池)、稚鳖池、2 龄幼鳖池、3 龄幼鳖池和成鳖池五种。

(1)亲鳖池(兼产卵池)。养殖人工繁殖用的亲鳖。亲鳖性腺发育成熟后，在原池交配、产卵。

(2)稚鳖池。将孵化出的鳖苗养殖成规格近 50 g 的稚鳖。

(3)2 龄幼鳖池。放养越冬后的稚鳖，将其养至规格达 50～100 g 的 2 龄幼鳖。

(4)3 龄幼鳖池。将其养至规格达 100～250 g 的 3 龄幼鳖。

(5)成鳖池。专用于培育可以当年达到出售规格的商品鳖的池塘。

### （二）鳖池配比

养鳖场的生产目的不同（如苗种场或商品鳖场等），各种鳖池在总池塘面积中所占的比数也不相同。一个自行解决苗种、生产结构较完善的商品鳖生态饲养场，各类鳖池面积在总面积中所占的比例可参考表6-2-1的规定设置。

表 6-2-1　各类鳖池面积占总面积的百分比

| 鳖池名称 | 稚鳖池 | 2龄鳖池 | 3龄鳖池 | 成鳖池 | 亲鳖池 |
|---|---|---|---|---|---|
| 占总面积的百分比/% | 5 | 10 | 20 | 45 | 20 |

# 任务二　亲鳖池和稚鳖池的建造

中华鳖残忍好斗、弱肉强食，自然生态条件下，生长期短，养殖周期长。因此，要严格分级放养，即稚鳖、幼鳖和成鳖等分级饲养，以提高养殖效益。

## 一、亲鳖池的建造

亲鳖池是否适宜，直接影响亲鳖的性腺发育和产卵，因此，应根据亲鳖培育的要求，建造适宜的亲鳖池；亲鳖繁殖所获得的稚鳖，其习性和亲鳖不同，而且抗逆性弱，因此，稚鳖池的建造有其相应的要求。

课件：亲鳖池和
稚鳖池的建造

亲鳖池由池塘、休息场（兼设饵料台）、产卵场、防逃和排灌设施等部分组成。

### 1. 池塘

（1）环境。为了满足亲鳖性腺发育和产卵的需要，亲鳖池应建在日照良好、环境僻静的地方。

（2）面积和池深。亲鳖池的面积应根据实际生产规模确定。一般每个亲鳖池面积以600~2 000 m² 长方形土池较为适宜。池深为2~2.5 m，水深为1.2~1.5 m，池底淤泥为25~30 cm。

视频：亲鳖池和
稚鳖池的建造

（3）池底、池坡。池底淤泥为25~30 cm，要求池底平坦，向排水口略有倾斜，以便必要时将池水排干。亲鳖放养前，池底应铺一层0.3 m左右的松软沙土，以利于鳖的潜沙栖息和越冬。池塘斜坡约呈60°，以利于亲鳖上坡活动。

### 2. 休息场（兼设饵料台）

休息场可建在池中央或池北向阳一侧，可采用木板或水泥板制成，做成与地面成45°以下的斜坡。斜坡应露出水面30 cm左右，供亲鳖上岸晒背和休息。

休息场面积一般为亲鳖池面积的10%~20%，休息场上设几处饵料台，以使亲鳖养成定点摄食的习惯。

### 3. 产卵场

中华鳖产卵场应设置在地势较高、地面微斜不积水、背风向阳的堤岸上。按每只雌鳖占0.2 m²规划面积，用疏松沙质土铺成，沙厚约30 cm，能保证挖洞不塌陷，方便亲鳖钻洞产卵。沙土面与地面持平，从鳖池铺设一条坡度约45°的斜坡至产床，便于雌鳖顺坡爬入产卵。

另外，鳖喜欢在隐蔽、凉爽、湿润、无直射阳光的环境中产卵，因此，产卵场处栽种阔叶树木或高杆叶茂作物很有必要。

### 4. 防逃和排灌设施

鳖池四周要用砖或石块砌防逃墙，墙高不低于 40 cm，墙基埋入土中 0.3 m，墙内壁要求光滑，防止鳖攀爬逃逸。墙体也可采用水泥板或塑料板代替。墙顶端要做成向池内伸出 15 cm 的檐，以提高防逃效果。在亲鳖池的进水、排水口处也要设置可靠的防逃设施，一般安装适宜孔目的钢丝网即可。

应建立配套的排灌设施，既保证养殖期间排灌需求，又可在汛期防逃。

## 二、稚鳖池的建造

刚孵化出壳的稚鳖，身体非常娇嫩、体弱，对环境的适应能力差，很易受病害和敌害侵袭。因此，要特别重视稚鳖池的建设。稚鳖池可建在室内，也可建在室外，稚鳖池的结构除不设产卵场外，其他方面基本上与亲鳖相同。

### 1. 室内稚鳖池

室内稚鳖池要求向阳、光线明亮，易于控温。为砖石水泥结构，采用地上地下均可，面积以 2～10 m² 为宜，池高（或深）为 0.5 m，水深为 30 cm。池底铺 10～15 cm 厚的细沙。若稚鳖池壁垂直于池底，则应用木板或水泥板搭设休息台，休息台露出水面的面积约为稚鳖池水面积的五分之一。秋天后孵化出来的鳖称为尾苗，出生时温度低于 20 ℃，不吃开口料。因其体质弱，加之外界的温度又忽高忽低的，所以最好放在室内稚鳖池培养。

### 2. 室外稚鳖池

室外稚鳖池应选择向阳背风、光线充足的地方修建。其结构可为土质池或砖石水泥池。每池面积较室内池稍大，其他构造与室内池相同。室外土池的面积可大些，每口池面积为 50 m² 左右。可在池上罩以钢丝网，防止鼠、鸟、蛇及其他敌害的侵袭，其他构造与室内池相同。早期孵化出来的稚鳖也就是头苗，出生的时候温度高于 20 ℃，可以吃开口料，因此，可放在室外池培养。

# 任务三  幼鳖池和成鳖池的建造

## 一、幼鳖池的建造

### 1. 2 龄幼鳖池的建造

2 龄幼鳖对环境的适应性和活动能力比稚鳖强，因此，池子可以建在室外，露天自然池的面积要相应扩大，一般以 50～100 m² 为宜。2 龄幼鳖池的结构可与稚鳖池相同，全部采用水泥烧砖结构，池壁可用条石砌成，并用水泥抹光，可利用自然土层作为池底，也可采用水泥底，但要铺上 10 cm 左右的细沙和软泥。

2 龄幼鳖池池壁高为 0.5～0.8 m，水深为 0.3～0.4 m，进水、排水口都要有防逃设施。2 龄幼鳖池池壁不宜建得过高，否则操作管理不便。

2 龄幼鳖池和稚鳖池一样，也应搭设休息场，休息场可以在池中，也可设在四周的斜坡上，使坡与地成 30°左右的角，休息场地的面积大约占饲养池面积的十分之一。饲料台设在休息场上，饲料台上方用帘子遮荫。

### 2. 3 龄幼鳖池的建造

在华南地区，越冬后的 3 龄幼鳖一般可达 250 g 左右，因此，可直接进入成

课件：幼鳖池和
成鳖池的建造

视频：幼鳖池和
成鳖池的建造

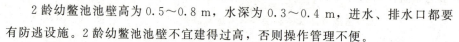

鳖的养殖阶段。但在其他地区，采用自然生态养殖，越冬后的 3 龄幼鳖一般只达 100 g 左右，如果直接进行成鳖养殖，当年不能养成达到出售规格的商品鳖，需来年再养殖，在过长的成鳖养殖期内，由于鳖生长的差异，会出现规格差异过大、饲养管理不方便的情况，且鳖易相互残杀，成活率低，养殖效益不理想。因此，在这些地区，一般要建造 3 龄幼鳖池，将幼鳖养殖至 250 g 左右，再进行成鳖养殖。

3 龄幼鳖池和 2 龄幼鳖池的结构相同，只是面积更大些、池更深些。每个池的面积以 100～200 m² 为宜，幼鳖池可全部采用水泥和烧砖结构，3 龄幼鳖池的深度以 0.8～1.2 m 为宜，在池底铺 10 cm 左右的粉沙后能蓄水水深 0.5～0.7 m。

## 二、成鳖池的建造

成鳖池可以利用原有养鱼池修建，也可以利用稻田改造（另述），池子的结构、设施基本同幼鳖池，每口成鳖池面积为 300～1 000 m²。如果面积过大，会造成饲养管理不方便；面积过小，水质变化剧烈，不利于鳖的生长发育。池深为 1.5 m，水深为 1 m 左右。池底可以利用原有的自然土层，若自然土层过于坚硬，则可以铺上 15～30 cm 厚的泥沙或粉沙。

池的周围要留一定的斜坡作为鳖的休息场，坡度以 30°～40°为宜。鳖爪锐利，善于攀爬，养鳖池四周必须有牢靠的防逃设施。池的周围砌有高 40 cm 以上的防逃墙，墙顶出檐 15 cm，呈"T"形，如果四周墙壁光滑，也可以不出槽，但需在池的四个角落顶上压一块三角形水泥板，以此提高防逃效果。出檐材料用质量好的烧砖或水泥板覆盖均可。另外，在养鳖池的进水、排水口处要安装好网状防逃设施。

养鳖场要有完整的排灌水系统，以达到进水、排水畅通和相互平衡，各池应有自己独立的排水、灌水口，以便调节水位水质。进水口高度应高于最高水位，排水口设在池底最低处。各鳖池池水不应互相串通，否则，难以控制水位和防治鳖病。

## 🧰 项目实施

### 鳖池场地的选择

#### 一、明确目的

1. 熟悉鳖池场地的条件。
2. 能正确地选择鳖池场地。
3. 具备创新思维和创新能力。

#### 二、工作准备

#### （一）引导问题

1. 鳖池场地应具备哪些条件？

_____

_____

_____

2. 怎样选择鳖池场地？

_____

_____

## （二）确定实施方案

小组讨论，制订实施方案，确定人员分工（表 6-2-2）。

表 6-2-2　方案设计表

| 组长 | | | | 组员 | | |
|---|---|---|---|---|---|---|
| 学习项目 | | | | | | |
| 学习时间 | | 地点 | | | 指导教师 | |
| 准备内容 | 样品 | | | | | |
| | 工具 | | | | | |
| | 器皿 | | | | | |
| | 场地 | | | | | |
| 具体步骤 | | | | | | |
| 任务分工 | 姓名 | | 工作分工 | | | 完成效果 |
| | | | | | | |
| | | | | | | |
| | | | | | | |

## （三）所需样品、工具、器皿和场地准备

请按表 6-2-3 列出本工作所需的样品、工具、器皿和场地。

表 6-2-3　鳖池场地的选择所需的样品、工具、器皿和场地

| 样品 | 名称 | 规格 | 数量 | 已准备 | 未准备 | 备注 |
|---|---|---|---|---|---|---|
| | | | | | | |
| 工具 | 名称 | 规格 | 数量 | 已准备 | 未准备 | |
| | | | | | | |
| 器皿 | 名称 | 规格 | 数量 | 已准备 | 未准备 | |
| | | | | | | |
| 场地 | 名称 | 规格 | 数量 | 已准备 | 未准备 | |
| | | | | | | |
| 其他准备工作 | | | | | | |

## 三、实施过程

"鳖池场地的选择"任务实施过程见表 6-2-4。

**表 6-2-4 "鳖池场地的选择"任务实施过程**

| 环节 | 操作及说明 | 注意事项及要求 |
|---|---|---|
| 1 | 待选中华鳖鳖池场地观察及分析 | |
| 2 | 鳖池场地的水源和饵料条件的判断及选择 | 认真观察,组员们相互讨论,并确定 |
| 3 | 鳖池场地的底质和周围环境的判断和选择 | |
| 4 | 整理现场 | 按规范要求,对实施场所进行整理清场后填写回收记录单 |

## 四、评价与总结

### (一)评价

根据项目实施情况,学生自评、学生互评和教师评价相结合,进行综合评价(表 6-2-5)。

**表 6-2-5 学生综合评价表**　　　　　　　　年　月　日

| 评价标准及分值 | | 学生自评 | 学生互评 | 教师评价 |
|---|---|---|---|---|
| 学习与工作态度<br>(5分) | 态度端正,严谨、认真,遵守纪律和规章制度 | | | |
| 职业素养<br>(10分) | 程序规范;热爱劳动、崇尚技能;耐心细致、精益求精;团结合作、不断创新 | | | |
| 制订方案<br>(10分) | 按要求查阅资料,参与方案的制订,能协调解决实际问题 | | | |
| 工作准备<br>(5分) | 能选择适宜的场地,并准备好所需样品、工具和器皿等 | | | |
| 鳖池场地的选择<br>(40分) | 会观察和分析待选中华鳖鳖池场地,能正确地选择中华鳖鳖池场地 | | | |
| 原始记录和报告<br>(10分) | 真实、准确、无涂改,书写整洁,格式符合规范要求 | | | |
| 场地清整<br>(10分) | 将所用器具整理归位,场地清理干净 | | | |
| 工作汇报<br>(10分) | 如实准确,有总结、心得和不足及改进措施 | | | |
| 总分 | | | | |

### (二)总结汇报

1. 分小组制作 PPT、Word 工作总结，提交工作报告。
2. 小组成员互相讲解，并推荐一名成员向全班汇报。

## 知识拓展

无公害中华鳖养殖池的建造

## 课后习题

### 一、选择题

1. 鳖池底质以（    ）为宜。
   A. 壤土　　　　　　　B. 黏土　　　　　　　C. 砂土

2. 稚鳖池是将孵化出的鳖苗养殖成规格近（    ）g 的稚鳖。
   A. 50　　　　　　　　B. 50～100　　　　　　C. 100～250

3. 生产结构较完善的商品鳖生态饲养场，成鳖池的面积一般占鳖池总面积的（    ）。
   A. 25%　　　　　　　B. 35%　　　　　　　C. 45%　　　　　　　D. 55%

4. 亲鳖池的面积应根据实际生产规模确定。一般每个亲鳖池的面积为（    ）$m^2$。
   A. 500～1 000　　　　B. 600～2 000　　　　C. 700～2 500　　　　D. 800～3 000

5. 亲鳖放养前，池底应铺一层（    ）m 左右的松软沙土，以利于鳖的潜沙栖息和越冬。
   A. 0.1　　　　　　　B. 0.2　　　　　　　C. 0.3　　　　　　　D. 0.4

6. 2 龄幼鳖露天自然池的面积要一般以（    ）$m^2$ 为宜。
   A. 10～50　　　　　　B. 50～100　　　　　C. 100～150　　　　D. 150～200

### 二、判断题

1. 鳖池的水源水质应符合 GB 11607—1989 的规定。　　　　　　　　　　　（　　）
2. 鳖池宜建在背风向阳、安静的场所。　　　　　　　　　　　　　　　　（　　）
3. 土池适宜养稚鳖和幼鳖。　　　　　　　　　　　　　　　　　　　　　（　　）
4. 室外稚鳖池的结构可为土质池，也可为砖石水泥池。　　　　　　　　　（　　）
5. 鳖池防逃墙的墙顶应出檐 15 cm，呈倒"L"形。　　　　　　　　　　　　（　　）
6. 各鳖池进水、出水口不应互相串通。

# 项目三　中华鳖的人工繁殖技术

**项目导读**

### 中华鳖人工繁殖的优势

中华鳖在自然条件下繁殖，由于昼夜温度变化较大，湿度、通气等条件不恒定，加上易受敌害侵袭，因此鳖卵孵化时间长，孵化率低，稚鳖数量少，不能满足养殖生产的需要。而在人工孵化中，给予鳖卵以良好的温度、湿度和通气条件，消除外界的不利影响，不但缩短了鳖卵孵化时间，而且可以大大提高孵化率，生产大量体质健壮的稚鳖，为发展中华鳖的生产提供丰富的苗种资源。因此，中华鳖的人工繁殖比自然繁殖更有优势。

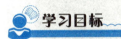
**学习目标**

**知识目标**

1. 熟悉雌雄中华鳖的分类培育模式。

2. 掌握中华鳖受精卵鉴别的方法。

3. 掌握中华鳖受精卵孵化方式和孵化条件。

**能力目标**

1. 学会中华鳖受精卵鉴别的方法。

2. 能够确定雌雄中华鳖的分类培育模式。

3. 能够确定中华鳖受精卵孵化方式和孵化条件。

**素养目标**

1. 培养高度的社会责任感，爱党爱国、关注社会、关注民生。

2. 培养良好的职业道德和诚信品质。

3. 培养从事中华鳖人工繁殖所必备的基本职业素质。

4. 培养严谨的工作作风、实事求是，以及勇于创新的工作态度和劳动光荣的意识。

## 任务一　中华鳖亲鳖的选择和培养

亲鳖是中华鳖人工繁殖的基础，优质的亲鳖不仅产卵数量多、质量好，而且受精率和孵化率高，稚鳖生长发育也快。

视频：中华鳖亲　　　课件：中华鳖亲
鳖的选择　　　　　鳖的选择

### 一、中华鳖亲鳖的选择

#### (一)雌雄鉴别

中华鳖雌雄主要区别，首先，雌鳖尾短而软，裙边较宽，尾端不能自然伸出裙边外；而雄鳖尾较长而硬，裙边较窄，尾端能自然伸出裙边外，这是最直观的辨别特征。其次，雌性背甲为较圆的椭圆形，中部较平；雄性则为较长的椭圆形，中部隆起。最后，雌性体型较厚，腹部为十字形，后肢间距较宽，产卵期泄殖孔红肿，孔内无交接器；而雄性体型薄，腹部为曲王形，后肢间距较窄，生殖期间经常可见到泄殖孔伸出的交接器（图6-3-1）。

### （二）年龄和体重

一般情况下，达到性成熟年龄的鳖体重为500 g左右。在野生鳖中选择亲鳖时，只要体重达到500 g左右，原则上就可以作为亲鳖选用。但是，由于雌鳖个体越大，不仅产卵数多，卵大，而且孵出的稚鳖体大肥壮，成活率也高，因此，从提高繁殖力考虑，选择的亲鳖体重越大越好（图6-3-2）。

(a)　　　　　　(b)

图6-3-1　中华鳖雌雄鉴别

（a）雌鳖；（b）雄鳖

图6-3-2　中华鳖亲鳖的选择

### （三）健康状况

选择的亲鳖应体质健壮、皮肤光亮、体色绿褐色、无病无伤、体形正常、背甲后缘革状裙边较厚，并且较为坚挺、行动敏捷有力。

同时，要检查鳖是否有内伤。下面几种方法可以区分受伤和患病的鳖。

（1）观察背部、腹部、颈部是否有严重伤口，是否有溃疡、疖、红斑、腿窝针刺伤、异常肿胀等皮肤病。头部和腿部被触摸后是否能迅速收回鳖壳内。

（2）若鳖的后肢下垂，不能回缩时，表示有内伤，这种鳖不能作为亲鳖使用。如果鳖的头朝下，但可以很快地伸出来并向上抬起来咬人，说明这种鳖无病，可以使用。

（3）抓住鳖的颈部，上下触摸，如鼻孔或口腔出血，表明口腔或颈部受伤。可以用高灵敏度的手持金属探测器检测，根据其是否发出声音，来识别鳖口中是否有钩子。该方法简单、有效、安全可靠。

（4）将鳖腹部朝上放在地上，倒置。重复3～4次，观察其灵活性。如果鳖能快速翻身，并迅速逃跑，则是一只身体健康的鳖，如果不能翻身，或翻身缓慢，则可能是内伤、带鱼钩的钩钓鳖或体质虚弱的鳖；或者在鳖的后部紧贴盖下用手指卡住鳖的后腿窝将鳖提起，其鳖颈能自然伸出，并能向四周灵活转动，四肢不停地蹬动，这表明不是钓钩鳖（钩、钓易伤害鳖体），可作亲鳖留用。

（5）把鳖放进鱼缸。如果它能积极快速地潜入水底或钻入泥沙中，说明它是健康的；相反，证明它体质不好，最好不要选择它作为亲鳖。

### （四）雌雄比例

选留亲鳖的雌雄比例一般以3：1～4：1为好，雄鳖不要太多，否则不仅占用池塘和消耗饲料，在生殖季节还会因争配偶而相互咬伤，干扰雌鳖正常发情产卵。

## 二、中华鳖亲鳖的培养

亲鳖的饲养管理是人工繁殖中华鳖的重要环节，是提高中华鳖产卵率的关键。应根据营养和环境条件对中华鳖性腺发育的要求，把握好中华鳖性腺发育的主要环节，做好中华鳖亲鳖的饲养管理工作。

### (一)亲鳖的放养

#### 1. 放养前清塘

亲鳖放养前，池塘先用石灰按常规方法排水清塘，过半月后再向池内注入新水，这时可将运回的亲鳖放养到池中。如果池水浅，第二天按每立方米池水加 100 mL 福尔马林药物将池水消毒一次，能使亲鳖在以后的培育过程中不易生病。

#### 2. 放养的最佳水温

亲鳖放养时的最佳水温为 15~17 ℃。在此水温下，亲鳖一般不吃食或吃食量很少，利用这段时间让其对新环境有一个适应过程，几天后随水温升高，鳖即开始摄食。

#### 3. 亲鳖放养密度和雌雄比例

亲鳖放养密度依个体大小而定，个体大的少放，个体小的多放，一般每 2~3 m² 放养一只。密养时，每亩水面放养量不超 400 只，总质量不超 200 kg，雌雄比例通常为 3∶1~4∶1。

### (二)亲鳖的饲养

#### 1. 饲料种类

鳖的饲料以小鱼、小虾、蚯蚓、蝇蛆、动物内脏、熟动物血、蚕蛹、螺肉、蚌肉等动物性饲料为主，也能吃熟麦粒、饼类、瓜类、蔬菜等植物性饲料。

亲鳖在生长发育过程中，特别是产卵季节，体内需大量蛋白质和钙质供性腺发育及产卵的需要，因此，向亲鳖池投放活体螺蛳是较好的解决办法，活螺蛳不会败坏水质，还能在池水中生长繁殖，不断补充鳖池中螺蛳的消耗。

鳖习惯某种饲料后，如果突然改喂另一种饲料，往往因对新饲料不习惯而减少食量，为此，新旧饲料应混合投喂一段时间，并逐日减少原来饲料比例，增加新饲料比例，使鳖对新饲料有一个适应过程。

新鲜动物性饲料的气味对鳖有诱食作用，可增加其食欲和摄食量，所以，动物性饲料一定要新鲜。鳖吃食时往往将饲料拖走，结果吃不完就丢掉，不但造成了浪费，而且残料会败坏水质。所以，大块饲料(如动物内脏、蚌肉等)一定要剁碎后再投喂。

#### 2. 投饲次数和投饲量

鳖是变温动物，它的吃食、生长和发育与水温有密切关系。亲鳖冬眠期过后，当池水温度上升到 18 ℃左右时，就要开始喂少量的饵料，每 2~3 d 投喂一次。春秋两季比较凉爽，每天投喂一次；当夏季池水温度达到 28~30 ℃时，鳖的食欲旺盛，生长和发育最快，应抓紧时机投以量足、质好的饵料，最大限度地满足其营养需求，每天早晚各投喂一次，让亲鳖吃饱吃好，投饵量可增加至亲鳖体重的 10%~20%。当水温为 32 ℃以上时，其吃食量又明显减少，投饵量要相应减少。一般情况下，每次的投饵量为池内亲鳖总体重的 5%~10%。

### 3. 投饲方法

采用"四定"投饲方法。投饲应在时间、数量、质量和位置上固定，不得使其饥饿和太过饱足，以免影响亲鳖性腺发育(图6-3-3)。

图 6-3-3 投饲方法

### (三)日常管理

#### 1. 保持饲养环境安静

要特别注意保持饲养池的环境安静，注水排水时应尽量控制不出现水流声，尤其是在亲鳖的交配期。

#### 2. 控制好池水深度

水深一般控制在0.8~1.2 m。春天池水不宜过深，以利于提高水温；入夏后则应增加水深，防止水温过高；入秋后再适当降低水位，当水温降至15 ℃以下时，亲鳖就开始钻入土中冬眠，此时选晴天将池水放浅，待鳖全部钻入土中，再将池水加满，以利于亲鳖安全越冬。

#### 3. 保持良好的水质

亲鳖池应定期灌注新水，及时清除污、废、残物，以保持水质清爽，透明度为35~40 cm较为适宜，如果透明度过高，亲鳖会产生不安全感。对于注水不方便，不能定时注水的亲鳖池，隔月每亩用10~20 kg生石灰，化成石灰乳均匀泼洒池中，这对改善池水水质有良好作用。

#### 4. 坚持巡塘

坚持每天早上巡视池塘，注意水质变化；经常检查防逃生设备是否损坏，堤防是否牢固，发现问题应立即修复。注意敌害的预防和控制。发现老鼠、蛇等有害动物进入，应当及时采取措施，将其捕获并消灭。

### (四)产后培育

产后培育又称为秋后管理。虽然亲鳖在秋天后停止产卵，但它们在繁殖季节会消耗大量营养，需要迅速补充，有必要饲养足够的精饵，以增加亲鳖自身的营养和体内卵黄物质积累，因此，秋季仍应加强饲养管理，冬眠前饮食中的脂肪含量可提高到3%~5%，以有利于亲鳖的冬眠，促进来年春季亲鳖的早期发情、交配和产卵。

## 任务二　亲鳖产卵、受精与人工孵化技术

中华鳖亲鳖在适宜的条件下，经过一定时间的培养，性腺发育成熟，在繁殖季节就会发情、交配并产卵。受精卵在进行人工孵化之前，需进行采集，并进行鉴别。

课件：产卵和受精卵的采集和鉴别

### 一、产卵和受精卵的采集与鉴别

### (一)发情、交配与产卵

当池水温度上升到20 ℃左右时，鳖开始发情交配，时间一般在下半夜至黎明前夕，有时可推迟到上午11点左右。在池边浅水区，雄鳖追逐雌鳖，然后雄鳖爬到雌鳖身上完成交配过程。亲鳖交配后10~20 d雌鳖就开始产卵，通常5—8月是鳖的产卵期，其中6月下旬到7月底为产卵盛

期。雌鳖一般在夜间 10 时以后产卵，卵产于雌鳖挖成的穴中，卵在穴中呈宝塔状排列。产卵完成后，雌鳖用后肢扒土将卵穴盖好封严，并用腹部将盖沙压紧抹平，表面不留明显痕迹，然后返回水中。

亲鳖产卵与温度有密切关系。气温为 25～29 ℃，水温为 28～30 ℃是亲鳖产卵的最适宜温度。水温为 30 ℃以上时，产卵量则随温度上升而下降。气温、水温超过 35 ℃时，基本停止产卵。另外，产卵还与气象条件有关，往往是雨后晴天或久晴雨后产卵较多。若阴雨连绵、天气过于干燥或水温骤然升降，均会停止产卵。如果产卵场泥沙板结，鳖挖穴困难，也会停止产卵。

视频：产卵和受精卵的采集与鉴别

### (二)受精卵的采集

#### 1. 寻找卵穴

在产卵季节，每天清晨太阳未出，露水未干时，仔细检查产卵场，根据雌鳖产卵留下的足迹和挖穴时沙土被翻动过的痕迹，仔细查找卵穴，并在卵穴处做好标记，每次采卵时还要仔细检查产卵场之外的空地，以防止亲鳖到处挖穴而被遗漏。刚产出的卵光泽明亮，为淡橘红色至米黄色，此时胚胎尚未固定，卵的动物极与植物极不易分清，不宜搬动(图 6-3-4)。

图 6-3-4　中华鳖卵穴

#### 2. 采集卵

卵产出后过 8～30 h，胚胎已固定，动物极(白色)一端和植物极(黄色)一端分界明显，动物极的一端出现圆形的小白点，此时方可收卵。方法为先仔细拨开沙土，轻轻取出卵粒，防止震荡；采卵可用采卵箱或脸盆等容器，也可接用孵化箱采卵。

将取出的鳖卵动物极朝上，整齐地排放在采卵容器内，切莫将两极方向倒置，否则将影响胚胎正常发育而降低孵化率。鳖卵两极容易识别，凡卵顶有白点的一端为动物极，另一端为植物极，同时要注意不要碰破卵壳，如图 6-3-5 所示。

采卵完成后应将卵穴重新平整但保持一定的倾斜度，清除痕迹，然后洒一些水使沙土保持湿润，既便于下一拨产卵的亲鳖寻找卵穴，又可避免产卵迹象混乱。

在盛夏及干旱季节，亲鳖产卵场早晚要适量洒水，使之保持湿润状态；在多雨季节，则应保持产卵场排水畅通，防止积水。

### (三)受精卵的鉴别

收取的鳖卵，在送孵化器孵化之前，还要检查卵粒受精情况。其鉴别方法是通过卵粒外部特征判断。如果取出的卵体积较大，卵壳色泽光亮，动物极圆

动画：中华鳖受精卵的鉴别

形白点明亮清晰，边缘清晰、光滑整齐的是受精卵；若取出的卵没有白点，或白点呈不规则、不整齐的白斑，该卵就是未受精或受精不良的卵，应予以剔除（图 6-3-6）。最后，将当日收取的受精鳖卵，标记取出时间，送孵化器孵化。

图 6-3-5　中华鳖卵的采集

无精卵　　　受精卵

图 6-3-6　中华鳖卵受精卵鉴别

## 二、中华鳖受精卵的人工孵化

中华鳖受精卵的孵化有自然孵化和人工孵化两种方式。自然孵化由于受自然环境条件的影响及生物敌害的侵袭，孵化率和成活率都很低；人工孵化可提供适宜的孵化条件，因此，孵化期短，孵化率高，大大提高了养鳖生产的效益。鳖卵的人工孵化有多种方式，通常采用室内孵化器孵化和室外半人工孵化两种方式。

课件：中华鳖受　视频：中华鳖受
精卵的人工孵化　精卵的人工孵化

### （一）室内孵化器孵化

#### 1. 孵化器

孵化器采用木板或其他适宜材料专门制作，也可利用现有的木箱、盆、桶等多种容器代替。一般规格以 60 cm×30 cm×30 cm 左右较为适宜。孵化器底部钻有若干个滤水孔。

#### 2. 放卵

先在孵化器底部铺 5 cm 左右厚的细沙，然后再在沙上排放卵，卵与卵之间保持 2 cm 左右的间隙，并根据孵化器深浅，排卵 2～3 层，但不要超过 3 层，每排一层卵都要在其上盖一层 3 cm 左右的细沙（图 6-3-7），排卵盖沙完毕，在靠孵化器一端埋置一个与沙面平齐的搪瓷盆类的容器，内盛少许清水。这是利用稚鳖孵化后就有向低处爬行寻找水源的习性，可诱集出壳稚鳖自动爬入盆内便于收集。

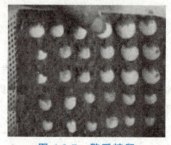

图 6-3-7　鳖受精卵
孵化前排列

为了在孵化过程中保温、保湿并利于观察，可在孵化箱上镶盖玻璃或透明的塑料薄膜。

#### 3. 孵化管理

（1）湿度控制。应控制孵化器内沙土要有 7％～8％ 的含水量，孵化期间，每隔 3～4 d 喷水 1 次，保持孵化沙床湿润，但不能积水过多，一般喷水后的沙土以用手捏成团手松即散为度。

空气中的相对湿度应控制在 75％～85％。可用空气湿度控制器来控制。

（2）温度控制。鳖卵孵化的适宜温度为 25～36 ℃，最佳温度是 30 ℃，45～50 d 破壳，孵化率可达 90％ 以上。

孵化沙床温度应控制在 30～33 ℃，如果温度过低，可在孵化器内安装电灯或室内用电炉、火炉等办法提温。当温度过高时，要及时采取遮光和通风降温措施。

（3）适时通风。保证每天通风1次，以保持室内有足够的氧气。晴天温度高时，应在上午8：00～9：00时开窗通风换气，尤其是在即将出苗的前6 d，一定要把孵化室的门窗打开，确保孵化室通风，否则极易造成鳖卵窒息死亡。当室外温度较低时，可在下午气温较高时开窗换气。夜晚和雨天要及时关窗保温。

（4）及时检查。在刚开始孵化及孵化后期，应每隔2～3 d检查1次，在孵化中期可每周检查1次，同时须认真做好记录。

（5）诱导出壳。为了促使稚鳖出壳整齐和提高孵化率，可根据预测的出壳时间，进行人工诱导出壳。其方法是将卵浸入20～30 ℃的清水中，仅几分钟，稚鳖便会成批破壳而出（图6-3-8）。

如果孵化管理得当，则孵化率可达90%以上。

**图 6-3-8　受精卵的孵化**

## （二）室外半人工孵化

### 1. 孵化场所

适当采取人工辅助措施，利用自然温度孵化鳖卵。孵化场地一般选择在亲鳖池背北朝南的向阳一侧。

### 2. 放卵

在孵化场靠近防逃墙的地势较高处，挖几条10 cm深的沙土沟，将鳖卵并排放在沟内，卵的动物极朝上，然后覆盖10 cm左右的湿润沙土，沙土含水量以手捏成团松手即散为宜。沟边插上温度表和标牌，温度表插入10 cm深，标牌上记好鳖卵数量和开始孵化日期等。在孵化沟的两端用砖叠起，砖上横置几根竹竿用于遮荫挡雨。

### 3. 孵化管理

（1）保持一定的湿度。在孵化过程中要注意在孵化沟上洒水，以使沙土保持湿润状态，特别是天热干旱时，洒水次数要适当增加。另外，要注意保持孵化沟排水良好，周围不能积水。

（2）及时检查。方法同室内孵化器孵化。

（3）适时收集稚鳖。孵化后期，稚鳖即将孵出之前需在孵化场周围围上防逃竹栅，可在竹栅内地势较低处埋设水盆，盛少量水，并使盆口与地平面相平，以诱使出壳后的稚鳖入盆，便于收集（图6-3-9）。

**图 6-3-9　稚鳖的收集**

这种方法完全是靠自然温度孵化，没有加温措施，孵化温度不能控制在最适温度范围内，因此，鳖卵孵化的时间一般较长，孵化率也不稳定。

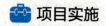**项目实施**

中华鳖亲鳖的选择

## 一、明确目的

1. 会鉴别中华鳖亲鳖的雌雄。
2. 会选择中华鳖亲鳖的年龄和体重。
3. 会判断中华鳖亲鳖的健康状况。
4. 能确定亲鳖的雌雄比例。
5. 具备严谨认真的工作态度和创新思维及创新能力。

## 二、工作准备

### (一)引导问题

1. 中华鳖亲鳖的雌雄特征有何区别？

_____

_____

_____

_____

2. 达到性成熟年龄的中华鳖的体重一般为多少？

_____

_____

_____

_____

3. 写出安全注意事项。

_____

_____

_____

_____

## (二)确定实施方案

小组讨论，制订实施方案，确定人员分工(表 6-3-1)。

**表 6-3-1　方案设计表**

| 组长 | | | 组员 | | |
|---|---|---|---|---|---|
| 学习项目 | | | | | |
| 学习时间 | | 地点 | | 指导教师 | |
| 准备内容 | 样品 | | | | |
| | 工具 | | | | |
| | 器皿 | | | | |
| 具体步骤 | | | | | |
| 任务分工 | 姓名 | 工作分工 | | | 完成效果 |
| | | | | | |
| | | | | | |
| | | | | | |

## (三)所需样品、工具、器皿和场地准备

请按表 6-3-2 列出本工作所需的样品、工具和器皿。

**表 6-3-2　中华鳖亲鳖的选择所需的样品、工具和器皿**

| 样品 | 名称 | 规格 | 数量 | 已准备 | 未准备 | 备注 |
|---|---|---|---|---|---|---|
| | | | | | | |
| 工具 | 名称 | 规格 | 数量 | 已准备 | 未准备 | |
| | | | | | | |
| 器皿 | 名称 | 规格 | 数量 | 已准备 | 未准备 | |
| | | | | | | |
| 其他准备工作 | | | | | | |

## 三、实施过程

"中华鳖亲鳖的选择"任务实施过程见表6-3-3。

表6-3-3　"中华鳖亲鳖的选择"任务实施过程

| 环节 | 操作及说明 | 注意事项及要求 |
|---|---|---|
| 1 | 鉴别中华鳖亲鳖的雌雄 | 认真观察，组员们相互讨论，并确定 |
| 2 | 选择中华鳖亲鳖的年龄和体重 | |
| 3 | 判断中华鳖亲鳖的健康状况 | |
| 4 | 选择符合要求的亲鳖 | |
| 5 | 整理现场 | 按规范要求，对实施场所进行整理清场后填写回收记录单 |

## 四、评价与总结

### (一)评价

根据项目实施情况，学生自评、学生互评和教师评价相结合，进行综合评价(表6-3-4)。

表6-3-4　学生综合评价表　　　　　　　年　月　日

| 评价标准及分值 | | 学生自评 | 学生互评 | 教师评价 |
|---|---|---|---|---|
| 学习与工作态度<br>(5分) | 态度端正，严谨、认真，遵守纪律和规章制度 | | | |
| 职业素养<br>(10分) | 程序规范；热爱劳动、崇尚技能；耐心细致、精益求精；团结合作、不断创新 | | | |
| 制订方案<br>(10分) | 按要求查阅资料，参与方案的制订，能协调解决实际问题 | | | |
| 工作准备<br>(5分) | 能选择适宜的场地，并准备好所需样品、工具和器皿等 | | | |
| 中华鳖亲鳖的选择<br>(40分) | 会鉴别中华鳖亲鳖的雌雄，会选择中华鳖亲鳖的年龄和体重，会判断中华鳖亲鳖的健康状况，能确定亲鳖的雌雄比例 | | | |
| 原始记录和报告<br>(10分) | 真实、准确、无涂改，书写整洁，格式符合规范要求 | | | |
| 场地清整<br>(10分) | 将所用器具整理归位，场地清理干净 | | | |
| 工作汇报<br>(10分) | 如实准确，有总结、心得和不足及改进措施 | | | |
| 总分 | | | | |

## (二)总结汇报

1. 分小组制作 PPT、Word 工作总结，提交工作报告。
2. 小组成员互相讲解，并推荐一名成员向全班汇报。

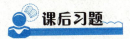 课后习题

### 一、选择题

1. 雌性鳖体型较厚，腹部呈( )字形。
   A. 十
   B. 井
   C. 一
   D. 王

2. 在野生鳖中选择亲鳖时，只要体重达到( )g 左右，原则上就可以作为亲鳖选用。
   A. 200
   B. 300
   C. 400
   D. 500

3. 选留亲鳖的雌雄比例一般以( )为宜。
   A. 2 : 1～3 : 1
   B. 3 : 1～4 : 1
   C. 4 : 1～5 : 1
   D. 5 : 1～6 : 1

4. 亲鳖放养时的最佳水温为( )℃。
   A. 10～12
   B. 13～15
   C. 15～17
   D. 17～19

5. 每次的投饵量一般为池内亲鳖总体重的( )。
   A. 5%～10%
   B. 10%～15%
   C. 15%～20%
   D. 20%～25%

6. 亲鳖池的透明度为( )cm 较为适宜。
   A. 25～30
   B. 30～35
   C. 35～40
   D. 40～45

7. 亲鳖交配后( )d 雌鳖就开始产卵。
   A. 1～10
   B. 10～20
   C. 20～25
   D. 25～30

8. 雌鳖一般在夜间( )时以后产卵。
   A. 8
   B. 9
   C. 10
   D. 11

9. 卵产出后过( )h，胚胎已固定，此时方可收卵。
   A. 4～26
   B. 6～28
   C. 8～30
   D. 10～32

10. 室内孵化，先在孵化器底部铺( )cm 左右厚的细沙，然后再在沙上排放卵。
    A. 1
    B. 5
    C. 10
    D. 15

11. 室内孵化沙床温度应控制在( )℃范围内。
    A. 24～27
    B. 27～30

C. 30～33                                    D. 33～36

12. 鳖受精卵一般在(      ) d 内胚胎发育尚不稳定，对振动较为敏感。因此，在此期间鳖卵尽量避免翻动和振动。

    A. 20                                      B. 25

    C. 30                                      D. 35

## 二、判断题

1. 雌鳖尾较长而硬，尾端能自然伸出裙边外。　　　　　　　　　　　　　　　　（　　）

2. 把鳖放进鱼缸，如果它能积极快速地潜入水底或钻入泥沙中，说明它是健康的。　（　　）

3. 性成熟的鳖初次产卵数量低，卵小。　　　　　　　　　　　　　　　　　　　（　　）

4. 当池水温度上升到 14 ℃左右时，就要开始给亲鳖投喂少量的饵料。　　　　　（　　）

5. 亲鳖的产后培育又称秋后管理。　　　　　　　　　　　　　　　　　　　　　（　　）

6. 亲鳖池水深一般控制在 0.8～1.2 m。　　　　　　　　　　　　　　　　　　（　　）

7. 刚产出的鳖卵光泽明亮，为淡橘红色至米黄色。　　　　　　　　　　　　　　（　　）

8. 将取出的鳖卵动物极朝上，整齐地排放在采卵容器内。　　　　　　　　　　　（　　）

9. 凡卵顶有白点的一端为植物极，另一端为动物极。　　　　　　　　　　　　　（　　）

10. 根据孵化器深浅，可排鳖卵 3～5 层。　　　　　　　　　　　　　　　　　（　　）

11. 中华鳖室外孵化场地一般选择在亲鳖池背北朝南的向阳一侧。　　　　　　　（　　）

12. 在鳖卵孵化期间，应每隔 2～3 d 检查 1 次，并认真做好记录。　　　　　　（　　）

# 项目四　中华鳖的生态养殖技术

## 项目导读

### 中华鳖生态养殖的优势

中华鳖的生态养殖是以科学技术为指导，以生态养殖为核心，在养殖池内模拟中华鳖的最佳自然生长环境，科学合理地投放鳖种和其他鱼虾，以天然新鲜饵料为主，辅以全价配合饲料，使商品鳖的品质基本接近野生鳖，发展高效、环保的绿色生态中华鳖养殖，以满足人们对健康、原生态产品的需求，推动中华鳖产业升级，实现中华鳖产业持续、健康、快速、协调地发展。

## 学习目标

**知识目标**

1. 熟悉中华鳖生态养殖模式。

2. 熟悉生态养殖池塘条件。

3. 掌握中华鳖生态饲养与管理技术。

**能力目标**

1. 学会中华鳖生态养殖技术。

2. 能够对中华鳖进行科学管理。

**素养目标**

1. 培养高度的社会责任感，爱党爱国、关注社会、关注民生。

2. 培养创新能力，以及竞争与承受挫折的能力，具备劳动光荣的意识。

3. 培养从事中华鳖生态养殖所必备的基本职业素质。

4. 培养严谨、踏实的工作作风和实事求是的工作态度，以及创新思维和创新创业能力。

5. 树立正确的劳动观念，培养劳动精神，提高劳动能力，养成劳动习惯。

# 任务一　稚鳖生态养殖与管理技术

稚鳖生态养殖是中华鳖生态养殖的第一阶段。中华鳖的繁殖期较长，稚鳖的出壳时间也不一致，个体大小不同，每年秋后稚鳖孵出不久，有的还没能摄食生长就已进入冬眠期。稚鳖体小幼嫩、觅食能力差、抗病较弱，死亡率较高。如何提高稚鳖的成活率成为养鳖的技术难点。

课件：稚鳖生态
养殖技术

## 一、稚鳖生态养殖技术

### (一)稚鳖投放时期

刚出壳的稚鳖，体质娇嫩，应让其在沙上自由爬行，不宜直接入池。出壳 3 h 后的稚鳖，应放在有水且湿润的细沙中暂养，经 3～5 d 的精心管理，方可放入稚鳖池中暂养(图 6-4-1)。

由于鳖的生殖期较长，稚鳖早期(7—8月)出壳时，室外温度较高；稚鳖晚期(大约10月)出壳时，室外早晚温度较低。温度过高或过低都不利于稚鳖的生长。因此，对早期和晚期破壳的稚鳖不要直接移入室外稚鳖池饲养，最好先放在室内池中进行养殖。中期(9月左右)出壳的稚鳖可以在室外稚鳖池中饲养。

图6-4-1 中华鳖稚鳖

### (二)稚鳖投放密度

稚鳖投放密度一般为每平方米放15只左右。早期出壳的稚鳖经过室内饲养，到8—9月上旬时，已度过夏季高温季节，体重为10～15 g，再转入室外饲养的，每平方米放30只左右为宜。另外，还要根据稚鳖的破壳时间和大小，分池放养。如果鳖池不足，可在池中用塑料板或密眼网相互隔开。

视频：稚鳖生态
养殖技术

### (三)科学投饵

#### 1.投饵开始时间

稚鳖孵出后2～3 d，体内的卵黄已吸收完毕，便开始摄食外界食物，这时应开始人工投饵。

#### 2.饵料种类和要求

稚鳖对饵料要求严苛，需精、细、软、鲜、嫩，营养均衡且适口性好。出壳1个月内，可投喂红虫、小糠虾、摇蚊幼虫、水蚯蚓，或鸡、鸭蛋羹及生鲜鱼片、动物肝脏等。严禁投喂盐腌过的动物肉或内脏，尽量不喂蚕蛹、大肠、肉粉等脂肪高且难消化的饵料，否则稚鳖生长缓慢，还易染病死亡。投喂动物内脏、大鱼虾、河蚌、螺等，需先搅碎以提高适口性。条件允许时，可将鱼粉、蛋黄或鱼、虾、螺、蚌肉搅碎，加少量面粉制成人工配合饲料投喂。

#### 3."四定"投饵

稚鳖饲养要科学饲喂，投饵要定质、定时、定点和定量(图6-4-2)。

图6-4-2 "四定"投饵

(1)定质。饲养稚鳖要求选用优质、新鲜、营养全面、适口性好、蛋白质高的饵料，无腐烂、无霉变现象。

(2)定时。高温季节在上午9点和下午5点各投喂一次，其他季节(冬眠季节除外)每天下午5点左右投喂一次。

(3)定点。饵料要投放在食台上接近水面处。食台可用木板或石棉瓦架设在水下10 cm处，呈

250°。为了避免稚鳖摄食时争夺与撕咬，可多设几个投食点。

(4)定量。投食量要根据稚鳖实际吃食情况而定，每次 30～40 min 吃完为宜。一般投饵量为全池稚鳖总体重的 5%～20%，在水温 25～30 ℃时，一般投饲量可占稚鳖体重的 10%～20%，应根据鳖的食欲、天气、水质情况灵活增减。

每天在投食前要对食台进行清扫消毒，防止沾污新投饲料和沾染水质。

## 二、稚鳖的管理技术

稚鳖体小幼嫩，觅食能力差，抗病较弱，对外界环境的适应、调控能力差，死亡率较高。因此，在生态养殖过程中要加强管理，这样才能保障后期幼鳖和成鳖的顺利养殖。

### (一)水质管理

稚鳖对不良的水质环境适应能力较弱，因此，要经常清除池中残饵、污物，每隔 3～5 d 更换一次新水(新水水温要接近原池水温)，每次换水量为水体总量的 1/3 左右。稚鳖池蓄水深度为 25 cm，池水的透明度保持在 30～50 cm，pH 值为 7～8，水为淡

视频：稚鳖的　课件：稚鳖的
管理技术　　管理技术

绿色，可在池中放少量小鱼苗吃掉浮游动物，也可放一些水生植物(如水葫芦、水浮莲、水花生等)，这样能使稚鳖在隐蔽状态下饲养生长，减少稚鳖互相撕咬，提高稚鳖成活率。

### (二)病害防治

应及时防治病害。在放养稚鳖前，要对养殖池进行彻底消毒处理。可用 10 g/m³ 漂白粉或 150 g/m³ 生石灰泼洒浸泡，经 7 d 后放入新水备用。

稚鳖入池饲养前，用万分之一的高锰酸钾溶液浸泡消毒 15 min，或用 3% 的食盐水浸泡 10 min。

在饲养过程中，可用 15 g/m³ 生石灰或 1 g/m³ 漂白粉交替泼洒，一般 15 d 泼洒一次。为了预防病害，可在饲料中拌入磺胺药物，或与抗生素两种药物交替投喂。

### (三)日常管理

稚鳖在夏季高温季节要适当加深水位，池内水温达 35 ℃以上时要在池上面搭凉棚遮荫。发现病鳖要及时隔离治疗，及时换池水、消毒，以防止相互感染。另外，在日常管理中还要注意稚鳖不能纯喂动物性饵料，可喂混合饲料。

## 三、越冬管理

冬眠期越冬管理是稚鳖养殖和管理中的一个难关。由于鳖破壳后生长的时间并不长，加之个体质量仅在 10 g 左右，晚期出壳的只有 3～4 g。因而，体内储存的营养物质少，越冬期长，消耗量大，对越冬的适应能力较差，容易因体质弱而生病大量死亡。

为了使稚鳖安全越冬，应在秋后稚鳖停食前加强饲养管理，保证喂足营养丰富、脂肪含量较高的食物，使稚鳖体内脂肪得到积蓄。

当室外气温降到 10 ℃左右时，就应将稚鳖集中起来，全部转入越冬池，越冬池宜选择向阳、背风、防冻保温的室内或塑棚内，稚鳖池底要提前增铺 20 cm 厚的粉沙，注水 5～10 cm，将稚鳖用 3% 的食盐水浸泡 10 min。每平方米投放稚鳖 200～250 只，入池的稚鳖会自行钻入沙中越冬。如稚鳖数量不多，可放入缸内、桶内、盆内装入细沙蓄水越冬。

稚鳖越冬期间水温保持在 2～6 ℃较为适宜。越冬过程中如遇到寒流，可在室内燃炉适当升温，以免使池内水温过多地下降。但也不可将室内温度提得过高，否则，稚鳖会在冬眠中苏醒过来，导致体内营养消耗太多而死亡。在越冬期间每半个月至一个月更换池水一次，以保持水质清新(图 6-4-3)。

图 6-4-3 稚鳖越冬

# 任务二 幼鳖生态养殖与管理技术

幼鳖养殖是养鳖生产中十分重要的阶段，是承接稚鳖培育和成鳖养成的重要环节，它直接影响到成鳖的养殖成效。

## 一、幼鳖生态养殖技术

### (一)幼鳖投放时期

#### 1. 2 龄幼鳖饲养投放时期

越冬后的稚鳖即进入 2 龄幼鳖饲养管理期。稚鳖因越冬前规格差别较大，所以转养到 2 龄幼鳖池时应按不同规格进行分池饲养，同一池内放养的幼鳖规格要一致，以防大小混养引起相互残杀。规格较小的幼鳖可留在稚鳖池中饲养，养到 7 月左右新的稚鳖孵出时，再将其移到幼鳖池中饲养。放养的幼鳖要求体质健壮、无病无伤。

课件：幼鳖生态
养殖技术

#### 2. 3 龄幼鳖饲养投放时期

越冬后的 2 龄幼鳖即进入 3 龄幼鳖饲养管理期。一般将规格达 50～100 g 的 2 龄幼鳖进行 3 龄幼鳖的饲养，且转养到 3 龄幼鳖池时应按不同规格进行分池饲养。

视频：幼鳖生态
养殖技术

### (二)幼鳖投放密度

#### 1. 2 龄幼鳖饲养放养密度

视幼鳖的大小而定，一般体重在 10 g 以上的幼鳖放养密度为每平方米放养 10～15 只；体重在 10 g 以下的每平方米放养 15～20 只。

#### 2. 3 龄幼鳖饲养放养密度

一般体重在 50 g 以上的幼鳖放养密度为每平方米放养 6～8 只；体重在 50 g 以下的每平方米放养 8～10 只。具体放养密度还要结合放养时间、养殖设施条件和技术水平等实际生产因素来确定。

### (三)科学投饵

#### 1. 投饵开始时间

开春后水温高于 18 ℃时，就可以对幼鳖进行投喂。

#### 2. 饵料种类和要求

幼鳖摄食能力较强，除摄食高蛋白质的动物性饲料外，还能利用一定量的含淀粉多的植物性饲料。在饲养过程中，以配合饲料为主，鲜活饵料为辅。将新鲜动物饲料，如小杂鱼、螺蚌肉及动物内脏等，经加热或 4%的食盐水消毒，加入新鲜蔬菜绞碎后拌入饲料中，适当添加 3%～5%的植物油。

无论投喂何种饲料，都不能往饲料中添加任何激素、促生长素或抗生素。

#### 3. "四定"投饵(图 6-4-4)

幼鳖饲养要科学饲喂，投饵要定质、定时、定点和定量。

(1)定质。投喂的饲料应做到优质新鲜，营养全面，适口性强，易于消化吸收。

(2)定时。养殖前期和后期气温较低，幼鳖摄食量少，水温为 18～20 ℃时，一般 2 d 投喂 1 次；水温达 20 ℃以上时，每天上午 10 时左右投喂 1 次；养殖中期气温较高，幼鳖摄食量大，一般每天上午 8:00～9:00、下午 4:00～5:00 投饵2 次，下午投饵量占总量的 60%左右。

**图 6-4-4　幼鳖"四定"投饵**

(3)定点。幼鳖池内应多点搭设食台，饲料要投放在食台上，便于观察并检查幼鳖的吃食情况，避免饵料散失浪费；食台同时可作为晒台，供幼鳖晒背。饲料台可用木板或水泥板或石棉瓦设置，一般每 50 m² 水面设置一个，每个饲料台面积约 1 m²。位置固定在池内靠边 1.5 m 处，台面在水面下 10 cm 的水中，呈 250°。浮性饲料可直接投放到饲养池中。

(4)定量。开春后水温高于 18 ℃时，就可以对幼鳖进行投喂，4—5 月日投饵量可按幼鳖体重的 5%～10%估算；6—9 月气温升高，幼鳖摄食量增强，日投饵量可达到幼鳖总体重的 20%左右；入秋后水温逐渐降低，幼鳖摄食量不断减少，投饵量为幼鳖体重的 5%～10%，越冬前，为了增加幼鳖体内脂肪的积累，可适当增加动物内脏和鲜蚕蛹的投喂比例，以保证幼鳖越冬安全。生产中实际投喂量要结合饵料种类、幼鳖生长、吃食及天气、水质等情况及时调整，晴天、水质好及生长旺季可适当多投；水温低、阴、雨、闷热天或水质恶化等要少投或不投，通常饵料在1.5 h 内吃完为宜，确保幼鳖能够吃饱吃好。

## 二、幼鳖的管理技术

### (一)水温管理

幼鳖对水温的变化十分敏感，其适宜生长温度为 25～32 ℃，在适温条件下，饵料利用率高，生长速度快，因此在池塘养殖过

课件：幼鳖的
管理技术

视频：幼鳖的
管理技术

程中，要随着季节、气温的变化及时调整幼鳖池的水位，尽量使水温保持或接近其最适生长温度。在幼鳖生长期，2龄幼鳖池水位一般保持在50～70 cm，3龄幼鳖池水位一般保持在70～90 cm，初春和深秋昼夜温差大时，可适当提高水位，稳定水温；初夏气温达到25 ℃时，可适当降低水位，使水温尽快达到适温范围；气温达到35 ℃左右时，应及时加深水位防暑降温。

在盛夏季节，幼鳖池需采取必要的降温措施，常见的是搭棚遮阴。荫棚应建在幼鳖池的西南端，面积占池塘面积的1/3较为合适。此外，也可在池边种植高大树木来遮阴防暑，还可以在池中种植一些漂浮植物，既为幼鳖提供栖息之处，也能起到遮阴作用(图6-4-5)。

图6-4-5　幼鳖池遮荫防暑

### (二)水质调控

#### 1. 定期用生石灰等

每隔10～15 d交替使用10～15 mg/L的生石灰和2～3 mg/L的漂白粉交替泼洒消毒，保持水质清新，保持水体溶氧4 mg/L以上，pH值为7.2～8.2，透明度为30～40 cm。

#### 2. 定期换水

每周至少换水3～4次，换水时，不宜大排大灌，注意温差调控，以免引起幼鳖应激反应，并应注意增加光照和通风。

#### 3. 种植水生植物

池内种植一些水葫芦、水花生及浮萍等水生植物，面积不超过水面的1/4。一方面能增加水体溶氧，吸收水中氮、磷等物质，净化有毒有害物质；另一方面给幼鳖提供了栖息、晒背和遮荫的场所。

#### 4. 合理使用有益菌和改良剂

定期向池内泼洒光合细菌、硝化细菌或EM菌等微生物制剂和底质改良剂，降解有毒有害物质，改良池塘底质，维持良好的水体环境，促进幼鳖健康生长。

#### 5. 采用循环过滤装置和机械增氧

除上述四种方法外，还可采用循环过滤装置和机械增氧改良水质。

### (三)定期分池饲养

养殖期间，由于幼鳖个体体质、摄食不同等方面的原因，个体生长差异明显，规格不齐，易以大欺小、互相撕咬，使鳖体受伤而感染疾病，影响幼鳖正常生长，因此每隔2～3个月，要按幼鳖规格大小进行分池饲养，调整养殖密度。分池前幼鳖要停食1 d，对鳖体消毒后，按规格、密度不同进行分级分养。分池时，先将原池上层水注入新的养殖池，然后再加注新水，以降低幼鳖因生长环境改变而产生的应激反应。

### (四)鳖病防治

#### 1. 放养前消毒、放养方式适宜

为提高幼鳖成活率，放养前要让幼鳖适应池塘环境，在池边用池水泼洒幼鳖体表，再用4%的食盐水或20 mg/L的高锰酸钾溶液浸泡消毒10～15 min；放养时将幼鳖多点放在池水边，让其自行爬到池内，不宜将幼鳖直接倒入池中，以防损伤鳖体。

**2. 做好日常养殖管理**

做好生产工具的消毒工作，捕捉、运输幼鳖或分池时，操作要小心，避免人为因素弄伤鳖体而引发疾病。做好食台和食场的清洁、消毒工作，及时清除残饵，以免其腐败变质污染水体和新投饲料。每天巡塘，观察幼鳖活动、摄食及鳖体表、体色等情况是否正常，有无病鳖、死鳖；观察池塘水色，测量池水 pH 值、溶解氧等，掌握池塘水质情况，适时换注新水；定期对水体杀菌消毒、投喂药饵，在饲料中添加免疫多糖、维生素等增强幼鳖的免疫力。发现病鳖，要及时确诊，隔离治疗；对发病池换水消毒，用药物进行针对性治疗。

### (五)越冬管理

幼鳖经过一年的饲养，体重一般可达 50～100 g。当 11 月气温降到 12 ℃以下时进入越冬阶段，因其环境适应能力比稚鳖大大增强，可在池塘中自然越冬。为提高越冬成活率，要营造良好的越冬环境，越冬池宜选择在环境安静、避风向阳的地方。幼鳖入池前，经暴晒、用生石灰彻底清塘消毒，再在池底铺 20 cm 以上的细沙。越冬前水温在 18 ℃以上时，要加强对幼鳖投饵，多投喂动物性饵料，增加幼鳖体内脂肪积累，保证越冬期能量消耗。越冬期间，保持池塘水深 1.5 m左右，每月换水 1 次，确保池塘水质良好，溶氧充足；经常巡塘，观察幼鳖和水质情况，发现问题及时处理，确保幼鳖安全越冬。

# 任务三  成鳖生态养殖与管理技术

## 一、幼鳖投放时期

越冬后的幼鳖就可进入成鳖饲养管理期。南方投放的鳖种一般为越冬后 2 龄幼鳖，而其他地区投放的鳖种一般为越冬后 3 龄幼鳖，有些地区投入鳖种为体重在 400 g 以上的 4 龄鳖，可当年养成商品鳖。

利用土池常温生态养鳖，一般在每年春季 3—6 月开始放种，以晴天时气温、水温都较高的中午为佳。放养时可将装有已消过毒的幼鳖的箱或筐轻轻放到水边，让幼鳖自行爬出，游入水中(图 6-4-6)。

课件：成鳖生态养殖与管理技术

**图 6-4-6  幼鳖投放**

## 二、幼鳖投放密度

体重为 50～100 g 的 2 龄鳖，每平方米放养 5 只左右；体重约为 200 g 的 3 龄鳖，每平方米放养 3～4 只；体重在 400 g 以上的 4 龄鳖每平方米放养 1～2 只。

视频：成鳖生态养殖与管理技术

幼鳖应行动敏捷、体质健壮、无病无伤、规格整齐。成鳖养殖阶段同样应坚持按鳖的规格大小分池饲养的原则。鉴于大规格鳖雌雄生长的差异，可挑雄单养。

### 三、科学投饵

#### 1. 饲料种类

成鳖的饲料种类与幼鳖基本相同，饲料以鲜活饵料为主，搭配部分植物性饵料为自配饵料，主要种类有鲜活螺蚬、小杂鱼、动物内脏、饼类、麸类、南瓜等，以及人工配合饲料。

人工采用配合饲料比采用各种单项饲料效果更好，其配方为鱼粉60%～70%，马铃薯淀粉20%～25%，外加少量的干酵母粉、脱脂奶粉、脱脂豆饼、动物内脏、血粉、维生素、矿物质等；或用鱼粉（或血粉、蚕蛹粉、猪肝粉等）30%，豆渣30%，麦粉30%，麦芽3%，土粉3%，另加植物油、蚯蚓粉、骨粉各1%，维生素0.1%。在投饵时可搭配少量光合细菌等生物制剂，一般不使用鳖颗粒饲料，禁用添加剂和含激素类或有残留的药物。

#### 2. "四定"投饵

成鳖的投饵方法、数量、次数等与幼鳖基本相同，也必须遵循"四定"投饵的原则。

在水温上升到18 ℃以上时开始投喂，这时可投喂少量饲料，进行驯化，使幼鳖提早开食，从而延长其生长期。幼鳖正常摄食后日投喂量为鳖体重的3%～10%。每天投喂1～2次。在生长适温期内，如采用上述人工配合饲料配方，日投饵量为总体重的5%～10%。

### 四、管理技术

#### 1. 水质管理

应尽量营造中华鳖的自然生长环境，建立水体的生态平衡（图6-4-7），主要应做好以下事项。

（1）做好池塘生态设置。一是投放活螺蚬、河蚌等贝类，在春季3—4月每亩放200 kg；二是移植水草，要移植苦草、伊乐藻、水葫芦等，覆盖面达1/3，营造良好的生态环境，达到塘内自净。

**图6-4-7 幼鳖池水质管理**

（2）定期加水和换水，每10～15 d应适量换水和加水，换水量一般不宜超过1/3，保持水质清新稳定。

（3）要求池水肥度要适中，透明度为30 cm左右，水色为茶褐色、油绿色等，这样的水质溶氧量高。如果水质过于清瘦，可以施一定量的发酵腐熟的粪肥，培肥水质。当水质过肥时，则应适当灌注新水或每半月至一个月施1次生石灰加以调节。石灰既能调节水质，防止鳖病发生，又能满足成鳖及其饵料生物（螺、蚌等）对钙的需求，还能调节池水pH值。

（4）控制投饵，减少饵料对水环境破坏。首先，投喂饵料要控制在2 h内吃完；其次，坚持检查，避免过多投喂造成残饵破坏水质。

（5）定期添加微生物制品，如光合细菌等，可定期泼洒和每天添加到饵料中，起到净化水质、防病促长、提高饵料转换率等作用。

#### 2. 病害防治

在防治病害方面，必须坚持以生态防治为主，以药物预防为辅，根据需要可定期投喂药饵和使用杀菌、杀虫药物泼洒预防，药物使用必须符合《无公害食品渔用药物使用准则》（NY 5071—2002）的规定。

养殖过程中，不仅要定期使用生石灰或漂白粉对池水进行消毒，饲料、食台、晒台及各类生产工具的消毒工作同样不容忽视。像鱼虾、螺蚌肉等饲料，在投喂之前，必须用5%的盐水进行浸洗消毒；食台和晒台，每周需用浓度为10 mg/L的强氯精彻底清洗一次；而生产中使用的工具，每周则要用100 mg/L的高锰酸钾溶液浸泡清洗2～3次。

定期在饲料中添加中草药，以增强成鳖的抗病能力。一般每千克饲料拌入10 g的中草药，每隔15 d连喂3 d，可起到防病作用。若发现成鳖有病时应及时诊疗，对症下药。

### 3. 越冬管理

成鳖越冬管理无须采取特别防寒保温措施，只要越冬期间始终保持高水位，就能安全越冬。

# 任务四 鱼、鳖生态混养技术

## 一、鱼、鳖混养的生物学原理

采取鱼、鳖混养，不仅鳖不伤鱼，鱼不碍鳖，而且鱼鳖之间互惠互利。

(1)鳖的残饵和粪便内氮、磷、钾等含量较高，起到培肥水质的作用，为以浮游生物为食的鲢鱼、鳙鱼和杂食的鲤鱼、鲫鱼、罗非鱼等的快速生长提供了饵料条件。而大量的鱼类粪便、水草沤肥及随之繁殖起来的细菌、浮游生物、底栖生物，又给鳖的饵料螺、蚌的生长创造了良好的条件，使之迅速繁殖。这样就形成了鱼、鳖食物链相互促进的新的生态平衡，这就是鱼、鳖混养能双获高产的原因之一。

视频：鱼鳖生态
混养技术

(2)鱼、鳖混养过程中，由鱼、鳖的残饵、粪便所繁殖起来的浮游生物中的相当部分被鱼类所利用，转变成鱼肉产品，不仅不使水质过肥，而且稳定了水质肥度，水质稳定又为鱼鳖的正常生活提供了一个必要的环境条件。这是鱼、鳖混养得以双获高产的又一个重要原因。

(3)鱼、鳖在混养过程中，鳖不会伤害健康的鱼或成鱼，只能吃掉因病行动迟缓的病鱼或死鱼。因此，鱼、鳖混养还可以起到防止病原体传播和减少鱼病发生的作用。

课件：鱼鳖生态
混养技术

(4)中华鳖为水陆两栖动物，它们不断地进行从水底到水面的往返运动，加快了上下水层的循环，弥补了水中溶氧量不足的问题。

因此，鱼、鳖混养形成了鱼和鳖互动互助、空间合理配置、水资源充分利用的生态养殖模式。

## 二、鱼、鳖混养方法

鱼、鳖混养要从池塘、鱼鳖搭配比例等方面考虑。

### 1. 鱼、鳖混养池

鱼、鳖混养池的建设应以适于养鳖的需要为准。因此，除稚鳖池因其水体小不适于混养鱼类外，幼鳖池、成鳖池和亲鳖池(水位在1.5 m以上者)，均可混养鱼类。如果鱼池改造成鱼、鳖混养池，必须根据各类鳖池建设要求，建筑防逃墙、饵料台、休息场和产卵场等。

### 2. 鱼、鳖混养密度与品种搭配比例

鳖的放养密度为4～15 g的幼鳖，每平方米水面放养5～10只，饲养一年，个体质量达到50 g左右；100 g以上的幼鳖，每平方米水面放养1～2只，饲养一年，个体质量达到400 g以上。具体

分级放养密度见表 6-4-1。

表 6-4-1　鳖的分级放养密度

| 个体规格/g | 4~15 | 50~100 | 100 以上 | 750 以上 |
|---|---|---|---|---|
| 放养密度/(只·m⁻¹) | 5~10 | 2~4 | 1~2 | 0.1~0.5 |

### 三、鱼种的放养密度和搭配比例

一般以浮游生物食性的鱼类，如鲢鱼、鳙鱼、白鲫鱼等为主要的混养对象，适当配养鲤鱼、鲫鱼、罗非鱼等杂食性鱼类，也可配养一定量的草鱼、团头鲂等草食性鱼类。通常，1、2 龄鳖池每亩投放夏花鱼种 500 尾左右，经一年培育出塘时可获大规格鱼种。3、4 龄鳖池每亩投放 10 cm 以上大规格鱼种 350 尾左右，用以养成商品鱼。鱼种的搭配比例：鲢鱼占 55%~65%，草鱼、团头鲂占 20%，鳙鱼占 10%~15%，鲤鱼、鲫鱼占 5%~10%。

### 四、饲养与管理

鱼、鳖混养池中投饵的重点是鳖。通过鳖的代谢废物，繁殖大量的浮游生物，以此满足浮游生物食性鱼类的饵料需要，对于规格在 10 cm 以下的草食性鱼类，可投喂各种饼类、麸皮、米糠等精饲料，10 cm 以上时可投喂水旱草类。鳖的饵料与单养相同（见前述），因为鳖在生长发育过程中需要较多的钙质，所以还要定期向池中投放适量的生石灰，一般在生长季节，应坚持每隔 30 d 施一次生石灰，每次每亩用量为 30 kg。另外，在养殖过程中，还要根据天气、水质、水温等具体情况及时加注新水，增加溶氧，改善水质，防止鱼类严重浮头和泛池事件的发生。

# 任务五　稻田生态养鳖技术

稻田生态养鳖是在种植水稻的同时养鳖的新型种养结合生态模式。稻田为中华鳖提供了适宜的栖息环境，阳光充足、晒背方便，鳖的体表光滑、色泽好，与野生鳖相似。而中华鳖的残饵、排泄物是水稻优质的有机肥料，中华鳖还可为稻田疏松土壤，清除害虫等，使稻田少用或不用化肥和农药，从而大幅度降低了农业面源污染，大大提高产品的品质。

课件：稻田生态
养鳖技术

### 一、田块选择与配套设施建造

#### 1. 田块选择

选择地势低洼、水源充沛、无污染、排灌方便、环境安静、水体呈中性或弱酸性、便于管理的田块。

#### 2. 鳖沟开挖

在稻田四周和中央开上口宽 3 m、下口宽 2 m、深 1.5 m 的鳖沟（呈"王""井"字形，占稻田总面积的 20%~30%）（图 6-4-8），水沟边建沙滩，供鳖晒背用。

视频：稻田生态
养鳖技术

#### 3. 防逃设施建造

在田埂周围用砖块或水泥板等建造下部埋入土中 20 cm，上部高出地面 50~60 cm 的围墙，围墙压檐内伸 15 cm，围墙和压檐内壁涂抹光滑。在进水、排水口放置拱形栅栏，防止鳖外逃和受到蛇、老鼠等天敌的伤害。

图 6-4-8　鳖沟

#### 4. 稻田清整消毒

稻田清除杂物并暴晒后，用生石灰 100 kg/亩兑水溶解后全田泼洒。7～10 d 后向田内注水，水深为 20～30 cm。

### 二、水稻栽植

#### 1. 水稻品种的选择

选择矮秆、抗倒伏、抗病害、耐肥力强、生长期较长、产量高的晚熟粳稻品种作为稻田的种植品种(图 6-4-9)。

图 6-4-9　水稻品种的选择

#### 2. 栽植前施基肥

每亩施发酵粪肥 250～500 kg 作为基肥，施用追肥同样采取发酵熟腐好的粪肥。

#### 3. 水稻栽植方式

秧苗可采用宽窄行栽种，宽行间距为 60 cm，窄行间距为 30 cm，以增大鳖的活动范围，优化稻田通风状况，增加光合作用，同时降低水稻叶面的湿度，减少水稻纹枯病、白叶枯病和稻瘟病的发生。水稻栽植后，均按常规农技要求进行管理。

### 三、鳖种投放

#### 1. 鳖种放养时间

鳖种放养有两种选择方式，一是先插秧，后放鳖；二是先放鳖，后插秧。一般采取先放鳖，后插秧，宜在稻田插秧前半个月至一个月放养幼鳖。

#### 2. 放养密度

依据实际情况，可放养每只质量为 150～250 g 的幼鳖 60～220 只/亩。雌雄比例为 2∶1 或 3∶2。为了减少鳖争斗受伤而带来损失，也可把雌鳖、雄鳖分开养殖。

### 3. 放养方式

放养前，鳖苗种须用3‰～4‰食盐溶液浸浴5～10 min或用10～20 mg/L高锰酸钾溶液浸洗20 min。鳖种放养时，应放入鳖沟，水温温差不能超过2 ℃（图6-4-10）。

图6-4-10　放养方式

## 四、科学投喂

### 1. 大力培养天然饵料

大力培养天然饵料，如田螺、细浮萍等。春季可向稻田中适量投放消过毒的河蚌、螺、蚬、小鱼、小虾等，让其自然繁殖，作为鳖的天然饵料（图6-4-11），一般放量为250 kg/亩。

图6-4-11　科学投喂

### 2. 以鲜活饵料为主

可投喂动物性饲料（鲜活鱼等）搭配植物性饲料（麸类、饼粕类、南瓜等）或人工配合饲料，其中鲜活鱼的比例要占20％左右。

### 3. "四定"投饵

遵照"四定"和"点多量少"的原则。水温上升到18 ℃以上时开始投喂，一般每天在上午9:00左右投喂一次。

投饵时先要将饵料均匀地撒在水稻种植区和鱼沟内，以后逐渐将饵料投放在固定的鱼沟内和摄食台上，使其养成定点摄食的习惯。

投喂量需依据天气、水温、水色及鳖的摄食状况灵活把控，投喂至鳖达到七成饱为宜，以此促使它们前往稻田寻觅螺蛳、小鱼、小虾及水稻害虫等食物。饲料应保证新鲜、优质，浮性膨化颗粒饲料是较为理想的选择，这有助于及时掌握鳖的饥饱程度。此外，无论投喂何种饲料，都严禁在其中添加任何促生长素、激素和抗生素，以确保养殖产品的品质和生态安全。

当水温降至18 ℃以下时，可停止投喂。

### 五、科学管理

#### 1. 水质调控

要尽量营造中华鳖的自然生长环境，建立水体的生态平衡。

(1)定期注入新水。气温高时，田水蒸发量大，每5~8 d应适量注入新水，注水量一般不宜超过田水的1/3，每次注水可提高稻田水位10~15 cm，使田间水深保持在20 cm左右。水质要始终保持肥、活、嫩、爽且稳定。

(2)定期泼洒生石灰。在中华鳖生长的旺季，要定期泼洒定量的生石灰，用量为30 kg/亩左右，既可满足鳖、螺的需要，又能起到调节水质、保持pH值、溶氧稳定的作用。

#### 2. 巡田检查

坚持每日巡田2~3次，防止非生产性人员在鳖田田边走动，及时消灭敌害生物，同时检查防逃设施是否完好，发现问题及时采取有效方法处理(图6-4-12)。

#### 3. 分田管理

根据中华鳖的生长情况，及时对成鳖进行分田养殖，将规格大小基本一致的个体放在同一稻田内进行饲养(图6-4-13)。

图 6-4-12　巡田检查

图 6-4-13　分田管理

#### 4. 疾病预防

坚持预防为主，防治结合的原则。预防工作主要包括放养前要彻底清田消毒；鳖种入田前要检疫、消毒；饲养过程中要注意环境的清洁、卫生；水质要保持"肥、活、嫩、爽"。发现病害应及时检查确诊，采用调控水质和生态防治措施进行预防及治疗，并且尽量减少渔药的使用。

## 🧰 项目实施

### 成鳖生态养殖技术

#### 一、明确目的

1. 会确定幼鳖的投放时期和投放密度。
2. 会进行幼鳖的投放。
3. 能科学地投饵和管理。
4. 热爱劳动、崇尚技能。

## 二、工作准备

### (一)引导问题

1. 什么是中华鳖的生态养殖？

_____

_____

2. 怎样投放幼鳖？

_____

_____

3. 成鳖生态养殖的投饵方法是什么？

_____

_____

4. 写出安全注意事项。

_____

_____

### (二)确定实施方案

小组讨论，制订实施方案，确定人员分工(表6-4-2)。

表6-4-2　方案设计表

| 组长 | | | 组员 | | |
|---|---|---|---|---|---|
| 学习项目 | | | | | |
| 学习时间 | | 地点 | | 指导教师 | |
| 准备内容 | 样品 | | | | |
| | 工具 | | | | |
| | 器皿 | | | | |
| | 场地 | | | | |
| 具体步骤 | | | | | |
| 任务分工 | 姓名 | | 工作分工 | | 完成效果 |
| | | | | | |
| | | | | | |
| | | | | | |
| | | | | | |

### (三)所需样品、工具、器皿和场地准备

请按表 6-4-3 列出本工作所需的样品、工具、器皿和场地。

表 6-4-3 成鳖生态养殖技术所需的样品、工具、器皿和场地

| 样品 | 名称 | 规格 | 数量 | 已准备 | 未准备 | 备注 |
|---|---|---|---|---|---|---|
| | | | | | | |
| 工具 | 名称 | 规格 | 数量 | 已准备 | 未准备 | |
| | | | | | | |
| 器皿 | 名称 | 规格 | 数量 | 已准备 | 未准备 | |
| | | | | | | |
| 场地 | 名称 | 规格 | 数量 | 已准备 | 未准备 | |
| | | | | | | |
| 其他准备工作 | | | | | | |

## 三、实施过程

"成鳖生态养殖技术"任务实施过程见表 6-4-4。

表 6-4-4 "成鳖生态养殖技术"任务实施过程

| 环节 | 操作及说明 | 注意事项及要求 |
|---|---|---|
| 1 | 确定幼鳖投放时期 | |
| 2 | 确定幼鳖投放密度 | |
| 3 | 放养幼鳖 | 认真观察，组员们相互讨论，并确定 |
| 4 | 科学投饵和管理 | |
| 5 | 如实记录实施过程现象和实施结果，撰写实施报告 | |
| 6 | 整理现场 | 按规范要求，对实施场所进行整理清场后填写回收记录单 |

## 四、评价与总结

### (一)评价

根据项目实施情况，学生自评、学生互评和教师评价相结合，进行综合评价(表6-4-5)。

表6-4-5　学生综合评价表　　　　　　年　月　日

| 评价标准及分值 | | 学生自评 | 学生互评 | 教师评价 |
|---|---|---|---|---|
| 学习与工作态度<br>(5分) | 态度端正，严谨、认真，遵守纪律和规章制度 | | | |
| 职业素养<br>(10分) | 程序规范；热爱劳动、崇尚技能；耐心细致、精益求精；团结合作、不断创新 | | | |
| 制订方案<br>(10分) | 按要求查阅资料，参与方案的制订，能协调解决实际问题 | | | |
| 工作准备<br>(5分) | 能选择适宜的场地，并准备好所需样品、工具和器皿等 | | | |
| 成鳖生态养殖技术<br>(40分) | 能确定幼鳖投放时期，能确定幼鳖投放密度，会放养幼鳖，会科学投饵和管理 | | | |
| 原始记录和报告<br>(10分) | 真实、准确、无涂改，书写整洁，格式符合规范要求 | | | |
| 场地清整<br>(10分) | 将所用器具整理归位，场地清理干净 | | | |
| 工作汇报<br>(10分) | 如实准确，有总结、心得和不足及改进措施 | | | |
| 总分 | | | | |

### (二)总结汇报

1. 分小组制作 PPT、Word 工作总结，提交工作报告。
2. 小组成员互相讲解，并推荐一名成员向全班汇报。

 课后习题

### 一、选择题

1. 稚鳖放养密度一般为每平方米放养(　　)只左右。

    A. 5　　　　　　　B. 10　　　　　　　C. 15　　　　　　　D. 20

2. 稚鳖孵出后(　　)d，应开始人工投饵。

    A. 1～2　　　　　　B. 2～3　　　　　　C. 3～4　　　　　　D. 4～5

3. 投食量要根据稚鳖实际吃食情况而定，每次（　　）min吃完为宜。

    A. 10~20　　　　　　　B. 20~30　　　　　　　C. 30~40　　　　　　　D. 40~50

4. 一般体重10 g以上的2龄幼鳖放养量为每平方米放养（　　）只。

    A. 5~10　　　　　　　B. 10~15　　　　　　　C. 15~20　　　　　　　D. 20~25

5. 6—9月气温升高，幼鳖的日投饵量可达到幼鳖总体重的（　　）左右。

    A. 15%　　　　　　　B. 20%　　　　　　　C. 25%　　　　　　　D. 30%

6. 在幼鳖生长期，3龄幼鳖池水位一般保持在（　　）cm。

    A. 30~50　　　　　　　B. 50~70　　　　　　　C. 70~90　　　　　　　D. 90~100

7. 越冬期间，保持幼鳖池塘水深（　　）m左右。

    A. 0.9　　　　　　　B. 1.1　　　　　　　C. 1.3　　　　　　　D. 1.5

8. 南方投放的鳖种一般为越冬后（　　）龄幼鳖。

    A. 2　　　　　　　B. 3　　　　　　　C. 4

9. 成鳖的生态养殖，幼鳖投放密度为：体重为50~100 g的2龄幼鳖，每平方米放养（　　）只左右。

    A. 3　　　　　　　B. 5　　　　　　　C. 7　　　　　　　D. 9

10. 幼鳖正常摄食后，日投喂量一般为鳖体重的（　　）。

    A. 2%~10%　　　　　　　B. 3%~10%　　　　　　　C. 5%~10%　　　　　　　D. 7%~10%

11. 成鳖池的水肥度要适中，透明度为（　　）cm左右。

    A. 30　　　　　　　B. 35　　　　　　　C. 40　　　　　　　D. 45

12. 鱼、鳖混养池的鱼类一般以（　　）食性的鱼类为主要的混养对象，如鲢鱼、鳙鱼、白鲫鱼等。

    A. 植物　　　　　　　B. 动物　　　　　　　C. 浮游生物　　　　　　　D. 杂食

13. 鱼、鳖混养密度，100 g以上的幼鳖，每平方米水面放养（　　）只。

    A. 1~2　　　　　　　B. 2~3　　　　　　　C. 3~4　　　　　　　D. 4~5

14. 一般在生长季节，鱼、鳖混养池应坚持每隔（　　）d左右施一次生石灰，每次每亩用量为30 kg。

    A. 20　　　　　　　B. 30　　　　　　　C. 40　　　　　　　D. 50

15. 养鳖稻田的鳖沟面积占稻田总面积的（　　）。

    A. 10%~20%　　　　　　　B. 20%~30%　　　　　　　C. 30%~40%　　　　　　　D. 40%~50%

16. 一般在稻田插秧前（　　）d放养幼鳖。

    A. 5~10　　　　　　　B. 15~30　　　　　　　C. 25~40　　　　　　　D. 30~45

17. 稻田养鳖，每亩可放养150~250 g的幼鳖（　　）只。

    A. 40~180　　　　　　　B. 50~200　　　　　　　C. 60~220　　　　　　　D. 70~240

## 二、判断题

1. 稚鳖可适当投喂盐腌过的各种动物肉或内脏。　　　　　　　　　　　　　　（　　）

2. 破壳的稚鳖可直接移入室外稚鳖池中饲养。　　　　　　　　　　　　　　（　　）

3. 高温季节在上午8点和下午5点各投喂一次稚鳖饲料。　　　　　　　　　　（　　）

4. 幼鳖池内搭设食台，一般每50 m²水面设一个。　　　　　　　　　　　　（　　）

5. 水温在18~20 ℃时，一般每天投喂1次。　　　　　　　　　　　　　　（　　）

6. 荫棚位置选择在幼鳖池的西北端，荫棚面积占池水面积的1/3为宜。　　　（　　）

7. 幼鳖池种植水生植物的面积不超过水面的1/4。　　　　　　　　　　　（　　）

8. 成鳖投喂饵料要控制在1.5 h内吃完。　　　　　　　　　　　　　　　（　　）

9. 成鳖的饲料应以鲜活饵料为主。　　　　　　　　　　　　　　　　　　（　　）

10. 一般不使用鳖颗粒饲料。　　　　　　　　　　　　　　　　　　　　　（　　）

11. 鱼、鳖混养是一种生态健康养殖模式。　　　　　　　　　　　　　　　（　　）

12. 鱼、鳖混养池的建设应以适于养鱼的需要为准。　　　　　　　　　　　（　　）

13. 鱼、鳖混养池中投饵的重点是鱼。　　　　　　　　　　　　　　　　　（　　）

14. 养鳖稻田需建造防逃设施。　　　　　　　　　　　　　　　　　　　　（　　）

15. 养鳖稻田宜选择早熟粳稻品种作为稻田的种植品种。　　　　　　　　　（　　）

16. 鳖种放养时，应放入鳖沟，水温温差不能超过3 ℃。　　　　　　　　　（　　）

17. 气温高时，每5～8 d应适量注入新水，使田间水深保持在20 cm左右。　（　　）

# 项目五　中华鳖常见疾病的综合防治技术

## 项目导读

### 中华鳖疾病预防的重要性

　　中华鳖养殖业是我国水产养殖业的重要组成部分，也是水产养殖业中经济效益较高的养殖种类，但随着中华鳖养殖规模不断扩大，各种病害也日趋增多。中华鳖发病的主要原因有人为因素、环境因素、微生物因素等。根据致病原因，大体可分为传染性鳖病、侵袭性鳖病和其他原因引起的中华鳖病。常见的疾病有红脖子病、细菌性肠炎、红底板病、水霉病、肝胆综合征等。在生产中往往存在一病多症、一症多病的复杂情况，治疗较为困难。因此，对于鳖病必须坚持"以防为主，防治结合，防重于治"的原则，实行健康养殖管理。中华鳖生长阶段发病特点与日常观察是做好预防工作的关键。

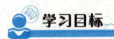

## 学习目标

**知识目标**

1. 掌握中华鳖典型病害的防治技术。

2. 熟悉中华鳖典型病害的病原和病症。

**能力目标**

1. 学会判断中华鳖典型病害的病原和病症。

2. 能够对中华鳖典型病害采取有效的防治措施。

**素养目标**

1. 培养高度的社会责任感，爱党爱国，关注社会、关注民生。

2. 培养良好的职业道德和诚信品质。

3. 培养正确运用所掌握的知识技能在中华鳖病害防治过程中发现问题、分析问题、解决问题的能力。

4. 培养严谨、踏实的工作作风和实事求是的工作态度，以及创新思维和创新创业能力。

5. 树立劳动光荣的观念，培养精益求精的工匠精神。

## 任务一　中华鳖常见传染性疾病的综合防治技术

　　传染性鳖病是指由细菌、病毒或霉菌等引发的鳖病。

### 一、红脖子病

#### 1. 病原

　　中华鳖红脖子病主要由嗜水气单胞菌引起。此外，也有研究指出，该病可能由弹状病毒或虹彩病毒引起。

课件：传染性鳖病的
综合防治技术

### 2. 流行情况

(1)发病温度：在 18 ℃以上。

(2)流行季节：长江流域为 3—6 月，华北地区为 7—8 月。

### 3. 主要症状

病鳖全身浮肿，颈部红肿、充血，颈腹部出现龟纹状出血，颈伸缩迟缓。肝脏有暗红色淤血块，如图 6-5-1 所示。

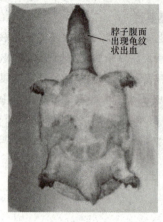
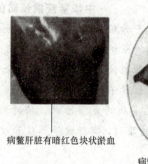

脖子腹面出现龟纹状出血

病鳖肝脏有暗红色块状淤血

病鳖脖子肿大发红

图 6-5-1　鳖红脖子病的症状

### 4. 防治方法

(1)预防措施。

①定期用 2 mg/L 的漂白粉全池泼洒。

②保持良好的水质，做好分级饲养，避免鳖互咬受伤。

③人工注射红脖子病土法疫苗。

(2)治疗方法。

①隔离病鳖。腹腔注射硫酸链霉素或青霉素等抗菌药，用量按每千克鳖体重 15 万～20 万单位。轻者 1 次可治愈；重者需注射 2～3 次。

②用 3～4 g/m³ 的漂白粉泼洒，连续 2 次，隔天 1 次。

③投喂药饵。可采用土霉素或磺胺类药物，按每千克鳖体重 0.2 g 投喂，第 2～6 天减半。

## 二、细菌性肠炎

### 1. 病原

细菌性肠炎主要分为细菌性和病毒性两种：

(1)细菌性病原：主要为高致病性蜡样芽孢杆菌。

(2)病毒性病原：为中华鳖出血综合征病毒。这种病毒具有高度的传染性和致病性，一旦感染，会导致鳖体出现严重的病理变化。

### 2. 流行情况

(1)流行时间：中华鳖鳃腺炎主要流行于 5—10 月，其中 6—7 月份为发病高峰期。

(2)主要危害对象：该病主要危害温室养殖的稚鳖、越冬后的种鳖及成鳖在复苏后或转入室外鳖池后容易发病。

(3)传染性：该病具有高度的传染性，一旦发病，会迅速在养殖群体中传播，导致大量鳖死亡。

### 3. 主要症状

(1)口鼻出血，咽喉部红肿发炎。

(2)肺、肠等组织严重充血，肝脏易碎但无花肝现象。如图 6-5-2 所示。

(3)全身浮肿，颈部肿胀严重，背甲和腹甲有点状或斑块出血。

(4)腮腺灰白溃烂，腹腔和胸腔有血块或腮腺呈红色。

(5)活力变差，起先表现为不安、反应迟缓，头向后仰起，口鼻喷水，在水面上直立拍水行走；随着病情发展，病鳖因水肿而导致行动迟缓，在食台、晒台或陆地伸颈死亡。

图 6-5-2　鳖细菌性肠炎

### 4. 治疗方法

(1)使用二氧化氯、二溴海因、季铵盐碘制剂等消毒剂对鳖池进行水体消毒，连泼 3 d。这有助于杀灭水体中的病原体，减少疾病的传播。

(2)在饲料中添加维生素 C、免疫多糖等制剂，以增强鳖的免疫力。

(3)在水体消毒后 3～4 d，及时加注新水和泼洒有益微生物制剂(如芽孢杆菌、EM 菌等)，以培养和调节水质。

(4)在治疗期间发现病死鳖应及时捞出并作深埋或销毁处理，以防止病原体在养殖群体中进一步传播。

(5)使用中草药(如大黄、板蓝根、黄芩等)进行治疗，有助于缓解病情并促进鳖的康复。

## 三、红底板病

红底板病又称赤斑病、红斑病、腹甲红肿病等，是一种对中华鳖健康构成严重威胁的疾病。

### 1. 病原

红底板病主要由点状产气单胞菌点养亚种(也有资料指出可能是气单胞菌属的嗜水气单胞菌)引起。

### 2. 流行情况

(1)发病季节：该病一般每年春末夏初开始发病，发病高峰期在 5—6 月，也有资料指出每年 4 月至 5 月中旬是发病季节。此外，3 月中下旬至 7 月也是发病较为严重的时期。

(2)发病对象：主要危害成龟、鳖和亲龟、鳖，有时幼龟、鳖也会感染。

(3)流行区域：长江流域一带都有此病流行，其他地区如天津市也有发现。

(4)死亡率：该病的死亡率较高，病鳖一般在 2～3 d 后死亡。

### 3. 主要症状

（1）腹部症状：病鳖腹部有出血性红斑，重者溃烂，露出腹甲骨板。如图 6-5-3 所示。

（2）背甲变化：背甲失去光泽，有不规则的沟纹，严重时出现糜烂性增生物，溃烂出血。

（3）口鼻及内部症状：口鼻发炎充血，经解剖检查，舌呈红色，咽部红肿，肝呈黑紫色或紫红色，肠呈充血状红色，肠内无食物。

（4）行为表现：病鳖停食，反应迟钝，极易捕捉。

### 4. 防治方法

（1）外用药物：发病高峰期，每 10～15 d 在养殖池中施强氯精或优氯净等消毒剂，一次用量分别为 0.25 g/m³、0.4 g/m³。

**图 6-5-3　鳖红底板病**

（2）内服药物：发病后，内服恩诺沙星、氟苯尼考等抗菌药物，连续 5～6 d 为一疗程。

（3）注射治疗：对于病情严重的病鳖，可以进行腹腔注射治疗，如注射硫酸链霉素或青霉素等抗生素，每千克鳖用量 15 万～20 万单位。

## 四、水霉病

### 1. 病原

水霉病病原为水霉属、绵霉属。

### 2. 流行情况

水霉病一年四季均可发生，尤其在春末夏初或秋季最为流行，适宜发病水温为 13～19 ℃，主要危害受伤的鳖。

### 3. 主要症状

水霉主要寄生在鳖的脖颈腹下及四肢。发病初期肉眼不易看出，后期病鳖皮肤糜烂、摄食减少、行动迟缓、消瘦无力。严重时会导致鳖全身各处均被感染，使鳖负担过重，不愿意下水，最后不食，消瘦而死亡，该病还容易引起其他并发症。

### 4. 防治方法

（1）全池泼洒食盐和小苏打，每立方米水体放食盐和小苏打各 4 g，以抑制霉菌的生长。

（2）使用抗真菌药物如五倍子、水杨酸、硫醚沙星、聚维酮碘等，进行全池泼洒治疗。

# 任务二　中华鳖侵袭性鳖病和其他鳖病的综合防治技术

## 一、侵袭性鳖病

侵袭性鳖病是由原生动物、吸虫类等寄生虫引发的鳖病。

### （一）固着类纤毛虫病

#### 1. 病原

固着类纤毛虫，如聚缩虫、钟虫、单缩虫等。

#### 2. 流行情况

（1）易感对象：对中华鳖的幼体危害尤为严重。

课件：侵袭性鳖病和其他
鳖病的综合防治技术

(2)流行条件：该病在有机质多的水中最易发生。在虾蟹养殖池中，此病的发生主要是因为池底污泥多、投饵量过大、放养密度过大、水质污浊、水体交换不良等条件引起的。

### 3. 主要症状

(1)体表变化：纤毛虫附着在中华鳖的体表，肉眼可看出有一层灰黑色绒毛状物。

(2)行为表现：患病的中华鳖游动缓慢，摄食能力降低，严重者生长发育停止。

视频：侵袭性鳖病和其他
鳖病的综合防治技术

### 4. 防治方法

(1)若虫体数量不多，可不必治疗，通过改善环境促进中华鳖的生长发育，调节机体免疫力，即可自然痊愈。

(2)若虫体数量很多时，可全池泼洒硫酸锌($0.7\ \mathrm{g/m^3}$)进行治疗。

## (二)盾腹吸虫病

### 1. 病原

盾腹吸虫。

### 2. 流行情况

盾腹吸虫病主要感染中华鳖，尤其是稚、幼鳖更为严重。盾腹吸虫的幼虫寄生在淡水螺体内，中华鳖通过摄入这些受感染的淡水螺而感染。

### 3. 主要症状

(1)外观表现：病鳖通常表现为消瘦，生长迟缓。

(2)内部病变：解剖病鳖后，可在其肠道中发现盾腹吸虫。由于寄生虫的寄生，肠壁可能出现小孔，严重时甚至穿孔。

### 4. 防治方法

(1)做好放养鳖的检疫，防止盾腹吸虫进入养殖水体。

(2)做好鳖入池前的消毒工作。

(3)每 100 kg 鳖用 8 片复方甲苯达唑制成药饵投喂，连用 4 d 为 1 个疗程；严重者可连用 2 个疗程。

## 二、肝胆综合征

### 1. 病因

中华鳖肝胆综合征是多种因素综合作用的结果。主要因素如下：

(1)饲料因素：长期投喂和过量投喂蛋白质含量高的饲料，导致肝脏负担过重；饲料变质会导致变性脂肪酸在体内大量积累，造成代谢机能失调。

(2)水质因素：养殖水体中重金属离子、氨氮、亚硝酸盐等有毒物质超标，对肝脏造成损害。

(3)药物因素：长期不当用药，如低剂量、长期在饲料中添加某些药物，或使用了副作用大、残留高的药物，造成肝损伤。

(4)应激因素：如温室转外塘养殖时的环境变化，也可能引起肝脏损伤。

### 2. 流行情况

(1)发病对象：中华鳖肝胆综合征常发生于 1 年以上的鳖，尤以 6—8 月的高温多湿季节易发。

(2)发病特点：该病常零星发病、死亡，但若继发细菌和病毒感染，则会造成大量死亡。

(3)流行范围：该病在全国各地的中华鳖养殖场中均有发生，会对养殖业造成较大威胁。

### 3. 主要症状

(1)病情较轻时：症状不明显，但随着病情的加重，发病鳖食欲减少，眼睛混浊，行动迟钝，常浮于水面或爬上岸边不动。

(2)病情加重时：颈部、四肢及身体浮肿，腹甲色暗，有紫灰色斑纹；最后停食、衰竭死亡。解剖可见肝胆肿大，肝脏呈土黄色，且易破碎；多数肌肉水肿，且腹腔内有多量污浊、恶臭的液体，如图6-5-4所示。

图6-5-4　鳖肝胆综合征

### 4. 防治方法

由于肝胆综合征发展到后期治疗难度较大，因此重在预防。预防措施如下：

(1)饲料营养要均衡，减少高蛋白饲料的投喂量。

(2)定期检测水质，确保水质良好，避免有毒物质超标。

(3)科学用药，避免长期低剂量或过量使用对肝脏有害的药物。

(4)减少应激因素，如温室转外塘时逐渐降温，缩小室内外温差。

对于病情较轻的鳖，可采用综合治疗方法，包括使用保肝利胆的中药制剂、免疫增强剂和益生菌等饲料添加剂。这些药物可增强鳖的抗病力，促进肝脏修复。然而，对于病情严重的鳖，治疗意义不大，应尽早处理。

## 三、水质不良引起的鳖病

### 1. 病因

池水不流通、水质恶化，水体中氨氮、亚硝酸盐、硫化氢等有害物质含量长期超标时容易发生此病。

### 2. 流行情况

水质不良引起的鳖病对各阶段的中华鳖都会产生危害，特别是对稚、幼鳖的危害更大，一旦患此病，很难恢复，会相继死亡。

### 3. 主要症状

病鳖四肢、腹部明显充血、红肿、溃烂，露出腹甲骨板，裙边上卷，严重时溃烂成锯齿状或产生许多疙瘩，如图6-5-5所示。病鳖不食不动(干瘪病)。

图 6-5-5　水质不良引起的鳖病

#### 4. 防治方法

(1)更换池水，保持水质清新。

(2)定期用生石灰调节水质。

## 项目实施

### 中华鳖红脖子病的防治

#### 一、明确目的

1. 能判断中华鳖红脖子病的病原。

2. 会分析中华鳖红脖子病的典型症状。

3. 能正确诊断中华鳖红脖子病。

4. 会防治中华鳖红脖子病。

5. 培养生态防治的意识和环保观念。

#### 二、工作准备

#### (一)引导问题

1. 中华鳖的典型疾病有哪些?

_____

_____

2. 中华鳖红脖子病有哪些典型的症状?

_____

_____

3. 怎样防治中华鳖红脖子病?

_____

_____

_____

4.写出安全注意事项。

_____

_____

_____

_____

_____

### (二)确定实施方案

小组讨论，制订实施方案，确定人员分工(表 6-5-1)。

**表 6-5-1　方案设计表**

| 组长 | | | 组员 | |
|---|---|---|---|---|
| 学习项目 | | | | |
| 学习时间 | | 地点 | | 指导教师 | |
| 准备内容 | 样品 | | | |
| | 工具 | | | |
| | 器皿 | | | |
| | 场地 | | | |
| 具体步骤 | | | | |
| 任务分工 | 姓名 | 工作分工 | | 完成效果 |
| | | | | |
| | | | | |
| | | | | |
| | | | | |

### (三)所需样品、工具、器皿和场地准备

请按表 6-5-2 列出本工作所需的样品、工具、器皿和场地。

**表 6-5-2　中华鳖红脖子病的防治所需的样品、工具、器皿和场地**

| 样品 | 名称 | 规格 | 数量 | 已准备 | 未准备 | 备注 |
|------|------|------|------|--------|--------|------|
|  |  |  |  |  |  |  |
| 工具 | 名称 | 规格 | 数量 | 已准备 | 未准备 |  |
|  |  |  |  |  |  |  |
| 器皿 | 名称 | 规格 | 数量 | 已准备 | 未准备 |  |
|  |  |  |  |  |  |  |
| 场地 | 名称 | 规格 | 数量 | 已准备 | 未准备 |  |
|  |  |  |  |  |  |  |
| 其他准备工作 |  |  |  |  |  |  |

## 三、实施过程

"中华鳖红脖子病的防治"任务实施过程见表 6-5-3。

**表 6-5-3　"中华鳖红脖子病的防治"任务实施过程**

| 环节 | 操作及说明 | 注意事项及要求 |
|------|-----------|---------------|
| 1 | 中华鳖红脖子病病原的观察和判断 | 认真观察，组员们相互讨论，并确定 |
| 2 | 中华鳖红脖子病的症状观察和分析 | |
| 3 | 中华鳖红脖子病的诊断 | |
| 4 | 中华鳖红脖子病的防治 | |
| 5 | 整理现场 | 按规范要求，对实施场所进行整理清场后填写回收记录单 |

## 四、评价与总结

### (一)评价

根据项目实施情况，学生自评、学生互评和教师评价相结合，进行综合评价(表6-5-4)。

表6-5-4　学生综合评价表　　　　　　年　月　日

| 评价标准及分值 | | 学生自评 | 学生互评 | 教师评价 |
|---|---|---|---|---|
| 学习与工作态度<br>(5分) | 态度端正，严谨、认真，遵守纪律和规章制度 | | | |
| 职业素养<br>(10分) | 程序规范；热爱劳动、崇尚技能；耐心细致、精益求精；团结合作、不断创新 | | | |
| 制订方案<br>(10分) | 按要求查阅资料，参与方案的制订，能协调解决实际问题 | | | |
| 工作准备<br>(5分) | 能选择适宜的场地，并准备好所需样品、工具和器皿等 | | | |
| 中华鳖红脖子病的防治<br>(40分) | 会判断中华鳖红脖子病的病原，会观察和分析中华鳖红脖子病的症状，会准确诊断中华鳖红脖子病，能防治中华鳖红脖子病 | | | |
| 原始记录和报告<br>(10分) | 真实、准确、无涂改，书写整洁，格式符合规范要求 | | | |
| 场地清整<br>(10分) | 将所用器具整理归位，场地清理干净 | | | |
| 工作汇报<br>(10分) | 如实准确，有总结、心得和不足及改进措施 | | | |
| 总分 | | | | |

### (二)总结汇报

1. 分小组制作 PPT、Word 工作总结，提交工作报告。
2. 小组成员互相讲解，并推荐一名成员向全班汇报。

 课后习题

## 一、选择题

1. 传染性鳖病是指由( )等引发的鳖病。

　　A. 细菌　　　　　　　　B. 病毒　　　　　　　　C. 霉菌　　　　　　　　D. 寄生虫

2. 中华鳖红脖子病发病温度在(　　)℃以上。

    A. 12　　　　　　　B. 14　　　　　　　C. 16　　　　　　　D. 18

3. 中华鳖红底板病又称为(　　)。

    A. 赤斑病　　　　　B. 红斑病　　　　　C. 腹甲红肿病　　　　D. 花斑病

4. 当中华鳖体表上附着的纤毛虫数量很多时，可全池泼洒硫酸锌(　　)进行治疗。

    A. 0.3 g/m³　　　　B. 0.5 g/m³　　　　C. 0.7 g/m³　　　　D. 0.9 g/m³

5. 全池泼洒硫酸铜、硫酸亚铁合剂杀灭寄生虫，该合剂的比例为(　　)。

    A. 3∶2　　　　　　B. 2∶1　　　　　　C. 5∶2　　　　　　D. 3∶1

## 二、判断题

1. 鳖细菌性肠炎的病原为细菌。　　　　　　　　　　　　　　　　　　　　(　　)

2. 鳖水霉病的适宜发病水温为 20 ℃以上。　　　　　　　　　　　　　　　(　　)

3. 侵袭性鳖病是由原生动物、吸虫类等寄生虫引发的鳖病。　　　　　　　　(　　)

4. 鳖固着类纤毛虫病对亲鳖的危害尤为严重。　　　　　　　　　　　　　　(　　)

5. 饲料变质会导致变性脂肪酸在体内大量积累，造成代谢机能失调而产生饵料不良病。

                                                                     (　　)

拓展项目：中华鳖
捕捞和运输技术

# 模块七　棘胸蛙生态养殖技术

模块七导学视频

# 项目一　棘胸蛙的生物学特性

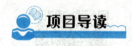

**项目导读**

### 棘胸蛙的养殖前景

棘胸蛙是我国华南丘陵山区名贵的水产品。棘胸蛙肉质细嫩鲜美，营养丰富，且有清热解毒、养阴润肺、补肾益精、滋补身体等功效，属于天然高级滋补品，食用价值及医用价值均较高。近年来，人工养殖棘胸蛙配套技术日臻成熟，人工养殖正在起步阶段，加之种源及技术推广和养殖条件等局限性，近年内难以形成一定的生产规模，更不可能出现一哄而上、供过于求的情况。因此，引进并掌握成熟的人工养殖技术，尽快形成养殖规模，抓住时机，先行一步可获得良好的经济效益，棘胸蛙的养殖前景较为广阔。

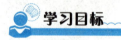

**学习目标**

**知识目标**

1. 掌握棘胸蛙的习性和食性。

2. 熟悉棘胸蛙的繁殖特性。

3. 了解棘胸蛙的形态特征。

**能力目标**

1. 能熟悉棘胸蛙的习性和食性。

2. 能区别出棘胸蛙的雌雄。

**素养目标**

1. 培养"三农"情怀和绿色环保健康发展的理念。

2. 培养从事棘胸蛙生态养殖所必备的基本职业素质。

3. 培养发现问题、分析问题和解决问题的基本能力。

4. 培养吃苦耐劳、独立思考、团结协作、勇于创新的精神。

# 任务一　棘胸蛙的形态特征

## 一、棘胸蛙的分类地位

棘蛙群属于两栖纲、无尾目、蛙科棘蛙属，棘胸蛙是棘蛙属蛙类分支中的 1 种，如图 7-1-1 所示。棘胸蛙又称石蛙、棘蛙、石鳞、石蛤或石鸡，在湖北、湖南、江苏、安徽、浙江、福建、江西、广东、广西等地均有分布。

图 7-1-1　棘胸蛙

课件：棘胸蛙的形态特征

## 二、棘胸蛙的形态特征

棘胸蛙形似黑斑蛙（Rana Nigromaculata），但比黑斑蛙粗壮肉肥。全身灰黑色，皮肤粗糙，背部有许多疣状物，多成行排列而不规则。雄蛙背部有成行的长疣和小型圆疣，胸部有大团刺疣，刺疣中央有角质黑刺；雌蛙胸部光滑无刺、有黑点，背部散布小型圆疣。棘胸蛙雄大雌小，雄蛙体长 8～12 cm，成年体重为 250～400 g，最大可达 500 g 以上；雌蛙体长 6～10 cm，性成熟体重为 150～300 g。一般商品蛙体重超过 150 g 即可上市。

## 三、棘胸蛙雌雄形态特征差异

棘胸蛙的个体大小存在显著的两性差异，成熟的雄性个体体长和体重显著大于雌性，雄蛙前肢长、颌长都大于雌性，且性成熟成蛙胸前有棘刺，指端基部布有婚垫（图 7-1-2）。

图 7-1-2　雄性棘胸蛙腹部

## 任务二　棘胸蛙的生活习性与食性

### 一、棘胸蛙的生活习性

棘胸蛙具有特异的生物学特性，在野生自然状态下，喜欢在潮湿、安静、少光、近水流、阴凉的山岩石壁下穴居，平时常伏于石穴洞口，共栖一处。其在夜晚活动旺盛，大多是在晚间四处觅食。棘胸蛙在陆地上活动时间比在水中少，陆地上主要隐伏在茂密的草丛内或岸边岩洞内（图7-1-3），对外界干扰反应灵敏，稍有响动即遁入水中，在水中主要潜在水底的岩石旁或钻入石洞、石缝内，野生状态下以夜晚活动为主，人工养殖下也可见其白天活动。其摄食陆栖生活阶段钻行与攀缘能力都很强，在养殖中曾发现，成蛙可从较宽的缝隙中钻出，稍有松动的土基也可破土而出，幼蛙可沿垂直的岩壁攀出逃。

视频：棘胸蛙的
生活习性与食性

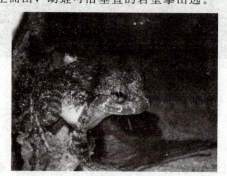

**图 7-1-3　棘胸蛙活动方式**

课件：棘胸蛙的
生活习性与食性

棘胸蛙有冬眠习性，当外界气温降至10％以下时，便停止摄食，进入冬眠状态。在长江以南气候条件下，冬眠期为4个月左右，一般在11月中下旬开始冬眠至翌年3月中下旬。此期间不需投喂饲料，只要保持水质清新即可。棘胸蛙成体与蝌蚪的抗寒力较强，冬天水温保持在0 ℃以上即可安全越冬，夏天水温不超过30 ℃即可安全度夏。生长旺盛的适宜水温为15～22 ℃。

### 二、棘胸蛙的食性

棘胸蛙昼伏夜出，畏烈日，水温在18～28 ℃时活动、摄食正常。棘胸蛙喜欢吃活体动物性饵料，如黄粉虫、大麦虫、蚯蚓、蝇蛆、泥鳅、小蛙及其他昆虫等；蝌蚪则喜食嫩绿的水生藻类植物。因蛙视网膜中视杆细胞多于视锥细胞，对弱光有很强的敏感性，因此蛙更适合在傍晚或夜间摄食；另外，蛙的晶状体环垫很薄，不能灵活调节晶状体的凸度，导致蛙对视觉调节的能力有限，对运动的物体敏感而对静止的东西基本看不见，因此，棘胸蛙多吃活饵而不吃死食，这种独特的习性是养殖工作的一大难题。在养殖中观察到，经过驯养的幼成蛙取食行为可以改变为取食死物，关键在于驯养方式。

## 任务三　棘胸蛙的生长特性和繁殖特性

### 一、棘胸蛙的生长特性

棘胸蛙有一个变态发育的过程，变态是指在有些生物个体发育中，其构造和形态经历阶段性变化，有新的性状出现，有些器官消失，有些器官变化或得到改造。变态又可分为不完全变态和完全变态。不完全变态主要发生在昆虫类的外生翅类和有尾两栖类；完全变态发生在昆虫的内生翅类及无尾两栖类，蝌蚪的变态就属于完全变态。蝌蚪的变态是从水生生活转向陆地生活。

课件：棘胸蛙的生长
特性和繁殖特性

### 二、棘胸蛙的繁殖特性

#### 1. 繁殖季节

在饲养过程中发现，棘胸蛙从 5 月就开始有抱对现象，5 月下旬至 7 月上旬是高峰期。

#### 2. 棘胸蛙性成熟年龄和体重

以 2 龄至 4 龄的成蛙为宜；体重 150 g 以上。

#### 3. 棘胸蛙产卵特性

在亲本蛙产卵、孵化池中，卵块上端粘连靠墙的石块上，下端垂在水中，距离池底 10～25 cm，卵产出后吸水膨胀，卵的动物极为棕褐色，植物极为乳白色。溶氧不低于 4 mg/L；水温为 18～26 ℃。自然产卵排精多在早晨，雨后天晴时常为高峰期。用 60 cm×90 cm 的木板采集蛙卵，采集时要注意水位控制及其木板摆放，确保蛙卵附着在木板上。产卵后要及时收集，移动有卵的木板放置孵化池中孵化。孵化池每天换水一次，每次换 1/4 左右的水，加注新水时不得冲动卵粒；阳光直晒强烈或大雨时应遮盖孵化池。

## 🧰 项目实施

棘胸蛙的雌雄鉴别

### 一、明确目的

1. 会观察棘胸蛙的雌雄特征。
2. 能鉴别棘胸蛙的雌雄。
3. 具备严谨认真的工作态度和精益求精的精神。

### 二、工作准备

#### (一)引导问题

1. 棘胸蛙的雌蛙具有哪些典型的性别特征？

_____

_____

2. 棘胸蛙的雄蛙具有哪些典型的性别特征？

_____

_____

_____

3. 怎样鉴别棘胸蛙的雌雄？

_____

_____

_____

_____

### (二)确定实施方案

小组讨论，制订实施方案，确定人员分工（表7-1-1）。

表 7-1-1　方案设计表

| 组长 | | | 组员 | |
|---|---|---|---|---|
| 学习项目 | | | | |
| 学习时间 | | 地点 | 指导教师 | |
| 准备内容 | 样品 | | | |
| | 工具 | | | |
| | 器皿 | | | |
| 具体步骤 | | | | |
| 任务分工 | 姓名 | 工作分工 | | 完成效果 |
| | | | | |
| | | | | |
| | | | | |
| | | | | |
| | | | | |
| | | | | |
| | | | | |
| | | | | |

## （三）所需样品、工具、器皿准备

请按表 7-1-2 列出本工作所需的样品、工具和器皿。

**表 7-1-2　棘胸蛙的雌雄鉴别所需的样品、工具和器皿**

| 样品 | 名称 | 规格 | 数量 | 已准备 | 未准备 | 备注 |
|---|---|---|---|---|---|---|
|  |  |  |  |  |  |  |
| 工具 | 名称 | 规格 | 数量 | 已准备 | 未准备 |  |
|  |  |  |  |  |  |  |
| 器皿 | 名称 | 规格 | 数量 | 已准备 | 未准备 |  |
|  |  |  |  |  |  |  |
| 其他准备工作 |  |  |  |  |  |  |

## 三、实施过程

"棘胸蛙的雌雄鉴别"实施过程见表 7-1-3。

**表 7-1-3　"棘胸蛙的雌雄鉴别"实施过程**

| 环节 | 操作及说明 | 注意事项及要求 |
|---|---|---|
| 1 | 棘胸蛙雌蛙的典型性别特征观察和分析 | 认真观察，组员们相互讨论，并确定 |
| 2 | 棘胸蛙雄蛙的典型性别特征观察和分析 |  |
| 3 | 棘胸蛙雌雄的鉴别 |  |
| 4 | 整理现场 | 按规范要求，对实施场所进行整理清场后填写回收记录单 |

## 四、评价与总结

### (一)评价

根据项目实施情况，学生自评、学生互评和教师评价相结合，进行综合评价（表7-1-4）。

表7-1-4　学生综合评价表　　　　　　　　　　　　　年　月　日

| 评价标准及分值 | | 学生自评 | 学生互评 | 教师评价 |
|---|---|---|---|---|
| 学习与工作态度（5分） | 态度端正，严谨、认真，遵守纪律和规章制度 | | | |
| 职业素养（10分） | 程序规范；热爱劳动、崇尚技能；耐心细致、精益求精；团结合作、不断创新 | | | |
| 制订方案（10分） | 按要求查阅资料，参与方案的制订，能协调解决实际问题 | | | |
| 工作准备（5分） | 能选择适宜的场地，并准备好所需样品、工具和器皿等 | | | |
| 棘胸蛙的雌雄鉴别（40分） | 会观察和分析棘胸蛙的性别特征，能正确鉴别棘胸蛙的雌雄 | | | |
| 原始记录和报告（10分） | 真实、准确、无涂改，书写整洁，格式符合规范要求 | | | |
| 场地清整（10分） | 将所用器具整理归位，场地清理干净 | | | |
| 工作汇报（10分） | 如实准确，有总结、心得和不足及改进措施 | | | |
| 总分 | | | | |

### (二)总结汇报

1. 分小组制作 PPT、Word 工作总结，提交工作报告。
2. 小组成员互相讲解，并推荐一名成员向全班汇报。

### 知识拓展

棘胸蛙特色养殖：仿生态养殖的棘胸蛙前景好

## 一、选择题

1. 一般商品蛙体重超过( )g 即可上市。

    A. 100               B. 150               C. 200               D. 250

2. ( )因其生长快、肉味鲜美、养殖综合效益高而成为养殖的主要品种。

    A. 青蛙               B. 棘胸蛙               C. 林蛙

3. 在饲养过程中发现,棘胸蛙从 5 月就开始有抱对现象,( )月是高峰期。

    A. 3—4              B. 4—5              C. 5—7              D. 6—9

4. 棘胸蛙一般生活在静水或缓急水体中的( )。

    A. 上层               B. 中层              C. 中下层              D. 底层

5. 棘胸蛙是典型的( )。

    A. 植物食性             B. 杂食性             B. 肉食性             D. 滤食性

6. 棘胸蛙的开口饵料为( )。

    A. 配合饲料             B. 动物内脏             C. 蚯蚓              D. 豆粕

7. 通常棘胸蛙性成熟年龄为( )龄。

    A. 1~2              B. 2~3              C. 3~4              D. 5~6

## 二、判断题

1. 棘胸蛙在 1—2 月摄食强度较差,6—7 月摄食强度最为旺盛。 ( )

2. 蛙卵卵胶膜可分为外、中、内三层,外层膜厚 3.6 mm 左右,中层和内层厚 5.7 mm 左右,受精卵径为 4.3 mm 左右。 ( )

3. 自然产卵排精多在早晨,雨后天晴时常为高峰期。 ( )

4. 雄性棘胸蛙个体较大。 ( )

5. 在天然水域中,棘胸蛙幼蛙阶段主要以小型蛙类、鳛鲰等为食。 ( )

6. 棘胸蛙捕食的方式为猛扑式。 ( )

7. 棘胸蛙喜欢在水体中央活动、觅食。 ( )

8. 棘胸蛙属于冬眠性蛙类。 ( )

9. 雌性棘胸蛙的生长速度比雄性棘胸蛙快。 ( )

10. 棘胸蛙卵为半漂浮性卵。 ( )

11. 棘胸蛙产卵的最适合水温为 23~25 ℃。 ( )

# 项目二　棘胸蛙的繁殖技术

## 项目导读

### 棘胸蛙繁殖的概况

　　近年来，由于生态环境的恶化，加之人类的过渡捕捉，棘胸蛙的数量逐年锐减。为了保护棘胸蛙的野生资源，我国各地开始发展棘胸蛙生态养殖和人工繁殖研究，同时为保护棘胸蛙，在各个部门及当地政府的支持下，棘胸蛙的繁殖技术获得了成功并逐渐成熟，为棘胸蛙的种质资源保护和养殖奠定了良好的基础。

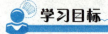

### 知识目标

1. 熟悉棘胸蛙亲蛙的选择方法。

2. 掌握棘胸蛙人工催产技术和孵化技术。

### 能力目标

1. 明确棘胸蛙的生物学特性。

2. 具备棘胸蛙的人工催产和人工孵化能力。

### 素养目标

1. 培养自主学习能力、问题解决能力、沟通能力、团队合作能力、领导能力。

2. 培养从事人工繁殖所必备的基本职业素质。

3. 培养获取和掌握各类知识，提高学科素养，培养批判思维和创新能力。

4. 具有吃苦耐劳、独立思考、团结协作、勇于创新的精神和诚实守信的优良品质，具有创新能力，以及竞争与承受的能力。

## 任务一　棘胸蛙种蛙的培养技术

### 一、棘胸蛙种蛙的来源

棘胸蛙又名石蛙，其种蛙的来源主要有以下两个途径。

#### 1. 从天然水域捕捞

种蛙均来源于购买当地农民在野外捕捉的野生棘胸蛙。

#### 2. 池塘中培育种蛙

池塘中投放棘胸蛙，应选择经过精心的投喂和饲养管理而发育成熟的种蛙。

课件：棘胸蛙种蛙的
培养技术

### 二、棘胸蛙种蛙的培养

获得了种蛙，还需进行有效的培养，才能获得成熟的种蛙，如图 7-2-1 所示。

图 7-2-1　棘胸蛙种蛙

### 1. 种蛙池建设

参照《棘胸蛙养殖技术规程》(DB34/T 2106—2022)对种蛙池进行设计,将种蛙池设计成长方形沟渠,长为 20～30 m,深为 20～30 cm,宽为 1～1.5 m。蛙池采用倾斜式建设,以便于蛙池内水陆面积比例的控制,种蛙池水源采用喷雾式进水系统以确保池内水源的长期流动,保持水质清新,低洼深水位保持在 20 cm 左右,池内种植部分水草以创造仿生态环境。

### 2. 日常管理

棘胸蛙产卵时间大约从 4 月开始,持续到 10 月左右,7—9 月为产卵高峰期,待第二天 10 点左右收集头一天产的卵,种蛙池棘胸蛙雌雄比例控制在 1∶1 左右,饵料以蚯蚓最佳,在产卵期间要保证种蛙有充足的饵料,同时,饵料的投喂根据天气情况适当增减,一般气温过高或阴雨天时少投,下雨的当天少喂或不投喂。

# 任务二　棘胸蛙的繁殖技术

## 一、棘胸蛙的人工催产

### (一)催产剂的种类和剂量

棘胸蛙催产常使用的催产剂是促黄体生成素释放激素类似物(LRH-A2)和绒毛膜促性腺激素(HCG)。在 4 月,当水温达到 15 ℃以上,棘胸蛙种蛙出现追逐求偶现象时,将其分批产卵配对,放养在蛙池内,棘胸蛙雌雄比为 1∶1。催产时,选择质量为 50 g 左右的雌蛙采用一次注射或二次注射,一次注射法是一次性注射 HCG 50～80 IU、LRH-A2 5～8 μg,雄蛙不注射或注射剂量为雌蛙的 1/3～1/2。二次注射法是先将配制总剂的 1/5 的药液注入蛙体,12 h 后配制另外药液注入蛙体。

视频:棘胸蛙的繁殖技术

### (二)注射方法

将所用药物用 1～2 mL 生理盐水稀释,吸入药液在蛙后肢腿部肌肉进行肌肉注射,进针 1 cm。也可作腹腔注射,针头插入腹腔后,按水平方向进针 2 cm,然后注入药液。

课件:棘胸蛙的繁殖技术

大腿肌肉注射比较安全。操作需两人进行,一人抓蛙,抓蛙人动作要轻,一只手握住蛙腹部的后半部,另一只手拉住蛙的一条大腿;另一人将针以 45°角刺入蛙大腿肌肉内,将药液徐徐注入,注射后按雌雄比例放入产卵池。

## 二、棘胸蛙产卵与受精

### (一)效应时间

棘胸蛙的效应时间与多个因素密切相关，包括水温、注射催产剂的种类、注射次数、种蛙年龄、性腺的成熟度及产卵的环境条件等。其中，水温和注射次数是最为关键的因素。适宜的水温能有效激发棘胸蛙的生理反应，而合理的注射次数则能精准调控其繁殖进程，为成功繁殖奠定基础。

水温高效应时间短；两次注射短于一次注射。采用一次注射，当水温在 18～19 ℃时，效应时间为 38～40 h；当水温在 32～33 ℃时，效应时间为 22～24 h。采用二次注射，当水温在 20.2～26.0 ℃时，效应时间为 16～20 h；当水温在 23.4～27.8 ℃时，效应时间为 6～8 h。在生产上可根据效应时间妥善安排好收集蛙卵等工作。

### (二)人工授精

当种蛙已发情，但还未达到高潮时，将种蛙捕捞上来，雌蛙腹部朝上，轻压腹部有卵粒流出时，捂住生殖孔，并将蛙表面的水擦净，然后将蛙腹朝下，让卵流入预先擦干净的瓷盆中，同时立即加入雄蛙精液，用羽毛搅拌 1～2 min，使蛙卵充分混合，然后加入少量清水，再搅拌一下，静置 1 min 后就可放入孵化缸中孵化。棘胸蛙受精卵如图 7-2-2 所示。人工授精有方便、不用产卵池等特点，要求掌握效应时间，及时进行。

图 7-2-2　棘胸蛙受精卵

## 三、棘胸蛙受精卵的人工孵化

### (一)孵化设施及密度

人工孵化蝌蚪应修建孵化池，如图 7-2-3 所示。孵化池的高度为 20～25 cm，长和宽可根据实际情况及环境条件而定。孵化池一般建设为长 3 m、宽 2 m、高 25 cm，四周用水泥浆抹平，池内面积共 6 m²，池的左右两边各修建 1 m 宽的斜坡。这不仅为蝌蚪变态后的幼蛙提供了登陆之地，而且也给变态后的幼蛙提前准备了食台，如图 7-2-4 所示。

在池内上方设置进水口，在池的下方设置出水口，同时在出水口处另外安装一个能够调节水位的水管，控制水的深浅。在池的上面，用木条和塑料网钉成一个长 2 m、宽 1 m 的长方形塑料网框架，盖在整个池子上面，这样既可防鼠、防蛇、防鸟，又能防变态后的幼蛙从池中逃跑。孵化时放卵密度一般以 3 000～4 000 粒/m² 为宜。

图 7-2-3　孵化池

图 7-2-4　食台

### (二)孵化管理

#### 1. 受精卵消毒

棘胸蛙卵易受到水霉菌的侵袭，孵化期水霉菌的滋生是造成棘胸蛙孵化率降低的主要原因之一，为了防止水霉，一般在孵化前用药物浸洗蛙卵，方法有在 3‰ 的福尔马林溶液中浸洗 20 min；或用 5‰～7‰ 的食盐水浸洗 5 min。

#### 2. 孵化管理

坚持每天巡池一次，主要检查水温、水质、光照、卵孵化的情况，以及有没有敌害侵入，如发现问题，就及时处理。

#### 3. 孵化水质

棘胸蛙卵的孵化与水温有着密切的关系，适宜孵化的水温是 25～30 ℃，当水温高于 30 ℃ 时，就要及时换水降温。换水的方法是将原有的池水放出 1/4，并及时加入温度较低的凉水，达到降低水温的目的。水深需控制在 25～30 m。

## 🧰 项目实施

### 棘胸蛙人工催产

#### 一、明确目的

1. 会确定棘胸蛙催产剂的种类和剂量。

2. 能正确注射催产剂。

3. 能弘扬精益求精的工匠精神。

## 二、工作准备

### (一)引导问题

1. 棘胸蛙怎样进行人工催产？

_____

_____

2. 请写出安全注意事项。

_____

_____

### (二)确定实施方案

小组讨论，制订实施方案，确定人员分工（表7-2-1）。

表 7-2-1　方案设计表

| 组长 | | | 组员 | |
|---|---|---|---|---|
| 学习项目 | | | | |
| 学习时间 | | 地点 | | 指导教师 | |
| 准备内容 | 样品 | | | |
| | 工具 | | | |
| | 器皿 | | | |
| 具体步骤 | | | | |
| 任务分工 | 姓名 | 工作分工 | | 完成效果 |
| | | | | |
| | | | | |
| | | | | |
| | | | | |
| | | | | |
| | | | | |

### (三)所需样品、工具、器皿准备

请按表 7-2-2 列出本工作所需的样品、工具和器皿。

**表 7-2-2　棘胸蛙人工催产所需的样品、工具和器皿**

| 样品 | 名称 | 规格 | 数量 | 已准备 | 未准备 | 备注 |
|---|---|---|---|---|---|---|
| | | | | | | |
| 工具 | 名称 | 规格 | 数量 | 已准备 | 未准备 | |
| | | | | | | |
| 器皿 | 名称 | 规格 | 数量 | 已准备 | 未准备 | |
| | | | | | | |
| 其他准备工作 | | | | | | |

## 三、实施过程

"棘胸蛙人工催产"任务实施过程见表 7-2-3。

**表 7-2-3　"棘胸蛙人工催产"任务实施过程**

| 环节 | 操作及说明 | 注意事项及要求 |
|---|---|---|
| 1 | 确定催产剂的种类 | |
| 2 | 确定催产剂的剂量 | 认真观察,组员们相互讨论,并确定 |
| 3 | 注射催产剂 | |
| 4 | 整理现场 | 按规范要求,对实施场所进行整理清场后填写回收记录单 |

## 四、评价与总结

### (一)评价

根据项目实施情况，学生自评、学生互评和教师评价相结合，进行综合评价(表 7-2-4)。

**表 7-2-4　学生综合评价表**　　　　　　　　　　　　年　月　日

| 评价标准及分值 | | 学生自评 | 学生互评 | 教师评价 |
|---|---|---|---|---|
| 学习与工作态度<br>(5分) | 态度端正，严谨、认真，遵守纪律和规章制度 | | | |
| 职业素养<br>(10分) | 程序规范；热爱劳动、崇尚技能；耐心细致、精益求精；团结合作、不断创新 | | | |
| 制订方案<br>(10分) | 按要求查阅资料，参与方案的制订，能协调解决实际问题 | | | |
| 工作准备<br>(5分) | 能选择适宜的场地，并准备好所需样品、工具和器皿等 | | | |
| 棘胸蛙人工催产<br>(40分) | 能确定棘胸蛙催产剂的种类和剂量；能正确注射催产剂 | | | |
| 原始记录和报告<br>(10分) | 真实、准确、无涂改，书写整洁，格式符合规范要求 | | | |
| 场地清整<br>(10分) | 将所用器具整理归位，场地清理干净 | | | |
| 工作汇报<br>(10分) | 如实准确，有总结、心得和不足及改进措施 | | | |
| 总分 | | | | |

### (二)总结汇报

1. 分小组制作 PPT、Word 工作总结，提交工作报告。
2. 小组成员互相讲解，并推荐一名成员向全班汇报。

### 📖 知识拓展

棘胸蛙"产卵孵化"养殖技巧

## 一、选择题

1. 棘胸蛙种蛙一般不从（　　）途径获得。
   A. 天然水域捕捞　　　　　　　　B. 池塘中培育
   C. 市场中购买　　　　　　　　　D. 原种场购买

2. 棘胸蛙卵的孵化与水温有着密切的关系，适宜孵化的水温是（　　）℃。
   A. 20～30　　　　B. 22～26　　　　C. 25～30　　　　D. 28～30

3. 当水温高于（　　）℃时，就要及时换水降温。
   A. 24　　　　　　B. 30　　　　　　C. 28　　　　　　D. 27

4. 换水的方法是将原有的池水放出（　　）。
   A. 1/4　　　　　B. 1/2　　　　　C. 1/3　　　　　D. 1/5

5. 棘胸蛙自然受精的雌雄比一般为（　　）。
   A. 1∶1　　　　B. 1∶1～1∶1.5　　C. 1∶1～1.5∶1　　D. 1∶2

6. 向棘胸蛙大腿注射催产剂，注射角度一般为（　　）。
   A. 25°　　　　　B. 35°　　　　　C. 45°　　　　　D. 55°

7. 水深需控制在（　　）cm。
   A. 25～30　　　　B. 26～30　　　　C. 23～30　　　　D. 22～30

## 二、判断题

1. 套养棘胸蛙的亲蛙池，应按标准配备增氧机，适时增氧。　　　　　　（　　）
2. 棘胸蛙种蛙专池培育是棘胸蛙种蛙培育行之有效的方法。　　　　　（　　）
3. 在繁殖季节前三个月最好将棘胸蛙雌雄种蛙分开进行强化培育。　　（　　）

# 项目三　棘胸蛙蝌蚪和幼蛙的培育技术

## 项目导读

**棘胸蛙蝌蚪和幼蛙培育对成蛙养殖的重要性**

棘胸蛙受精卵孵化出来后，就形成了蝌蚪，蝌蚪成长与幼蛙个体大小、体质强弱有很大的影响，蝌蚪越大，其变态后的幼蛙也越大。刚变态的幼蛙处于生长发育的关键阶段，其形态结构、生活习性及食性都在快速变化。此时，幼蛙各器官尚未发育完全，捕食和活动能力均较弱，因此必须进行精心培育。幼蛙的生长情况如何，直接影响到成蛙的养殖效率，因此，棘胸蛙蝌蚪和幼蛙的培育好坏，对于成蛙的养殖成功与否非常重要。

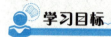
## 学习目标

**知识目标**

1. 熟悉蝌蚪培育技术。
2. 掌握幼蛙培育技术。

**能力目标**

1. 能根据棘胸蛙不同生长时期和规格确定适口饵料及日摄食量。
2. 具备蝌蚪和幼蛙的培育能力。

**素养目标**

1. 培养良好的人际关系，能够友善待人、善于沟通、尊重他人差异。
2. 培养从事棘胸蛙苗种培育所必备的基本职业素质。
3. 培养积极乐观的心态和应对压力的能力。

# 任务一　蝌蚪培育技术

## 一、蝌蚪池条件

蝌蚪池应选择背风向阳、水源充足、无污染的山涧溪水，采用水泥育苗池，因水泥池简便易行，效果好。将亲蛙产的卵第二天进行收集，放入孵化箱中，在 50 cm×50 cm 白色泡沫塑料箱中孵化，每箱 1 200 粒，箱子水位为 2 cm，在箱的底部设对角进水、排水管，进水、排水管安装过滤网罩，24 h 保持微流水。

视频：蝌蚪培育技术

## 二、配套设施

育苗池配备 3 kW 微孔增氧机一台。

## 三、放养前准备

(1)育苗池消毒：放苗前要清池消毒，清除对蝌蚪有害的蚂蟥、泥鳅、黄鳝、老鼠、蛇类及有害病原菌。

消毒方法：每 100 m² 用生石灰 20 kg 或高锰酸钾 8 mg/L，加水溶化后全池泼洒；清池 7 d 后方可将蝌蚪下池，也可干池消毒，5 d 后注入清水。

课件：蝌蚪的培育技术

(2)培肥池水：放养前 7 d 培肥水质，使浮游生物大量繁殖，投苗后即有丰富的适口饵料。

(3)掌握放养密度：蝌蚪的放养密度应根据饲养条件及生产的目的而定。秋季蝌蚪生产种苗可适当密放，密度为 100～200 尾/m²，若一次性放养直至养成商品蛙，应适当稀养，每平方米蝌蚪 30～40 尾。

### 四、蝌蚪饲养管理

(1)蝌蚪出膜后 4～5 d 靠孵黄维持营养，孵黄被消化后开始觅食，蝌蚪在开始吃食的半个月内，因身体细小而以浮游生物为主要食物，也可吃颗粒细小的蛋黄浆、豆浆等，并在育苗池中投喂植物性饵料。

(2)投放入育苗池 7 d 后的蝌蚪，摄食生长进入旺期。主要摄食水中浮游生物和有机碎屑，人工投喂一般动物性饵料占 30% 以上。

(3)在育苗池养殖 60～70 d 的蝌蚪，其后肢开始伸出，正处于发育变态阶段，蛋白质需求量大，应以动物性饵料为主，并辅以植物性饵料。一般动物性饵料占 60%，投喂量为体重的 10%～12%，一天投喂 2～3 次。

### 五、日常管理

(1)水质管理。水质的好坏直接影响蝌蚪的生长发育，水质应符合《渔业水质标准》(GB 11607—1989)的规定。

(2)保持池水适温。棘胸蛙最适宜生长温度为 18～28 ℃，在高温季节要采取降温措施，如搭设遮荫棚、加深池水、投入水生植物等，使池水温度控制在 35 ℃ 以下。

(3)做到"四定"投饵。定时：做到投饵时间基本一致，每天上午 9 点、下午 4 点各一次；定点：将食物投放在固定场所；定质：按蝌蚪不同发育阶段所需营养投喂，以满足营养需要；定量：一般投饵量按蝌蚪体重的 10%～15% 投喂，随着蝌蚪的生长增重及时调整饵料投喂量。

## 任务二　幼蛙培育技术

### 一、幼蛙池建造

幼蛙池为长方形，面积以 5 m² 左右为好。池内水陆各半，一端是幼蛙栖息的水体部分，水深为 20 cm，面积占全池面积的 50% 左右，池内常年保持微流水，进水、排水口安装防逃栅；另一端为幼蛙的陆栖环境和食台，食台为方形，高出水面 3～5 cm，四周有 6 cm 高的边埂，台内蓄水 1～2 cm，以防止活饵外逃，边埂内壁用水泥抹光并贴上光滑的玻璃条。幼蛙池四周建 1 m 高的围墙，围墙内壁用光滑的建筑瓷砖粘贴一道宽为 20 cm 的防逃环带，以防止幼蛙爬壁外逃。池上搭盖棚架种植葡萄、瓜果等，以遮阳防暑，让幼蛙白天也能正常活动、摄食。

课件：幼蛙培育技术

## 二、幼蛙放养

刚变态的幼蛙放养以 150～200 只/m² 为宜，放养过密易发生病害。放养时用高锰酸钾溶液（15 mg/L）或硫酸铜溶液（0.7 mg/L）浸泡 10 min。

## 三、饲养管理

幼蛙需投喂营养全面、蛋白质含量高、活动力弱、易被幼蛙捕食的活饵，如小蝇蛆、黄粉虫、白蚂蚁、蚯蚓等。投喂蚯蚓，应先洗净并用清水浸泡 15 min，使其排空粪便和洗去体表黏液，然后捞起切成 0.5～1 cm 的段状进行投喂。夏季下午 5 点投喂，入秋后提前到 3 点左右。日投饲量控制在蛙体重的 5%～7%。为增加活饵的来源，可在食台上方安装 1 盏 8 W 的黑光灯，灯旁设 1 块玻璃挡虫板，让蝇、蛾、蚊、虫撞板后掉入食台供幼蛙捕食。

饲养 1 个多月后，幼蛙的捕食能力增强，此时可增加一些小活鱼、虾，做到勤喂多喂，日投喂量为蛙体重的 10% 左右。小鱼和蚯蚓要切成 2 cm 长的小块投喂。饵料太大，幼蛙吞吃不下，会引起幼蛙厌食、拒食，影响生长发育。

## 四、日常管理

在投喂前，应先把食台上的蛙粪、残饵扫洗干净，再投喂新饵料。此外，由于幼蛙生长速度不同，同池饲养的幼蛙个体差异较大，为避免大小相残，每月需进行 1 次选别分养。在选择过程中，要遵循少量多批的原则，以免集蛙过程中幼蛙互相挤压造成外伤或引发继发性细菌感染。

## 🧰 项目实施

### 棘胸蛙的蝌蚪培育

### 一、明确目的

1. 会观察和挑选健康的蝌蚪。
2. 能进行蝌蚪的饲养。
3. 具备良好的心理素质和敢于实践的精神。

### 二、工作准备

#### (一)引导问题

1. 健康的蝌蚪应具有哪些特点？

_____

_____

2. 蝌蚪的饲养方法是什么？

_____

_____

3. 怎样为蝌蚪提供良好的生长环境？

_____

_____

_____

## (二)确定实施方案

小组讨论，制订实施方案，确定人员分工(表7-3-1)。

表 7-3-1　方案设计表

| 组长 | | | | 组员 | | |
|---|---|---|---|---|---|---|
| 学习项目 | | | | | | |
| 学习时间 | | | 地点 | | 指导教师 | |
| 准备内容 | 样品 | | | | | |
| | 工具 | | | | | |
| | 器皿 | | | | | |
| 具体步骤 | | | | | | |
| 任务分工 | 姓名 | | 工作分工 | | | 完成效果 |
| | | | | | | |
| | | | | | | |
| | | | | | | |
| | | | | | | |

## (三)所需样品、工具、器皿准备

请按表 7-3-2 列出本工作所需的样品、工具和器皿。

表 7-3-2　蝌蚪培育所需的样品、工具和器皿

| 样品 | 名称 | 规格 | 数量 | 已准备 | 未准备 | 备注 |
|---|---|---|---|---|---|---|
| | | | | | | |
| 工具 | 名称 | 规格 | 数量 | 已准备 | 未准备 | |
| | | | | | | |
| 器皿 | 名称 | 规格 | 数量 | 已准备 | 未准备 | |
| | | | | | | |
| 其他准备工作 | | | | | | |

## 三、实施过程

"棘胸蛙的蝌蚪培育"任务实施过程见表 7-3-3。

**表 7-3-3　"棘胸蛙的蝌蚪培育"任务实施过程**

| 环节 | 操作及说明 | 注意事项及要求 |
|------|-----------|----------------|
| 1 | 健康蝌蚪挑选 | 认真观察，组员们相互讨论，并确定 |
| 2 | 蝌蚪的饲养 | |
| 3 | 蝌蚪生长环境控制 | |
| 4 | 整理现场 | 按规范要求，对实施场所进行整理清场后填写回收记录单 |

## 四、评价与总结

### (一)评价

根据项目实施情况，学生自评、学生互评和教师评价相结合，进行综合评价(表 7-3-4)。

**表 7-3-4　学生综合评价表**　　　　　　年　月　日

| 评价标准及分值 | | 学生自评 | 学生互评 | 教师评价 |
|------|------|------|------|------|
| 学习与工作态度<br>(5分) | 态度端正，严谨、认真，遵守纪律和规章制度 | | | |
| 职业素养<br>(10分) | 程序规范；热爱劳动、崇尚技能；耐心细致、精益求精；团结合作、不断创新 | | | |
| 制订方案<br>(10分) | 按要求查阅资料，参与方案的制订，能协调解决实际问题 | | | |
| 工作准备<br>(5分) | 能选择适宜的场地，并准备好所需样品、工具和器皿等 | | | |
| 棘胸蛙蝌蚪培育<br>(40分) | 会观察和挑选健康蝌蚪，能进行蝌蚪饲养管理和养殖环境控制 | | | |
| 原始记录和报告<br>(10分) | 真实、准确、无涂改，书写整洁，格式符合规范要求 | | | |
| 场地清整<br>(10分) | 将所用器具整理归位，场地清理干净 | | | |
| 工作汇报<br>(10分) | 如实准确，有总结、心得和不足及改进措施 | | | |
| 总分 | | | | |

### (二)总结汇报

1. 分小组制作 PPT、Word 工作总结，提交工作报告。
2. 小组成员互相讲解，并推荐一名成员向全班汇报。

知识拓展

处在变态期的棘胸蛙，有哪些需要注意？

课后习题

### 一、选择题

1. 棘胸蛙蝌蚪出膜后 1～3 d 的开口饵料以（　　）最为理想。

   A. 蛋黄　　　　　　B. 小鲫鱼　　　　　　C. 鲤鱼　　　　　　D. 黄鳝

2. 水池深度以（　　）cm 为宜。

   A. 15～20　　　　　B. 10～20　　　　　　C. 15～25　　　　　D. 20～25

3. 棘胸蛙蝌蚪的培育可在（　　）中进行。

   A. 孵化桶　　　　　B. 网箱　　　　　　　C. 水泥池　　　　　D. 池塘

### 二、判断题

1. 棘胸蛙蝌蚪培育的中心技术问题是如何提高成活率和蝌蚪规格的问题。（　　）

2. 棘胸蛙蝌蚪培育前期宜在静水中进行。（　　）

3. 应坚持每天早、晚巡箱（池），观察棘胸蛙蝌蚪摄食情况及活动情况。（　　）

4. 棘胸蛙蝌蚪培育池透明度应保持在 20 cm 以上。（　　）

5. 一般在棘胸蛙蝌蚪下塘 1 周后冲水 1 次。（　　）

# 项目四　棘胸蛙的养殖技术

**我国棘胸蛙养殖产业发展概况**

　　棘胸蛙属于典型的林下经济品种，也属于国家二级保护动物，棘胸蛙生存条件苛刻，养殖场基础建设投入较大，在棘胸蛙的生产与流通过程中，需要加大政策投入，筹集资金，协助养殖户建设和改造养殖条件，同时，简化养殖相关手续的办理（如驯养证），确定棘胸蛙驯化养殖管理部门，制定棘胸蛙流通政策，确保棘胸蛙养殖成品的市场顺利流通，促进棘胸蛙产业发展。

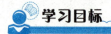

**知识目标**

1. 掌握棘胸蛙养殖关键技术。

2. 熟悉稻蛙种养的关键技术。

**能力目标**

具备按技术规程养殖棘胸蛙的能力。

**素养目标**

1. 培养创新意识、创新思维、创新能力，鼓励学生创新实践和创造性思维。

2. 培养从事食用棘胸蛙养殖所必备的基本职业素质。

3. 培养环境保护意识、资源节约意识、可持续发展意识。

## 任务一　棘胸蛙池塘养殖与管理技术

### 一、环境条件

#### 1. 场地

环境要求僻静，冬暖夏凉，交通便捷，管理方便。有山溪水、冷泉水或地下水等，要求水源充足、水温稳定，无有害有毒物质，一般夏季最高水温应低于 30 ℃。排灌方便，没有对水质构成威胁的污染源。

#### 2. 养殖设施

建在室内的养殖池要通风、凉爽。各类蛙池以砖砌、水泥抹面为宜，呈方形，池底略微倾斜，池上方安装进水管，最低处开排水孔，池内分别设有水面、陆地、石穴、食台等，池上口设置网盖。室外的养殖池应设置凉棚，并应符合棘胸蛙的生活习性。

### 二、养殖管理

#### 1. 蛙池消毒

放养前 10 d 左右进行蛙池消毒，消毒方法为每亩用生石灰 15 kg 调成

视频：棘胸蛙池塘
养殖与管理技术

水后泼入塘中，过 10～15 d 毒性消失后可放蛙。

### 2. 蛙种的选择

放养时剔除伤残、畸形的幼蛙，选择规格整齐、体质健壮、色泽光亮的幼蛙。

### 3. 放养密度

每平方米放养蝌蚪 100～200 只，或放养幼蛙 50～100 只。

### 4. 蛙种消毒

蛙种放养前用 4‰食盐溶液或用 10～15 mg/L 高锰酸钾溶液浸泡 10～15 min。

### 5. 饲养管理

常年要求细水长流，保持水质清新、溶解氧充足、水温稳定。

(1)投喂的饲料以黄粉虫等鲜活饵料为主，活饵要求大小适口。在适温范围内，日投喂量为蛙体重的 5%～10%。当温度高于 30 ℃时，可以不投喂。平时应根据天气、水质和蛙的摄食情况，酌情增减，做到适量、均匀。

(2)分级饲养：随着幼蛙个体的增大，会出现大小不同的情况，要定期按规格大小归类分池饲养，以免幼小的蛙抢不到食物，影响生长和成活率。

### 6. 日常管理

棘胸蛙养殖中的重要工作是巡池，每天黎明时和夜间各巡池一次。每天巡池应建立日记，按时测定水温，记录投饵数量、进水排水的情况等。每天清除残饵，每隔 7 d 定期清洗一次蛙池，保证蛙池的清洁。

### 7. 越冬管理

水温低于 8 ℃时，棘胸蛙进入冬眠状态。当水温降至 10 ℃前，室外的棘胸蛙要移入室内或搭篷保温越冬，越冬期间不必投喂。春季室外水温稳定回升到 10 ℃以上后，棘胸蛙越冬结束。

# 任务二　稻田生态养蛙技术

## 一、田埂修筑

种养前根据实际田块的形状，大约每 200 m² 田块建立一个饲养小区，四周利用稻田土修筑宽为 60～80 cm、高为 40 cm 左右(离田面高度)的田埂，并分层夯实平整，以利于作业时行走和保水保肥，各地田块可因地制宜进行设置。修筑完成后用防草布覆盖，以防止杂草生长，方便生产作业。

课件：稻田生态
养蛙技术

## 二、喂食台修筑

喂食台设置在田埂内侧，一般选择田埂主道相连的两边进行建设，以方便饲料投喂作业，宽度为 80 cm 左右(可根据养殖密度调节喂食台宽度)，高度为 20～25 cm(离田面)，和田埂落差为 15～20 cm，喂食台建设时应使用水平仪测量，以保证喂食台平整。喂食台面积为稻田面积的 10%以内，以保证粮食种植面积。建设田埂和喂食台时应注意保护耕作层。喂食台做好后先盖一层防草布，并在防草布上覆盖一层沙网绷紧钉牢，边缘埋入土中 10～15 cm 并用土盖上压紧，防止蛙钻入防草布下，造成蛙死亡。

### 三、沟渠设置

在饲养区域水稻四周修筑宽为 50 cm 左右、深为 20 cm 的排灌沟，以利于快速排灌。排灌口进行对角设置，相邻田块可以共用进水渠或排水渠，并确保灌排顺畅。排水口应设置在防护网外，以方便管理和防止棘胸蛙外逃。

### 四、建设防护网

在田埂和喂食台交界处建设防护网，采用防水尼龙网或不锈钢网构建，防止棘胸蛙外逃隔离带，并将围网埋入田埂 10~15 cm，地面上高度为 1.2~1.5 m，每隔 1.5 m 用木桩或钢筋支撑固定。建设防鸟网时在田块的四周竖好立柱，立柱距离田面高度约为 3.5 m，以方便联合收割机作业，每隔 10 m 用钢管架一根立柱，底部用水泥浇筑，深度为 70 cm 左右。拉锚固定在地面上，用钢丝将立柱横向纵向连接成一个个网格，每根钢丝用紧线器拉紧。架网前需对每块稻田进行精准测量所需的长宽度，定制所需的防鸟网，铺设防鸟网前将四条边穿上牢固的钢线，确保牢固后即可架网。最后对防鸟网进行固定拼接拉紧。

### 五、投饵

棘胸蛙主要以昆虫、蚯蚓、小鱼等为食，因此可以选择这些食物作为主要饲料。另外，也可以选择市售的棘胸蛙专用饲料，这些饲料中会含有棘胸蛙所需的营养物质。饵料每天投喂 2 次，投喂时间在上午 9:00~10:00、下午 4:00~5:00，投喂量一般为体重的 2%，以 1 h 左右吃完为宜。为提高蛙的品质和节约饲料成本，可在稻田中安装射灯，诱集昆虫供蛙捕食。

投放饲料时，应根据棘胸蛙的数量和大小适量投喂，避免过多造成浪费或过少导致棘胸蛙营养不良。投喂饲料后，及时观察棘胸蛙的进食情况。除主食外，可以在饲料中添加一些含有维生素和矿物质的补给品，或提供一些富含这些营养物质的食物，如水生植物、蔬菜等。

### 六、日常管理

老鼠会咬坏塑料防护网，造成棘胸蛙逃跑及蛇类进入养殖区，因此，在建设初期应进行捕杀。坚持早、中、晚巡田，检查棘胸蛙的活动情况和水稻的长势、田埂是否有漏洞、防逃网是否牢固；做好防洪、防逃工作；注意驱赶白鹭、蛇等敌害；注意蛙沟水质，经常换注新水，及时疏通蛙沟。平时注意天气变化，根据天气情况提前采取相应措施，如雨天应及时做好防洪措施，防止暴雨冲坏田间设施造成损失。

## 🧰 项目实施

**棘胸蛙的养殖管理**

### 一、明确目的

1. 了解棘胸蛙成蛙的养殖环境。
2. 掌握食用棘胸蛙的饲养管理。
3. 具备健康的养殖方式。

## 二、工作准备

### (一)引导问题

1. 棘胸蛙成蛙的养殖条件是什么？

_____

_____

_____

2. 棘胸蛙成蛙如何进行饲养？

_____

_____

_____

3. 怎样进行棘胸蛙的越冬管理？

_____

_____

_____

### (二)确定实施方案

小组讨论，制订实施方案，确定人员分工(表 7-4-1)。

表 7-4-1　方案设计表

| 组长 | | | 组员 | |
|---|---|---|---|---|
| 学习项目 | | | | |
| 学习时间 | | 地点 | 指导教师 | |
| 准备内容 | 样品 | | | |
| | 工具 | | | |
| | 器皿 | | | |
| 具体步骤 | | | | |
| 任务分工 | 姓名 | 工作分工 | | 完成效果 |
| | | | | |
| | | | | |
| | | | | |

### (三)所需样品、工具、器皿准备

请按表 7-4-2 列出本工作所需的样品、工具和器皿。

**表 7-4-2　棘胸蛙的养殖管理所需的样品、工具和器皿**

| 样品 | 名称 | 规格 | 数量 | 已准备 | 未准备 | 备注 |
|---|---|---|---|---|---|---|
| | | | | | | |
| 工具 | 名称 | 规格 | 数量 | 已准备 | 未准备 | |
| | | | | | | |
| 器皿 | 名称 | 规格 | 数量 | 已准备 | 未准备 | |
| | | | | | | |
| 其他准备工作 | | | | | | |

## 三、实施过程

"棘胸蛙的养殖管理"任务实施过程见表 7-4-3。

**表 7-4-3　"棘胸蛙的养殖管理"任务实施过程**

| 环节 | 操作及说明 | 注意事项及要求 |
|---|---|---|
| 1 | 蛙池的消毒操作 | |
| 2 | 成蛙的饲养管理 | 认真观察,组员们相互讨论,并确定 |
| 3 | 成蛙的越冬管理 | |
| 4 | 整理现场 | 按规范要求,对实施场所进行整理清场后填写回收记录单 |

## 四、评价与总结

### (一)评价

根据项目实施情况，学生自评、学生互评和教师评价相结合，进行综合评价（表7-4-4）。

表 7-4-4　学生综合评价表　　　　　年　月　日

| 评价标准及分值 | | 学生自评 | 学生互评 | 教师评价 |
|---|---|---|---|---|
| 学习与工作态度<br>（5分） | 态度端正，严谨、认真，遵守纪律和规章制度 | | | |
| 职业素养<br>（10分） | 程序规范；热爱劳动、崇尚技能；耐心细致、精益求精；团结合作、不断创新 | | | |
| 制订方案<br>（10分） | 按要求查阅资料，参与方案的制订，能协调解决实际问题 | | | |
| 工作准备<br>（5分） | 能选择适宜的场地，并准备好所需样品、工具和器皿等 | | | |
| 棘胸蛙的养殖管理<br>（40分） | 会进行蛙池的消毒操作，能正确进行成蛙的饲养管理和越冬管理 | | | |
| 原始记录和报告<br>（10分） | 真实、准确、无涂改，书写整洁，格式符合规范要求 | | | |
| 场地清整<br>（10分） | 将所用器具整理归位，场地清理干净 | | | |
| 工作汇报<br>（10分） | 如实准确，有总结、心得和不足及改进措施 | | | |
| 总分 | | | | |

### (二)总结汇报

1. 分小组制作 PPT、Word 工作总结，提交工作报告。
2. 小组成员互相讲解，并推荐一名成员向全班汇报。

📟 **知识拓展**

棘胸蛙养殖实现资源可持续利用

**课后习题**

### 一、选择题

1. 主养棘胸蛙的池塘面积以（　　　）亩为宜。
　　A. 1～2　　　　　　　B. 5～10　　　　　　　C. 10～20　　　　　　D. 20～30

2. 主养棘胸蛙池塘的形状一般为东西长、南北宽的长方形，长宽比以（　　　）为宜。
　　A. 2∶1　　　　　　　B. 3∶2　　　　　　　C. 4∶3　　　　　　　D. 5∶4

3. 在修整池塘结束后，选择棘胸蛙放养前（　　　）个星期内的晴天进行生石灰清塘消毒。
　　A. 0.5～1　　　　　　B. 1～2　　　　　　　C. 2～3　　　　　　　D. 3～4

4. 稻田主养棘胸蛙配套的养殖面积一般为（　　　）亩。
　　A. 1～2　　　　　　　B. 2～3　　　　　　　C. 3～4　　　　　　　D. 4～5

### 二、判断题

1. 主养棘胸蛙池塘的底质最好是黏土。（　　　）

2. 饲养棘胸蛙的池塘环境应符合《无公害农产品　淡水养殖产地环境条件》(NY/T 5361—2016)的规定。（　　　）

3. 带水清塘，生石灰用量为每亩平均水深 1 m 用 25～150 kg。（　　　）

4. 棘胸蛙种蛙的质量应符合《鳜养殖技术规范苗种》(SC/T 1032.5—1999)的规定。（　　　）

5. 棘胸蛙种蛙放养前需要进行缓苗和消毒。（　　　）

6. 棘胸蛙种蛙放养密度应根据池塘条件、饵料蛙供应量、饲养方式而定。（　　　）

7. 在投放棘胸蛙种的同时，适量投放常规蛙夏花，将大大提高棘胸蛙成活率。（　　　）

8. 成蛙池套养 1 龄棘胸蛙，每亩套养量 50～100 尾。（　　　）

9. 套养棘胸蛙的成蛙池，以水体透明度为 35 cm 左右，水质偏碱性为宜。（　　　）

# 项目五　棘胸蛙病害防治技术

 **项目导读**

### 棘胸蛙病害防治现状

目前，我国养殖户在棘胸蛙疾病的防治过程中，往往存在对病蛙进行乱用药、用药过量甚至使用违禁药物等情况，给生态环境造成巨大压力的同时也引发了药物残留超标的食品安全问题。常规的抗生素药物对蛙类病害的治疗虽具有一定的效果，但养殖户往往对使用药物的浓度不注意。大量使用抗生素类药物提高了病原菌的耐药性，对环境和人类健康带来了危害。

 **学习目标**

#### 知识目标

1. 熟悉棘胸蛙常见病害的病原病症。
2. 掌握棘胸蛙常见病害的防治技术。

#### 能力目标

具有正确运用所掌握的知识技能在棘胸蛙病害防治过程中发现问题、分析问题、解决问题的能力。

#### 素养目标

1. 培养关注社会、关注民生、造福人类的社会责任感。
2. 培养发现问题、分析问题和解决问题的基本能力。
3. 培养严谨、踏实的工作作风和实事求是的工作态度，以及创新思维和创新创业能力。

## 任务一　棘胸蛙病害预防措施

### 一、切断病原体的传播途径

无论是饲养种蛙、成蛙、幼蛙，还是培育蝌蚪的池塘，放养前都要进行清塘消毒，杀灭池塘里的蛙类敌害生物和病原体，为蛙类创造一个良好的生活环境。冬季还可以排干池水，日晒夜冻，也有一定杀灭病虫体的作用。

### 二、加强饲养管理，增强蛙体抗病力

(1)定期对栖息环境消毒，禁止使用有污染的水源及饲料。对进入场内的物资、车辆、用具等，要严格消毒，以免带进病原引发疾病。

(2)发生疫情时，要迅速更换池水，对栖息环境封锁消毒，切断传播途径，防止疾病扩大蔓延。在治疗上，要收集各方面有价值的材料，正确诊断，对症下药，掌握正确药用途径和使用剂量，采取积极有效的措施，及时控制病情，彻底治疗。

### 三、控制病原体的繁衍

(1)加强管理，使水质清新、水温不致过高，这样可抑制病原体的繁衍，水体消毒日常可用

1‰食盐水。

（2）如果发现病蛙应及时隔离，病蛙死亡要销毁处理，以防止扩散病原体。

（3）蝌蚪和幼蛙消毒，蛙类在分池或转池饲养和种蛙运输时，应进行蛙体消毒，消灭附着于蛙体表面的病原体，防止传播病原体。蛙体消毒一般采用药浴的方法。

# 任务二　棘胸蛙常见疾病防治技术

## 一、红腿病

### 1. 病原

红腿病病原主要为嗜水气单胞菌。

### 2. 流行情况

（1）时间：红腿病多发生在高温雨季，此时水质容易恶化，细菌繁殖加快。

视频：棘胸蛙典型
疾病防治技术

（2）影响范围：主要影响幼蛙和成蛙，尤其是放养密度大、水质管理不善的养殖环境更容易发生。

（3）危害：从发病到死亡时间少则 3～4 d，多则 7～15 d，死亡率可达 30%～50%，对养殖业造成严重影响。

### 3. 主要症状

（1）常低头伏地，活动缓慢，后肢无力，不摄食。

（2）腹部皮肤发红，红斑连片或点状，腹肌及大腿肌肉也有充血现象。

（3）病情严重时，病蛙的口和肛门会有带血的黏液排出。

（4）剖检后可见腹腔有大量腹水，肝、脾、肾肿大并有出血点，胃肠充血，并充满黏液。

课件：棘胸蛙典型
疾病防治技术

### 4. 防治方法

（1）预防措施。红腿病常在水温、pH 变化较大的季节交替时期暴发。红腿病传染性强，被致病菌污染的水体和排泄物、未及时捞出的死蛙均可造成该病的传播。对此，在红腿病暴发高峰期，应加强管理与防疫工作。

蝌蚪在入池前，可使用复合碘(2%有效碘)进行浸泡消毒，避免将致病菌携带入蛙池。

养殖过程中，保持水质清新，及时清除饵料台上残留的饵料。特别是在雨后，注重对水体的消毒，可选用适量的漂白粉或生石灰进行全池泼洒。

定期使用三黄散、板黄散等中草药制剂拌料投喂，每个月 2 次，连用 5 d，起到保肝护胆、增强疾病抵抗力的作用。

（2）治疗措施。可选用生石灰(30 g/m³)、复合碘(2%有效碘，500 mL 可用 2 000 m³)进行全池泼洒，隔天一次，连用 2～3 次。

选用敏感抗生素拌料投喂，如恩诺沙星，一次量为 50 mg/kg，连用 3～5 d。

在抗生素治疗的同时，可添加三黄散、板黄散等中草药制剂，在治疗结束后，继续投喂 3～4 d，增强蛙抗病能力。

在治疗期间，及时捞出病死蛙，以防交叉传染。

### 二、车轮虫病

#### 1. 病原

车轮虫，因其形状像车轮而得名。车轮虫通过寄生在蝌蚪的体表和鳃部，引起一系列的症状和病理变化。

课件：棘胸蛙病
害预防措施

#### 2. 流行情况

(1)时间：车轮虫病在5—8月流行最盛，这是由于其繁殖和寄生条件在这一时间段内较为适宜。

(2)环境：车轮虫病多发生在密度大、蝌蚪发育缓慢的池中，且在水质较浓、有机质含量高的池塘中更容易发生。

(3)危害：车轮虫寄生在蝌蚪的体表和鳃部，会导致呼吸困难、浮于水面，进而引发大批死亡，对养殖业造成严重影响。

#### 3. 主要症状

(1)患病蝌蚪的体表及鳃的表面呈现有青灰色斑或尾部发白，这是由患病蝌蚪分泌的黏液和坏死表皮所形成的。

(2)虫体寄生在鳃上时，会使蝌蚪呼吸困难，浮于水面，严重时导致大批死亡。

#### 4. 防治方法

(1)预防措施：

放养前消毒：放养前用聚维酮碘彻底清塘消毒，控制放养密度，经常保持水质清新，以预防车轮虫病的发生。

水质管理：降低水体有机质含量，保持水质清新，可以有效预防车轮虫病的暴发。

(2)治疗措施：

药物治疗：治疗可用0.5 g/m³硫酸铜和0.2 g/m³硫酸亚铁合剂（总量浓度为0.7 g/m³）全池泼洒。这种方法可以有效杀灭车轮虫，缓解病情。

换水：将病蝌蚪移入水质清新的水域中暂养1~2 d，也有助于病情的恢复。

## 📦 项目实施

### 棘胸蛙红腿病的诊断

#### 一、明确目的

1. 能判断棘胸蛙红腿病的病原。
2. 会观察棘胸蛙红腿病的症状。
3. 能诊断棘胸蛙红腿病。
4. 具备严谨认真的工作态度和精益求精的精神。

#### 二、工作准备

#### (一)引导问题

1. 棘胸蛙红腿病有什么危害？

2. 棘胸蛙红腿病的病原是什么？

_____

_____

3. 棘胸蛙红腿病有哪些典型的症状？

_____

_____

## (二)确定实施方案

小组讨论，制订实施方案，确定人员分工(表 7-5-1)。

表 7-5-1　方案设计表

| 组长 | | | | 组员 | | |
|---|---|---|---|---|---|---|
| 学习项目 | | | | | | |
| 学习时间 | | | 地点 | | 指导教师 | |
| 准备内容 | 样品 | | | | | |
| | 工具 | | | | | |
| | 器皿 | | | | | |
| 具体步骤 | | | | | | |
| 任务分工 | 姓名 | | 工作分工 | | | 完成效果 |
| | | | | | | |
| | | | | | | |
| | | | | | | |

## (三)所需样品、工具、器皿准备

请按表 7-5-2 列出本工作所需的样品、工具和器皿。

表 7-5-2　棘胸蛙红腿病的诊断所需的样品、工具和器皿

| 样品 | 名称 | 规格 | 数量 | 已准备 | 未准备 | 备注 |
|---|---|---|---|---|---|---|
| 工具 | 名称 | 规格 | 数量 | 已准备 | 未准备 | |
| 器皿 | 名称 | 规格 | 数量 | 已准备 | 未准备 | |
| 其他准备工作 | | | | | | |

## 三、实施过程

"棘胸蛙红腿病的诊断"任务实施过程见表 7-5-3。

**表 7-5-3 "棘胸蛙红腿病的诊断"任务实施过程**

| 环节 | 操作及说明 | 注意事项及要求 |
|---|---|---|
| 1 | 棘胸蛙红腿病病原的判断 | 认真观察，组员们相互讨论，并确定 |
| 2 | 棘胸蛙红腿病症状的观察 | |
| 3 | 棘胸蛙红腿病的诊断 | |
| 4 | 整理现场 | 按规范要求，对实施场所进行整理清场后填写回收记录单 |

## 四、评价与总结

### (一)评价

根据项目实施情况，学生自评、学生互评和教师评价相结合，进行综合评价(表 7-5-4)。

**表 7-5-4 学生综合评价表**　　　　　　　　年　月　日

| 评价标准及分值 | | 学生自评 | 学生互评 | 教师评价 |
|---|---|---|---|---|
| 学习与工作态度<br>(5分) | 态度端正，严谨、认真，遵守纪律和规章制度 | | | |
| 职业素养<br>(10分) | 程序规范；热爱劳动、崇尚技能；耐心细致、精益求精；团结合作、不断创新 | | | |
| 制订方案<br>(10分) | 按要求查阅资料，参与方案的制订，能协调解决实际问题 | | | |
| 工作准备<br>(5分) | 能选择适宜的场地，并准备好所需样品、工具和器皿等 | | | |
| 棘胸蛙红腿病的诊断<br>(40分) | 能判断棘胸蛙红腿病的病原；会观察棘胸蛙红腿病的症状；能诊断棘胸蛙红腿病 | | | |
| 原始记录和报告<br>(10分) | 真实、准确、无涂改，书写整洁，格式符合规范要求 | | | |
| 场地清整<br>(10分) | 将所用器具整理归位，场地清理干净 | | | |
| 工作汇报<br>(10分) | 如实准确，有总结、心得和不足及改进措施 | | | |
| 总分 | | | | |

### (二)总结汇报

1. 分小组制作 PPT、Word 工作总结，提交工作报告。
2. 小组成员互相讲解，并推荐一名成员向全班汇报。

###  知识拓展

**被棘胸蛙折腾成"棘胸蛙大夫"**

## 课后习题

### 一、选择题

1. 棘胸蛙病害预防要做好消毒工作，主要包括(　　)等的消毒。
   A. 池塘　　　　　　　B. 棘胸蛙苗种　　　　C. 工具　　　　　　　D. 饲料
2. 塘水为(　　)等水色，表示池塘水质良好。
   A. 绿色　　　　　　　B. 褐绿色　　　　　　C. 暗绿色　　　　　　D. 灰色
3. 高温养殖期每隔(　　)d 选用过氧化氢或二氧化氯等改良水质。
   A. 5～10　　　　　　 B. 10～15　　　　　　C. 15～20　　　　　　D. 20～25
4. 车轮虫病主要危害(　　)。
   A. 青蛙　　　　　　　B. 成蛙　　　　　　　C. 幼蛙　　　　　　　D. 蝌蚪
5. 棘胸蛙红腿病的病原为(　　)。
   A. 点状气单胞菌　　　B. 嗜水气单胞菌　　　C. 弹状病毒　　　　　D. 芽孢杆菌

### 二、判断题

1. 选择优质的棘胸蛙苗种是预防棘胸蛙病害的重要工作。　　　　　　　　　　　　(　　)
2. 池塘鱼、蛙、蟹等进行换养和轮养，不利于棘胸蛙病害防治。　　　　　　　　　(　　)
3. 水质与底质的改良是预防棘胸蛙疾病的重要措施。　　　　　　　　　　　　　　(　　)
4. 发生棘胸蛙车轮虫病会使蝌蚪活动加剧，全身充血，且死亡率不高。　　　　　　(　　)
5. 患红腿病的病蛙腹部皮肤发红，红斑连片或点状，腹肌及大腿肌肉也有充血现象。(　　)
6. 放养前用聚维铜碘彻底清塘消毒，控制放养密度，经常保持水质清新，可预防车轮虫病发生。　　　　　　　　　　　　　　　　　　　　　　　　　　　　　　　　　　　　(　　)

# 参考文献

[1]温安祥，叶妙荣，武佳韵．特种水产养殖实用技术[M]．成都：四川科技出版社，2017．

[2]王卫民，温海深．名特水产动物养殖学[M]．2 版．北京：中国农业出版社，2017．

[3]王吉桥，赵兴文．鱼类增养殖学[M]．大连：大连理工大学出版社，2000．

[4]沈俊宝，张显良．引进水产优良品种及养殖技术[M]．北京：金盾出版社，2002．

[5]徐在宽，费志良，潘建林．龟鳖无公害养殖综合技术[M]．北京：中国农业出版社，2003．

[6]刘焕亮．水产养殖学概论[M]．青岛：青岛出版社，2000．

[7]潘建林．黄鳝、泥鳅无公害养殖综合技术[M]．北京：中国农业出版社，2003．

[8]朱清顺，苗玉霞．河蟹无公害养殖综合技术[M]．北京：中国农业出版社，2003．

[9]中华人民共和国农业农村部．SC/T 1135.3—2021 稻渔综合种养技术规范 第 3 部分：稻蟹[S]．北京：中国农业出版社，2021．

[10]中华人民共和国农业农村部．SC/T 1099—2007 中华绒螯蟹人工育苗技术规范[S]．北京：中国农业出版社，2007．

[11]湖北省市场监督管理局．DB42/T 2093—2023 中华绒螯蟹池塘绿色高效养殖技术规范[S]．2023．

[12]王广军．鲈鱼高效养殖致富技术与实例[M]．北京：中国农业出版社，2016．

[13]张民．加州鲈鱼养殖技术[M]．北京：中国水利水电出版社，2000．

[14]薛镇宇．鲈鱼养殖技术[M]．北京：金盾出版社，1999．

[15]江苏省淡水水产研究所．鲈鱼养殖一月通[M]．北京：中国农业大学出版社，2010．

[16]徐在宽，史婷华．鳜鱼 鲈鱼无公害养殖重点、难点与实例[M]．北京：科学技术文献出版社，2005．

[17]高光明，汪政，胡荣娟．名优水产健康养殖与病害防治新技术[M]．北京：中国农业科学技术出版社，2020．

[18]张彪．黄颡鱼池塘健康养殖技术[J]．渔业致富指南，2023(9)：47—49．

[19]吴维平．黄颡鱼池塘高密度高产高效养殖试验[J]．现代农业科技，2023(14)：199—200+204．

[20]吴国平，孙智武，李贤民．黄颡鱼人工繁殖与夏花培育技术[J]．渔业致富指南，2023(6)：46—49．

[21]李远亮．杂交黄颡鱼池塘高产高效养殖技术[J]．黑龙江水产，2023，42(3)：233—234．

[22]李志涛，李建，谢光猛，等．黄颡鱼池塘生态健康养殖技术典型案例[J]．渔业致富指南，2023(5)：27—28．

[23]张秀芳，北京地区黄颡鱼生态养殖试验[J]．水产养殖，2023，44(4)：53—55．

[24]江苏省市场监督管理局．DB32/T 4103—2021 稻田中华绒螯蟹生态种养技术规程[S]．2021．

[25]辽宁省市场监督管理局．DB21/T 3784—2023 中华绒螯蟹生态育苗技术规范[S]．2023．

[24]江苏省市场监督管理局．DB32/T 4103—2021 稻田中华绒螯蟹生态种养技术规程[S]．2021．

[25]辽宁省市场监督管理局．DB21/T 3784—2023 中华绒螯蟹生态育苗技术规范[S]．2023．

[26]邹叶茂．名特水产动物养殖技术[M]．北京：中国农业出版社，2013．

[27]巫一安.石蛙养殖技术要点[J].渔业致富指南，2019(19)：37—39.

[28]程晓云，陈作仁，程筵寿.石蛙立体生态循环养殖技术示范.浙江省，遂昌有恩家庭农场，
  2019—04—18.

[29]谢永广，张进，吴小丽，等.石蛙蝌蚪常见疾病症状及其治疗策略[J].中国水产，2018(11)：
  94—97.

[30]王殿坤.特种水产养殖[M].2版.北京：高等教育出版社，1998.

[31]王国勇.黄山市山区石蛙的人工繁育技术[J].现代农业科技，2018(16)：217—218＋223.

[32]赵彦常，刘木金，张进，等.石蛙生态习性与养殖常见病害防治[J].海洋与渔业，2017(10)：
  66—67.

[33]杨国军.石蛙养殖技术[J].中国农业信息，2016(21)：130.